人工智能 前沿技术丛书

总主编　焦李成

计算智能导论

U0377983

尚荣华　焦李成
刘　芳　张小华　李玲玲　编著

西安电子科技大学出版社
http://www.xduph.com

内 容 简 介

本书对计算智能的诸多基础理论进行了详细的介绍和释义,并介绍了神经网络、模糊系统、进化计算的应用范例以及实验结果,将理论与实践紧密联系起来。全书共 4 章,其中,第 1 章对人工智能的萌芽、诞生和发展,以及现状和未来进行了简要介绍;第 2 章为进化计算,论述了遗传算法、蚁群算法、粒子群算法,以及免疫克隆算法;第 3 章为模糊逻辑,介绍了模糊理论基础,论述了常见的模糊隶属度函数以及模糊集合常用的算子,并对模糊关系及运算、模糊推理进行了详细介绍;第 4 章为人工神经网络,论述了人工神经网络的特点、生物学基础及其发展与应用。

本书可供计算机科学、信息科学、人工智能、自动化技术等领域及其交叉领域中从事量子计算、进化算法、机器学习及相关应用研究的技术人员参考使用,也可作为相关专业研究生和高年级本科生的教材。

图书在版编目(CIP)数据

计算智能导论/尚荣华等编著. —西安:西安电子科技大学出版社,2019.9(2023.1重印)
ISBN 978 - 7 - 5606 - 5344 - 0

Ⅰ. ① 计… Ⅱ. ① 尚… Ⅲ. ① 人工神经网络—计算 Ⅳ. ① TP183

中国版本图书馆 CIP 数据核字(2019)第 089182 号

策　　划　人工智能前沿技术丛书项目组
责任编辑　刘玉芳　张　玮
出版发行　西安电子科技大学出版社(西安市太白南路 2 号)
电　　话　(029)88202421　88201467　　邮　编　710071
网　　址　www.xduph.com　　　　电子邮箱　xdupfxb001@163.com
经　　销　新华书店
印刷单位　陕西天意印务有限责任公司
版　　次　2019 年 9 月第 1 版　2023 年 1 月第 3 次印刷
开　　本　787 毫米×960 毫米　1/16　印张 20.5
字　　数　422 千字
印　　数　3501~5500 册
定　　价　54.00 元
ISBN 978 - 7 - 5606 - 5344 - 0/TP

XDUP 5646001 - 3

前言 PREFACE

　　人类对于人工智能的畅想与探索有着悠久的历史，公元前 4 世纪，亚里士多德提出了形而上学和逻辑学两个方面的思想，主要成就包括主谓命题及关于此类题的逻辑推理方法，特别是三段论。1620 年，弗朗西斯·培根在《新工具》中提出归纳法。他看到了实验对于揭示自然奥秘的作用，认为科学研究应该使用以观察和实验为基础的归纳法。从某种意义上来讲，这些可以看做人工智能科学的萌芽。1950 年，"人工智能之父"艾伦·麦席森·图灵提出了著名的"图灵测试"；1956 年，赫伯特·西蒙等人合作编写了《逻辑理论机》，即数学定理证明程序，使机器迈出了逻辑推理的第一步，并在达特茅斯会议上首次提出了"人工智能"（Artificial Intelligence，AI）这一术语；在经历数次起落之后，1997 年，计算机"深蓝"击败了等级分排名世界第一的棋手加里·卡斯帕罗夫，人工智能重新获得人们的普遍重视，逐步跨进了复兴期；2016 年，人工智能机器人 AlphaGo 以 4∶1 战胜世界围棋冠军李世石。在过去的 60 多年间，人工智能经历了从萌芽、诞生到不断发展的历程，虽然现有的计算机技术已充分实现了人类左脑的逻辑推理功能，但人类右脑的模糊处理能力以及模拟整个大脑并行处理大量信息的能力的实现仍需广大学者的共同努力。

　　作为人工智能的新生领域，计算智能系统在神经网络、模糊系统、进化计算三个分支发展相对成熟的基础上，通过相互的有机融合而形成了新的科学方法。计算智能通过对自然智能原理和模式的学习，形成优化模型，并应用到实际工程问题的解决中。在人工智能飞速发展的今天，海量、非结构化数据的处理给信息科学带来了很多挑战，计算智能的发展也是智能理论和技术发展的崭新阶段。近年来的研究发现，计算智能的三个分支从表面上看各不相同，但实际上它们紧密相关且互为补充和促进。

　　人工神经网络属于一种运算模型，反映了大脑思维的高层次结构，其对人脑神经元进行抽象进而建立简单模型，从信息处理角度按不同的连接方式将神经元相互连接从而构成不同的网络，具有高度的并行结构和并行实现能力，以及固有的非线性特性和较强的学习能力。每个神经元代表了一种特定的输出函数，即激励函数，每两个神经元之间的连接都代表通过该连接的信号的加权值，网络的最终输出依赖于网络中神经元的连接方式、权值以及激励函数的改变。近十多年来，人工神经网络的研究工作已经取得了很大的进展，其在智能机器人、模式识别、自动控制、生物、医学等领域表现出了良好的智能特性。

　　模糊逻辑是一种精确解决不精确、不完全信息的方法，它可以比较自然地处理人的概念，是一种通过模仿人的思维方式来表示和分析不确定、不精确信息的方法和工具。对于未知的或不能确定的系统以及强非线性控制对象等，应用模糊集合和模糊规则进行推理，实行模糊判断，可解决常规方法难以很好解决的模糊信息问题。模糊逻辑突破了传统逻辑的思维模式，对于深刻研究人类的认识能力具有举足轻重的作用，特别是它与专家系统、神经网络以及控制理论的结合，在人工智能领域的研究中扮演了重要角色。

进化计算通过模拟自然界生物的进化过程与机制进行问题求解，具有自适应、自组织、自学习能力，能够解决传统计算方法难以解决的复杂问题。它以达尔文进化论的"物竞天择、适者生存"作为算法的进化规则，结合孟德尔的遗传变异理论，将生物进化过程中的繁殖、变异、竞争、选择引入到算法中。进化计算领域已经取得了丰硕的研究成果，其中进化多目标优化的研究、免疫克隆算法的研究以及群智能方法的研究均是国内外研究者的研究热点。

本套丛书主编焦李成教授在多年的研究工作过程中取得了很多显著的成果，先后荣获省部级以上科技奖 10 余项，其中包括国家自然科学奖二等奖，并受到国家 973 计划、国家"863"计划、国家自然科学基金重点项目及面上项目、国家教育部博士点基金、高等学校学科创新引智计划，以及教育部"长江学者和创新团队发展计划"的资助。在以往研究的基础上对相关知识和方法进行系统梳理，总结了一套较为完整的体系，最终形成此书。本书不仅对计算智能的诸多基础理论进行了详细介绍和释义，还介绍了神经网络、模糊系统、进化计算的应用范例以及实验结果。

 本书编写思路 ///////////////////////

本书对计算智能的诸多基础理论进行了详细介绍和释义，还介绍了神经网络、模糊系统、进化计算的应用范例以及实验结果，将理论与实践紧密联系。全书分为 4 章。

第 1 章为绪论，对人工智能的萌芽、诞生、发展以及现状和未来进行了简要介绍。对人工智能的新生领域计算智能的三个分支，进化计算、模糊系统、神经网络进行了初步论述，并且列举了人工神经网络、模糊理论、进化计算的主要研究成果。

第 2 章为进化计算，论述了遗传算法的特点、基本框架、优势以及五个关键问题。于最常用遗传算法解决的数值优化问题进行了详细阐述，结合遗传算法的基本框架给出了解决问题的具体流程和实验示例。选取遗传算法的理论基础、编码和种群初始化、交叉和变异操作、选择和适应度函数，分成 4 个小节进行了详细论述。在此基础上，对进化计算的收敛性进行了分析，论述了几种典型的约束优化问题和组合优化问题。对于多目标优化问题，给出了遗传算法解决多目标优化问题的基本框架和适应度分配机制，并列出了解决多目标优化问题的主要算法。此外，本章还论述了两种群智能算法：蚁群算法和粒子群算法，并给出了免疫克隆算法。最后作为对本章知识的巩固练习，布置了相应的习题。

第 3 章为模糊逻辑，详细介绍了模糊理论基础，包括模糊集合的定义、表示、几何图示和运算等。论述了常见的模糊隶属度函数以及模糊性的度量方式，并对模糊关系及运算、模糊推理进行了详细介绍。对于模糊聚类分析问题，详细论述了其基础知识和一般步骤，并结合模糊聚类分析实例，给出了基于模糊聚类的图像分割方法以及模糊理论在图像处理中的应用。此外，本章还对模糊综合评判进行了介绍，并论述了模糊综合评判模型的建立过程。最后作为对本章知识的巩固练习，布置了相应的习题。

第 4 章为人工神经网络，论述了人工神经网络的特点、生物学基础以及人工神经网络的发展与应用。将人工神经单元——单感知器和人工神经网络——多感知机分成两个小节进行论述，详细介绍了感知器模型和神经网络的参数学习与训练方法。在此基础上，详细论述了神经网络的几种学习方法和典型例题分析，介绍了核方法与径向基函数网络的概念、模型及学习方法等。对于深度神经网络中的有监督与无监督学习、卷积神经网络、循环神经网络和生成对抗网络等进行了论述。最后作为对本章知识的巩固练习，布置了相应的习题。

 本书特色 //////////////////////////

1）紧跟学术前沿

作者查阅了大量的期刊和相关网络资料，紧跟国内外相关研究机构的最新研究动态，同时积极与国内外学者和企业人员进行交流，结合近年来人工智能和计算智能领域的研究心得与成果，进行系统梳理与总结，将该领域的最新动态与各位读者分享。

2）论述清晰，知识完整

本书内容丰富，阐述严谨，对计算智能的三个分支——进化计算、模糊系统、神经网络的基本框架中的理论基础和典型问题进行了详细论述，并且将理论与实践紧密联系，给出了相关示例和实验结果，适合计算智能以及相关交叉领域的教师参考和学生学习。

3）学科交叉

计算智能与脑科学、神经科学、生物学、语言学等学科交叉发展，互相影响。本书从原理论述等方面，充分体现了学科交叉，并将这些知识有机地结合起来。

4）重视实用性

本书论述了计算智能理论、进化计算、模糊系统、人工神经网络的理论基础、基本框架和典型算法，并在此基础上将理论与实践相结合，针对相关领域中的典型问题，给出了解决方法、参数学习以及实验结果示例，使读者在更好地理解理论知识的同时，对计算智能学科乃至人工智能学科产生兴趣，培养动手能力。

5）符合专业需求

作为智能科学与技术专业的教材，本书详细汇总了进化计算、模糊系统、人工神经网络中常用的优化模型、学习模型、算子和网络模型等，同时将理论与实践相结合，介绍了人工神经网络、模糊系统、进化计算的典型应用范例以及实验结果，对学生计算智能理论知识的巩固和解决问题能力的提高有很好的帮助与促进作用。

致 谢

本书是西安电子科技大学人工智能学院——"智能感知与图像理解"教育部重点实验室,"智能感知与计算"教育部国际联合实验室,国家"111"计划创新引智基地,国家"2011"信息感知协同创新中心,"大数据智能感知与计算"陕西省2011协同创新中心,智能信息处理研究所集体智慧的结晶,感谢集体中每一位同仁的奉献。特别感谢保铮院士多年来的悉心培养和指导,感谢中国科技大学陈国良院士和IEEE计算智能学会副主席、英国伯明翰大学姚新教授,英国埃塞克斯大学张青富教授,英国萨里大学金耀初教授,英国诺丁汉大学屈嵘教授的指导和帮助;感谢国家自然科学基金委信息科学部的大力支持;感谢田捷教授、高新波教授、石光明教授、梁继民教授的帮助;感谢王丹、张玮桐、任晋弘、徐开明、王光光、宋九征、林俊凯、彭沛等智能感知与图像理解教育部重点实验室研究生所付出的辛勤劳动。在此特别感谢2018年国家重点研发计划课题(2018YFC0825303,2018YFC0825305),国家自然科学基金重点项目(61836009),国家自然科学基金创新研究群体科学基金(61621005),国家自然科学基金(U1701267,61773304,61772399,61672405,61473215,61876141,61806156),高等学校学科创新引智计划(111计划)(B07048),重大研究计划(91438201和91438103),以及教育部"长江学者和创新团队发展计划"(IRT_15R53和IRT0645),西安电子科技大学2018年度研究生课程与教材建设项目(JPJC1819和JPJC1820),西安电子科技大学2018年研究生教育教学改革研究项目(JGY1814和JGY1815)对我们的资助。

感谢作者家人的大力支持和理解。

由于编者水平有限,书中不妥之处在所难免,敬请各位专家及广大读者批评指正。

作 者

2019.3

目 录 CONTENTS

第1章 绪 论——从人工智能到计算智能

1.1 人工智能的发展

1997 年 5 月 11 日北京时间早晨 4 时 50 分，一台名叫"深蓝"的超级电脑在棋盘 C4 处落下最后一颗棋子，全世界都听到了震撼世纪的叫杀声 ——"将军"！这场举世瞩目的"人机大战"，终于以机器获胜的结局落下了帷幕。

"深蓝"是一台智能电脑，是人工智能的杰作。新闻媒体以挑衅性的标题不断地发问：电脑战胜的是一个人，还是整个人类的智能？连棋王都认输了，下一次人类还将输掉什么？智慧输掉了，人类还剩些什么？于是，人工智能又一次成为万众瞩目的焦点，成为电脑科学界引以为豪的学科。

1.1.1 人工智能的萌芽

1. 亚里士多德的形而上学和逻辑学

亚里士多德的主要成就包括主谓命题及关于此类命题的逻辑推理方法，特别是三段论。这是由两个前提推出结论的方法。

例 1.1.1 （i）凡孔子的后代是人，（ii）凡人皆会死，因此凡孔子的后代会死。若写成普遍的形式，则是：（i）凡 S 是 M；（ii）凡 M 是 P；因此凡 S 是 P。这里（i）及（ii）是两个前提，若这两个前提为真，则以上推出的结论（凡 S 是 P）亦必然是真，因此这个三段论是正确的。

2. 归纳法

Bacon（培根，1561—1626 年）在《新工具》中提出归纳法，提出"知识就是力量"。他十分重视科学实验，认为只有经过实验才能获得真正的知识。

3. 图灵与人工智能

艾伦·麦席森·图灵（Turing，1912 年—1954 年，见图 1-1，英国数学家），以"纸上下棋机"率先探讨了下棋与机器智能的联系，

图 1-1 图灵

是举世公认的"人工智能之父"。1937 年，伦敦权威的数学杂志收到图灵的一篇论文《论可计算数及其在判定问题中的应用》，其作为阐明现代电脑原理的开山之作，被永远载入了计算机的发展史册。1950 年 10 月，他的又一篇划时代论文《计算机与智能》发表，这篇文章后来被改名为《Can a machine think?》。

图灵曾预言，随着电脑科学和机器智能的发展，20 世纪末将会出现智能机器。在这点上，图灵也是过于乐观了。但是，"图灵试验"大胆地提出了"机器思维"的概念，为人工智能确定了奋斗的目标，并指明了前进的方向。

4. 人工智能的物质基础——计算机

图 1-2　ENIAC 计算机

二战期间，美国军方为了解决计算大量军用数据的难题，成立了由宾夕法尼亚大学莫奇利和埃克特领导的研究小组，开始研制世界上第一台计算机。经过三年紧张的工作，第一台电子计算机终于在 1946 年 2 月 14 日问世了，它由 17 468 个电子管、6 万个电阻器、1 万个电容器和 6 千个开关组成，重达 30 吨，占地 160 平方米，耗电 174 千瓦，耗资 45 万美元。这台计算机每秒只能运行 5 千次加法运算，称为"埃尼阿克"即 ENIAC(电子数字积分计算机，见图 1-2)，为人工智能研究奠定了物质基础。

5. 数学奇才、计算机之父——冯·诺依曼

1945 年 6 月，冯·诺依曼与戈德斯坦、勃克斯等人，联名发表了一篇长达 101 页的报告，即计算机史上著名的"101 页报告"，直到今天，这篇报告仍然被认为是现代电脑科学发展里程碑式的文献。报告明确规定了计算机的五大部件，并用二进制替代十进制进行运算。

冯·诺依曼计算机结构如图 1-3 所示。

图 1-3　冯·诺依曼计算机结构

计算智能导论

6. MP 模型

1943 年，McCulloch 和 Pitts 建立了神经网络数学模型，如图 1-4 所示，通过模拟人脑实现智能，开创了人工神经网络的研究。

(a) 数学模型　　　　　　　　　　　　　(b) 人体神经元

图 1-4　神经网络数学模型与人体神经元

7. Wiener 控制论

Wiener 曾研究计算机如何能像大脑一样工作，并发现了二者的相似性。Wiener 认为，计算机是一个进行信息处理和信息转换的系统，只要这个系统能得到数据，机器本身就应该能做几乎任何事情，而且计算机本身并不一定要由齿轮、导线、轴、电机等部件制成。麻省理工学院的一位教授为了证实维纳的这个观点，甚至用石块和卫生纸卷制造过一台简单的能运行的计算机。

8. 英国数学家、逻辑学家 Boole

Boole 实现了莱布尼茨的思维符号化和数学化的思想，提出了一种崭新的代数系统——布尔代数。布尔利用代数语言使逻辑推理变得更简洁清晰，从而建立起一种逻辑科学，其方法不但使数学家耳目一新，也让哲学家大为叹服。他为逻辑代数化作出了决定性的贡献，他所建立的理论随着电子计算机的问世而得到迅速发展。

1.1.2　人工智能的诞生

1. 导因

现实世界中相当多问题的求解都是复杂的，常无算法可循，即使有计算方法，也是 NP (Non-deterministic Polynomial，即多项式复杂程度的非确定性)问题。为此，人们可采用启发式知识进行问题求解，将复杂的问题大大简化，可在浩瀚的搜索空间中迅速找到解答，运用专门领域的经验知识，经常会获得有关问题的满意解，而非数学上的最优解，这就是启发式搜索。

2. 达特茅斯会议

1956 年夏天，美国达特茅斯大学召开了一次影响深远的历史性会议。其主要发起人是该校的青年助教麦卡锡，参会学者的研究专业包括数学、心理学、神经生理学、信息论和电脑科学，学者们分别从不同的角度共同探讨了人工智能的可能性。达特茅斯会议历时长达两个多月，学者们在充分讨论的基础上，首次提出了"人工智能"（Artificial Intelligence, AI）这一术语，标志着人工智能作为一门新兴学科正式诞生。

3. 现代电脑的智能与人类智能

一方面，电脑能计算出 10 亿位的 π 值，能快速处理全国人口普查的海量数据，能精确地控制宇宙飞船登上月球的每一个步骤，任何聪明绝顶的人在它面前都相形见绌；另一方面，电脑的智力水平连普通 3 岁孩童都不如。正如 1980 年国外有人给它下过一个通俗的定义："快速的、按规矩行事的傻子机器"。

4. 生物智能

对于低级动物来说，它的生存、繁衍是一种智能。为了生存，它必须表现出某种适当的行为，如觅食、躲避危险、占领一定的地域、吸引异性以及生育和照料后代。因此，从个体的角度看，生物智能是动物为达到某种目标而产生正确行为的生理机制。

自然界智能水平最高的生物就是人类自身，其不但具有很强的生存能力，而且具有感受复杂环境、识别物体、表达和获取知识，以及进行复杂思维推理和判断的能力。

5. 人类智能

人类个体的智能是一种综合性能力。具体地讲，包括以下几方面能力：

（1）感知与认识事物、客观世界与自我的能力；

（2）通过学习取得经验、积累知识的能力；

（3）理解知识、运用知识及运用经验分析问题和解决问题的能力；

（4）联想、推理、判断、决策的能力；

（5）运用语言进行抽象、概括的能力；

（6）发现、发明、创造、创新的能力；

（7）实时地、迅速地、合理地应付复杂环境的能力；

（8）预测、洞察事物发展变化的能力。

6. 智能定义

智能是人类具有的特征之一，然而，对于什么是人类智能（或者说智力），科学界至今还没有给出令人满意的定义。下面几种定义是目前使用较多的定义：

（1）从生物学角度定义为"中枢神经系统的功能"。

（2）从心理学角度定义为"进行抽象思维的能力"。

（3）有人同义反复地把它定义为"获得能力的能力"。

（4）智能是个体或群体在不确定的动态环境中作出适当反应的能力，这种反应必须有助于它（它们）实现其最终的行为目标。

（5）智能是个体有目的的行为、合理的思维，以及有效地适应环境的综合能力。通俗地讲，智能是个体认识客观事物、客观世界和运用知识解决问题的能力。

需要注意的是，智能是相对的、发展的。离开特定时间谈智能是困难的、没有意义的。

7. 人工智能

人工智能是相对人的自然智能而言的，即用人工的方法和技术，研制智能机器或智能系统来模仿、延伸和扩展人的智能，实现智能行为和"机器思维"，解决需要人类专家才能处理的问题。

人类的许多活动，如解算题、猜谜语、讨论问题、编制计划和编写计算机程序，甚至驾驶汽车和骑自行车等，都需要"智能"。如果机器能够执行这种任务，就可以认为机器已具有某种性质的"人工智能"。

人工智能的产品有很多，比如能够模拟人的思维，进行博弈的计算机——"深蓝"，能够进行深海探测的潜水机器人，在星际探险的移动机器人，如美国研制的火星探测车。

人工智能是人工制品（artifact）中所涉及的智能行为。其中，智能行为包括感知（perception）、推理（reasoning）、学习（learning）、通信（communicating）和复杂环境下的动作行为（acting）。

8. 人工智能的特点与分支

1）特点

人工智能具备推理、学习和联想的特点。

2）分支

人工智能从一开始就形成了两种重要的研究范式，即符号主义和联接主义。符号主义采用知识表达和逻辑符号系统来模拟人类的智能。联接主义则从大脑和神经系统的生理背景出发来模拟它们的工作机理和学习方式。符号主义试图对智能进行宏观研究，而联接主义则是一种微观意义上的探索。

（1）符号主义：它认为人工智能源于数理逻辑。数理逻辑从 19 世纪末起获得了迅速发展；到 20 世纪 30 年代开始用于描述智能行为。计算机出现后，又在计算机上实现了逻辑演绎系统，正是这些符号主义者，后来又发展了启发式算法→专家系统→知识工程理论与技术，并于 80 年代取得很大发展。符号主义曾长期一枝独秀，为人工智能的发展作出了重要贡献，这个学派的代表有纽厄尔、肖、西蒙和尼尔逊（Nilsson）。

（2）联接主义：它认为人工智能源于仿生学，特别是人脑模型的研究。它的代表性成果是由生理学家麦卡洛克（McCulloch）和数理逻辑学家皮茨（Pitts）于 1943 年创立的脑模型，即 MP 模型。二十世纪六七十年代，联接主义尤其对以感知机（perceptron）为代表的脑模型的研究出现过一股热潮。

例 1.1.2 感知器学习模型。

感知器学习模型如图 1-5 所示。

图 1-5 感知器学习模型

1986 年，鲁梅尔哈特（Rumelhart）等人提出了多层网络中的反向传播（BP）算法。此后，联接主义势头大振，从模型到算法，从理论分析到工程实现，为神经网络计算机走向市场打下了基础。现在，对人工神经网络（Artificial Nearal Network，ANN）的研究热情依然不减。

9. 人工智能的目标

人工智能科学想要解决的问题，是让电脑也具有人类的听、说、读、写、思考、学习、适应环境变化、解决各种实际问题等能力。换言之，人工智能是电脑科学的一个重要分支，它的近期目标是让电脑更聪明、更有用，远期目标是使电脑变成"像人一样具有智能的机器"。

1.1.3 人工智能的发展

1. 机器证明

赫伯特·西蒙等人合作编写的《逻辑理论机》，即数学定理证明程序，使机器迈出了逻辑推理的第一步。在卡耐基梅隆大学的计算机实验室，赫伯特·西蒙从分析人类解答数学题的技巧入手，让一些人对各种数学题作周密的思考，要求他们不仅要写出求解的答案，还要说出自己推理的方法和步骤。

经过反复的实验，纽厄尔和赫伯特·西蒙进一步认识到，人类证明数学定理时也有类似的思维规律，通过"分解"（把一个复杂问题分解为几个简单的子问题）和"代入"（利用已知常量代入未知的变量）等方法，用已知的定理、公理或解题规则进行试探性推理，直到所有的子问题最终都变成已知的定理或公理，从而解决整个问题。人类求证数学定理也是一种启发式搜索，与电脑下棋的原理异曲同工。

机器证明曾证实了数学家罗素的数学名著《数学原理》第二章中的 38 个定理。1963 年，经过改进的 LT 程序在一部更大的电脑上完成了第二章全部 52 条数学定理的证明。

美籍华人学者、洛克菲勒大学教授王浩在"自动定理证明"上获得了更大的成就。1959 年，王浩用他首创的"王氏算法"，在一台速度不高的 IBM 704 电脑上再次向《数学原理》发起挑战，不到 9 分钟，王浩的机器将这本被视为数学史上里程碑的著作中的全部（350 条以上）定理，通通证明了一遍。

人工智能定理证明研究最有说服力的例子是，机器证明了困扰数学界长达 100 余年之久的难题——"四色定理"：任何地图最多都可以仅用四种颜色着色，就能区分任何两相邻的国家或区域。这个看似简单的问题，就像"哥德巴赫猜想"一样，是世界上最著名的数学难题之一。1976 年 6 月，美国伊利诺斯大学的两位数学家沃尔夫冈·哈肯（W. Haken）和肯尼斯·阿佩尔（K. Apple）宣布，他们成功地证明了这一定理，使用的方法就是"穷举归纳法"。他们编制出一种很复杂的程序，让 3 台 IBM 360 电脑自动高速寻找各种可能的情况，并逐一判断它们是否可以被"归纳"。十几天后，共耗费 1200 个机时，做完了 200 亿个逻辑判断。

人工智能先驱们认真地研究下棋，研究机器定理证明，但效果仍不尽如人意。问题的症结在于，虽然机器能够解决一些极其错综复杂的难题，但是有更多的工作，对于人来说是简单到不能再简单的事情，但对于电脑却是难于上青天。20 世纪 60 年代末，许多世界一流的人工智能学者过高地估计了智能电脑的能力，使得现实一再无情地打破了他们乐观的梦想，以至于受到越来越多的嘲笑和反对。AI 研究曾一度堕入低谷，出现了所谓的"黑暗时期"。

2. 专家系统

1977 年，曾是赫伯特·西蒙的研究生、斯坦福大学青年学者费根鲍姆（E. Feigenbaum），在第五届国际人工智能大会上提出了"知识工程"的概念，标志着 AI 研究从传统的以推理为中心的阶段进入以知识为中心的新阶段。人工智能重新获得人们的普遍重视，逐步跨进了复兴期。

费根鲍姆构建的"专家系统"，就是要在机器智能与人类智慧集大成者——专家的知识经验之间搭建桥梁。他解释说：专家系统是一个已被赋予知识和才能的计算机程序，从而使这种程序所起到的作用达到专家的水平。

人类专家的知识通常包括两大类。一类是书本知识，它可能是专家在学校读书求学时所获得的，也可能是专家从杂志、书籍中自学而来的；然而，仅仅掌握了书本知识的学者还不配称为专家，专家最为宝贵的知识是他凭借多年实践积累的经验知识，这是他头脑中最具魅力的知识瑰宝。在 AI 研究里，这类知识称为"启发式知识"。

专家系统的一般结构如图 1-6 所示。

图 1-6　专家系统的一般结构

1965 年，在斯坦福大学化学专家的配合下，费根鲍姆研制的第一个专家系统DENDRAL 是化学领域的"专家"。在输入化学分子式和质谱图等信息后，它能通过分析推理决定有机化合物的分子结构，其分析能力已经接近、甚至超过了有关化学专家的水平。该专家系统为 AI 的发展树立了典范，其意义远远超出了系统本身在实用上创造的价值。

专家系统最成功的实例之一是 1976 年美国斯坦福大学肖特列夫（Shortliff）开发的医学专家系统 MYCIN，这个系统后来被知识工程师视为"专家系统的设计规范"。在 MYCIN 的知识库里，大约存放着 450 条判别规则和 1000 条关于细菌感染方面的医学知识。它一边与用户进行对话，一边进行推理诊断。它的推理规则称为"产生式规则"，类似于："IF（打喷嚏）OR（鼻塞）OR（咳嗽），THEN（有感冒症状）"这种医生诊断疾病的经验总结，最后显示出它"考虑"的可能性最高的病因，并以给出用药的建议而结束。

专家系统和知识工程成为符号主义人工智能发展的主流。

3. 第五代计算机

我们知道，从用电子管制作的 ENIAC（Electronic Numberical Integrator and Computer，电子数字积分计算机），到用超大规模集成电路设计的微型电脑，都毫无例外遵循着 20 世纪 40 年代的冯·诺依曼体系结构：这种体系必须不折不扣地执行人们预先编制、并且已经储存的程序，不具备主动学习和自适应能力。

1982 年夏天，日本"新一代计算机技术研究所"（ICOT），40 位年轻人在渊一博的带领下开始了新一代计算机的研究。"新一代计算机"的主要目标之一是突破电脑所谓的"冯·诺依曼瓶颈"。他们宣称这种机器将以 Prolog（人工智能语言）为机器的语言，其应用程序将达到知识表达级，具有听觉、视觉甚至味觉功能，能够听懂人说话，自己也能说话，能认识不同的物体，且能看懂图形和文字。人们不再需要为它编写程序指令，而只需要口述命令，它就会自动推理并完成工作任务。这个所谓的"五代机"的命运是悲壮的。1992 年，因其最终没能突破关键性的技术难题，无法实现自然语言人机对话、程序自动生成等目标，导致该计划最后阶段研究的流产。

4. 模式识别

模式识别是近 30 年来得到迅速发展的人工智能分支学科,但是,对于什么是"模式",或者什么是机器(也包括人)能够辨认的模式,迄今为止尚无确切的定义。我们只能形象地解释说,人之所以能识别图像、声音、动作、文字字形、面部表情等,是因为它们都存在着反映其特征的某种模式。

5. 人脑与电脑

长期以来,一个诱人的科学幻想主题经常涉及人脑与电脑的关系。人类大脑有 140 多亿个脑神经细胞,每个细胞都与其他 5 万个细胞相互连接,比目前全球电话网还要复杂 1500 倍。

据前苏联学者阿诺克欣测算,一个普通的大脑拥有的神经突触连接和冲动传递途径的数目,是在 1 后面加上 1000 万公里长的、用标准打字机打出的那么多个零!但是,由如此庞大数目元件构成的大脑,平均重量不足 1400 克,平均体积约为 1.5 立方分米,消耗的总功率只有 10 瓦。若采用半导体器件组装成相应的电脑装置,则必须做成一座高达 40 层的摩天大楼,所需功率要以百万千瓦计。

左脑的功能是抽象概括思维,这种思维必须借助于语言和其他符号系统,主管"说话"、"写字"、"计算"、"分析"等。右脑的功能是感性直观思维,这种思维不需要语言的参加,比如掌管"音乐"、"美术"、"立体感觉"等。而形象思维、知觉、预感、创意这些人类右脑的功能,迄今为止计算机尚难以企及。右脑的功能不可替代,只能靠人自己培养和发挥。

计算机指令能够变成动物可接收的信息模式,如声音信号、颜色、图形信号。经过训练的动物可以根据这些信号执行一些简单的指令,而一个复杂的动作可由一系列简单的动作来完成。比如动物只要听懂"朝前走"、"向左转"、"向右转"这三个指令,就可以控制其走向某一个目标地。一旦动物做对了,可以给予一定的食物奖励。

1.2 人工智能预言、现状和未来

1958 年,纽厄尔和赫伯特·西蒙在预言"电脑将战胜国际象棋世界冠军"的同时,还大胆地预言说,不出 10 年,电脑便能找到并证明到那时还未被证明的重要数学定理;不出 10 年,大部分心理学理论将采取电脑的程序来实现。1970 年,明斯基所作的预言却有些离谱:"在三年到八年的时间里,我们将研制出具有普通人一般智力的计算机。这样的机器能读懂莎士比亚的著作,会给汽车上润滑油,会玩弄政治权术,能讲笑话,会争吵。到了这个程度后,计算机将以惊人的速度进行自我教育。几个月之后,它将具有天才的智力,再过几个月,它的智力将无与伦比。"

1. 人工智能的现状

人工智能先驱这些充满乐观的预言，除了 40 年后电脑战胜了卡斯帕洛夫之外，其余的直到现在依然远没有被实现，甚至引发了长时期无休无止的争论和哲学意义上的思辨。人工智能虽然做出了许多令人鼓舞的工作，但在前进的道路上，还面临着相当难以克服的障碍。

2. 人工智能的未来

现有的计算机技术已充分实现了人类左脑的逻辑推理功能，人工智能的下一步是模仿人类右脑的模糊处理能力，以及模拟整个大脑并行处理大量信息的功能，将人类从那些繁琐的重复性的脑力劳动中解放出来，去从事那些具有高创造性的脑力劳动，如科学发明和艺术创作等，生产效率也将得到大幅度提高。

1.3　人工智能的新生：计算智能

1.3.1　人工神经网络

联接主义（神经网络）的研究蓬勃发展，在理论和应用上均取得了令人瞩目的成就，占据着人工智能的主导地位。

人工神经网络的特点如下：

（1）信息的分布表示记忆在大量神经元中。每个神经元存储许多信息的部分内容，信息在神经网络中的记忆反映在神经元间突触的连接强度上（weights）。

（2）神经网络运算的全局并行和局部操作。神经网络具有高度的并行结构和并行实现能力，因而有较好的耐故障能力和较快的总体处理能力。

（3）处理的非线性。神经网络具有非线性特性，这源于其近似任意非线性映射（变换）的能力。

（4）较强的学习能力。神经网络是通过研究系统过去的数据记录进行训练的。一个经过适当训练的神经网络具有归纳全部数据的能力，因此，神经网络能够解决那些由数学模型或描述规则难以处理的控制过程的问题。

1.3.2　模糊逻辑

美国加州大学扎德（Zadeh）教授于 1965 年提出的模糊集合与模糊逻辑理论是模糊计算的数学基础，主要用来处理现实世界中因模糊而引起的不确定性。

模糊逻辑是一种精确解决不精确、不完全信息的方法。它可以比较自然地处理人的概念，是一种通过模仿人的思维方式来表示和分析不确定、不精确信息的方法和工具。

模糊逻辑突破了传统逻辑的思维模式，对于深刻研究人类的认识能力具有举足轻重的作用。特别是它与专家系统、神经网络以及控制理论的结合，在 AI 研究中扮演着重要角色。

经典集合与模糊集合如图 1-7 所示。

经典集合　　　　　模糊集合

图 1-7　经典集合与模糊集合

1.3.3　进化计算

进化计算是一种模拟自然界生物进化过程与机制，并进行问题求解的自组织、自适应的随机搜索技术。它将达尔文进化论的"物竞天择、适者生存"作为算法的进化规则，并结合孟德尔的遗传变异理论，将生物进化过程中的繁殖（Reproduction）、变异（Mutation）、竞争（Competition）、选择（Selection）引入到算法中。

进化算法的基本思想是使用模拟生物和人类进化的方法来求解复杂问题。它从初始种群出发，采用优胜劣汰、适者生存的自然法则选择个体，并通过杂交、变异产生新一代种群，如此逐代进化，直到满足目标为止。

这些方法的共同点如下：

（1）它们是依靠生产者提供的数字、数据材料进行加工处理，而不是依赖于知识，具有较强的鲁棒性。

（2）这些研究方法各自可以在某些特定方面起到特殊的作用，但是也存在一些固有的局限，将这些智能方法有机地融合起来进行研究，就能为建立一种统一的智能系统和优化方法提供基础。

1.3.4　计算智能

计算智能系统是在神经网络、模糊系统、进化计算三个分支发展相对成熟的基础上，通过相互之间的有机融合而形成的新的科学方法，也是智能理论和技术发展的崭新阶段。当一个系统仅仅处理底层数据，具有模式识别的部分，并且不使用 AI 意义中的知识，那么这个系统便是计算智能系统。

神经网络、模糊系统、进化计算这些不同的成员方法从表面上看各不相同，但实际上它们是紧密相关、互为补充和促进的。近年来的研究发现：神经网络反映大脑思维的高层次结构；模糊系统模仿低层次的大脑结构；进化系统则与一个生物体种群的进化过程有着许多相似的特征。

计算智能的特点如下：

(1) 具有计算的适应性；

(2) 具有计算误差的容忍度；

(3) 接近人处理问题的速度；

(4) 具有近似人的误差率。

1.4　智能的三个层次

1. 智能的三个层次

(1) 生物智能（Biological Intelligence，BI），由脑的物理化学过程反映出来，是脑智能的基础。

(2) 人工智能（Artificial Intelligence，AI），是非生物的、人造的，常用符号来表示。AI的来源是人类知识的精华。

(3) 计算智能（Computational Intelligence，CI），是由数学方法和计算机实现的，其来源于数值计算的传感器。

2. 层次间关系

(1) 从复杂性来看：$BI > AI > CI$。

(2) 从隶属关系来看：BI 包含 AI 包含 CI。

(3) AI 是 CI 到 BI 的过渡，因为 AI 中除计算算法之外，还包括符号表示及数值信息处理，模糊集合和模糊逻辑是 AI 到 CI 的过渡。

计算智能是一种智力方式的低层认知，它与人工智能的区别只是认知层次从中层下降至低层而已。中层系统含有知识，而低层系统则没有。

1.5　计算智能领域研究成果

1.5.1　进化计算研究成果

进化计算领域已经取得了丰硕的研究成果，下面分别介绍进化计算领域中进化多目标优化的研究进展、免疫克隆算法的研究进展以及群智能方法的研究进展。

1. 进化多目标优化的研究进展

应用进化算法求解多目标优化问题，已成为进化计算的研究热点之一，并形成一个新的研究方向——进化多目标优化。进化多目标优化的专题国际会议 EMO 每两年举办一次，现已成为进化计算领域的一个主流会议。在权威期刊《IEEE Transactions on Evolutionary Computation》从 1997 年创刊到 2018 年 6 月发表的文章中，50 篇最常访问的文档中前两篇均为 EMO 的研究成果。关于进化计算的专著，2001 年 Deb 等人出版了《Multi-Objective Optimization Using Evolutionary Algorithms》，Coello Coello 等人于 2002 年出版了《Evolutionary Algorithms for Solving Multi-Objective Problems》；随后，Tan、Jin 等 EMO 领域专家也编写了各自的专著，紧接着国际出版的 EMO 专著也越来越多，这说明 EMO 成为进化计算领域的一个主流研究方向。

进化多目标优化是应用进化算法求解含有多于一个目标函数的函数优化问题，这一领域已经取得了丰硕的研究成果。1985 年，Schaffer 提出了矢量评估法（vector-evaluated genetic algorithms，VEGA），随后 Multiobjective Genetic Algorithm（多目标遗传算法，MOGA）、Non-Dominated Sorting Genetic Algorithm（非支配排序遗传算法，NSGA）、Niched Pareto Genetic Algorithm（小生境帕累托遗传算法，NPGA）也相继出现，这些算法是第一代多目标进化算法，并采用了 Pareto 等级与适应度共享机制。自 1999 年起，开始涌现第二代多目标进化算法，这类算法以精英保留机制为特征。1999 年，Zitzler 和 Thiele 提出了 Strength Pareto Evolutionary Algorithm（强度帕累托进化算法，SPEA），随后他们又提出了改进版本的 SPEA2。2000 年，Knowles 和 Corne 提出了 Pareto Archived Evolution Strategy（帕累托存档进化策略，PAES），随后也提出了改进版本的 Pareto Envelope-Based Selection Algorithm（基于帕累托包络的选择算法，PESA）和 PESA-Ⅱ。2001 年，Erichson、Mayer 和 Horn 提出了 NPGA 的改进版本 NPGA2。2002 年，Deb 等学者通过对 NSGA 进行改进，提出了 NSGA-Ⅱ算法。

2003 年，进化多目标优化发展到一个新的领域，出现了许多新型占优机制。Laumanns 和 Deb 提出了 ε 占优，Alfredo 和 Coello Coello 提出了 Pareto 自适应占优，Brockoff 和 Zitzler 提出了部分占优，同时为了更好地求解多目标进化问题，引入了一些新的进化机制。Coello 等基于粒子群优化提出了 Multi-objective Particle Swarm Optimization（多目标粒子群优化算法，MOPSO），而 Zhang 和 Li 将传统的数学规划方法与进化算法结合起来提出了 Multi-Objective Evolutionary Algorithm Based on Decomposition（基于分解的多目标进化算法，MOEA/D）。

现阶段，用于求解多目标优化问题的进化算法得到了充分发展。Chao Liu、Qi Zhao 和 Bai Yan 等提出了一种基于自适应排序的进化多目标优化算法，算法用于处理具有不规则 Pareto 前端的多目标优化问题，很好地权衡了解的收敛性、多样性和求解问题的效率。Shuai Wang、Shaukat Ali 和 Tao Yue 等提出了一种联合权重分配与 NSGA-Ⅱ算法，用于支持用户偏好的多目标优化问题，其将用户偏好引入到目标函数中，提出了用户偏好多目标优化算法（UPMOA），很好地解决了一些工业工程问题。Hai-lin Liu、Lei Chen 和 Qingfu Zhang 等针对具有挑战性的 Many-Objective 函数优化问题（即 MaOPs，是指具有多于三个目标函数的多目标优化问题）提出了自适应搜索工作量分配策略，它基于分解 MOEA/D-M2M 而提出，并通过自适应的方式检测不同目标函数的重要性来调整不同子问题的子区域，一系列具有连续和分散 Pareto 前端的退化 MaOPs 表明了算法的良好性能。Shouyong Jiang、Shengxiang Yang 和 Yong Wang 等将标量函数引入到基于分解的多目标进化算法中，从而能够很好地平衡算法的收敛性和多样性。

2. 免疫克隆算法的研究进展

人工免疫系统的研究起源于对生物免疫的研究，免疫学是一门相对年轻的学科，人类对自然免疫的认识可以追溯到 300 年以前。经过 300 多年的发展，免疫学已经从微生物学发展成一门独立的学科，并派生出若干分支，例如细胞免疫学、分子免疫学、神经与内分泌免疫学、生殖免疫学和行为免疫学等。就现有的免疫系统理论而言，学术界所接受，并为工程应用，尤其是人工智能领域所借鉴的主要是 Burnet 的克隆选择学说和 Jerne 的免疫网络学说。

对于人工免疫系统的研究，要始于 Farmer 等人于 1986 年基于免疫网络学说给出的免疫系统的动态模型，他探讨了该模型与其他人工智能方法的联系，开始了人工免疫系统的研究。1996 年 12 月，在日本首次举行了基于免疫性系统的国际专题讨论会，首次提出了"人工免疫系统"的概念。随后，人工免疫系统进入兴盛发展期，相关论文和研究成果在逐年增加。1997 年和 1998 年的 IEEE Systems、Man and Cybernetics 国际会议还组织了相关专题讨论，并成立了"人工免疫系统及应用分会"。

人工免疫系统的研究主要集中在以下几个方面：

（1）对人工免疫系统模型的研究。基于抗体抗原结合特征，A Tarakanov 等建立了一个比较系统的人工免疫系统模型，并用于评价加里宁格勒生态学地图集的复杂计算。J Timmis 等提出了一种资源限制的人工免疫系统方法，并成功用于求解 Fisher 花瓣问题。Nohara 基于抗体单元的功能提出了一种非网络的人工免疫系统模型。

（2）关于免疫机理的研究。对于记忆学习，它是指记忆细胞对抗原的免疫响应作用，是指对特定抗原排斥掉的学习记忆机制。对于反馈机制，它反映了细胞免疫和体液免疫间的关系，以及抗原、抗体、B 细胞、辅助 T 细胞和抑制 T 细胞之间的作用，经过反应，免疫系统便趋于平衡，利用这一机理可提高算法的局部搜索能力，生出具有特异行为的网络，从而提高个体适应环境的能力。

（3）多样性遗传机理的研究。在免疫系统中，抗体的种类要远大于已知抗原的种类，此机理的优势是可用于搜索优化，进化地处理不同抗原的抗体，从而提高全局搜索能力，避免陷入局部最优。

（4）克隆选择机理。由于遗传和免疫细胞在增殖中的基因突变，形成了免疫细胞多样性。因此对于每一种侵入机体的抗原，机体内都会进行免疫应答并清除抗原，这就是克隆选择。

对于人工免疫系统算法的研究,现阶段已经获得了充分的发展。关于免疫算法的研究主要集中在利用免疫机理改进其他的算法以构成新的算法,如免疫-遗传算法、免疫-神经网络等,其中对于遗传算法的改进获得的成果较多。R Deaton、孟繁桢、周伟良、王煦法、曹先彬、邵学广、王磊等从不同的角度研究了利用免疫机理改进遗传算法的方法,克服了遗传算法过早收敛的问题,获得了满意的效果。Dongdong Yang、Licheng Jiao 和 Maoguo Gong 等人提出应用克隆选择算法求解偏好多目标优化问题,用于克服目标函数维数增加时选择压力不足的问题,应用决策者的偏好信息分配抗体偏好等级,增加了选择压力并加快了收敛速度。Ronghua Shang、Licheng Jiao 和 Wenping Ma 等提出应用免疫记忆克隆算法求解约束多目标优化问题,引入免疫克隆与免疫记忆机制,使抗体种群与记忆单元并行演化,从而获得了具有较好收敛性与均匀性的解。随后,Ronghua Shang、Licheng Jiao 和 Chaoxu Hu 等提出了修正免疫克隆算法求解约束多目标优化问题,应用约束处理策略对目标函数值进行修正,并用免疫克隆算法对修正目标函数值完成优化,从而保证了解的多样性、均匀性和收敛性。之后,Ronghua Shang、Licheng Jiao 和 Fang Liu 等提出了一种新的免疫克隆算法用于求解多目标优化问题,通过将抗体种群分为支配解与非支配解,并通过 Pareto 支配来选择非支配抗体,从而获得了收敛性好、分布广的解。Qiuzhen Lin、Jianyong Chen 和 Zhihui Zhan 等提出了一种混合进化免疫算法求解多目标优化问题,通过将一个混合的进化框架引入到多目标免疫算法(MOIAs)中,将克隆个体分为不同子种群并使用不同的进化策略来实现进化,从而保证了算法的高效性。Shuqu Qian、Yongqiang Ye 和 Bin Jiang 等提出了基于免疫系统模型的约束多目标优化算法,通过将初始种群分成可行非支配解和不可行解,基于相似性设计方法,通过克隆和超变异使得可行非支配解探索非支配前端,通过模拟二进交叉和多项式变异操作充分利用不可行解,从而保证了算法的良好性能。

3. 群智能方法的研究进展

20 世纪 50 年代出现了仿生学,因此从生物进化机理出发寻找解决复杂优化问题的方法受到研究者越来越多的关注,比如出现了遗传算法、进化策略、进化规划等进化算法,而生物群体行为对现实生活中复杂问题的求解也具有重要的指导作用。在后续的研究中,Beni、Hackwood 和 Wang 在分子自动机系统中首次提出了群智能的概念。群智能与各种各样的自适应随机搜索算法相比,它通过演化计算技术创造了被称为"种群"的潜在解,并通过种群间个体的协作与竞争来获取待优化问题的最优解,相较于传统方法,这类方法能够较快地找到待优化问题的最优解。它作为一种新兴的演化计算技术已成为国内外研究者的研究热点。

目前,群智能算法研究领域主要存在三种算法:蚁群算法(Ant Colony Optimization,

ACO)、粒子群算法（Particle Swarm Optimization，PSO）和人工鱼群算法（Artificial Fishswarm Algorithm，AFA）。这里对蚁群算法和粒子群算法作出介绍。蚁群算法是指通过对真实蚁群觅食行为的研究，由意大利学者 M. Dorigo 等人首先提出的一种新型的模拟进化算法，它是对蚂蚁群落食物采集过程的模拟，已成功应用于许多离散优化问题。受鸟群觅食过程的启发，Kennedy 和 Eberhart 于 1995 年提出了粒子群优化算法，它利用和改进了生物学家的生物群体模型，成为一种很好的优化工具。

现阶段，关于群智能算法的研究已取得了丰硕的研究成果。Qiuzhen Lin、Songbai Liu 和 Qingling Zhu 等提出了具有平衡适应度估计的粒子群优化算法，用于求解多目标优化问题，它针对当前多目标粒子群优化算法（MOPSOs）处理 many-objective 优化问题（MaOPs）时经常表现出性能差，且经常导致最终解在目标空间松散分布，远离真实的 Pareto 前端的问题，提出了一个平衡适应度评价方法和一个新的速度更新规则，从而能够高效地处理 MaOps。Caitong Yue、Boyang Qu 和 Jing Liang 提出了一种基于环拓扑的多目标粒子群优化算法求解多模态多目标问题（对于多模态多目标的优化问题，它具有多于一个的 Pareto 最优解），提出的算法具有基于索引的环形拓扑结构，从而引入平稳小生境（来自于生物学的一个概念，是指特定环境下的一种生存环境）而识别出更多数量的 Pareto 最优解。算法采用了特殊拥挤距离概念作为决策空间和目标空间中的密度度量，因此能够保持大量的 Pareto 最优解，而且在决策空间和目标空间均能获得好的分布。Zhaoyuan Wang、Huanlai Xing 和 Tianrui Li 等提出了一种改进的蚁群优化算法，用于网络编码资源最小化的问题，该算法通过多维信息素维持机制来解决信息素重叠问题，并采用问题明确的启发式信息来提高启发式搜索能力；通过采用基于禁忌表的路径构造方法，构建了从源头到每个接收器的可行路径，并采用了一种局部信息素更新规则，来指导蚂蚁构建合适的路径；同时也提出了问题解的重构方法，从而避免早熟并提高了算法的全局搜索能力。进而在解的构建阶段，蚁群优化算法（ACO）能够利用与路径相关问题的全局和局部信息，保证了算法的良好性能。

1.5.2　模糊理论研究成果

自 1965 年模糊理论诞生以来，得到了很高的关注，在各个领域应用广泛。本节将介绍模糊理论在模糊聚类和模糊控制领域的研究成果。

1. 模糊聚类

1）模糊聚类算法的发展

模糊理论的出现将传统的聚类分析推广成了模糊聚类分析。相较于传统的聚类分析，在模糊聚类分析中，每个样本不再仅属于某一类，而是以一定的隶属度分属于每一类。如此，便可得到样本属于各个类别的不确定性程度，从而更加准确地反映客观世界。在

Ruspini 和 Bezdek 等学者的努力下，模糊聚类逐步成为聚类分析研究的主流。1969 年，Ruspini 首先提出了基于目标函数的模糊聚类方法。1974 年，Dunn 提出了真正有效的算法——模糊 C 均值算法。1981 年，Bezdek 又将其进一步扩展，建立起模糊聚类理论。

1987 年，Tucker 对 Bezdek 提出的模糊 C 均值算法收敛性进行了讨论。随后一些学者对此展开了深入研究，1993 年，Yang 提出的 Convergence properties of the generalized fuzzy C-means clustering algorithms 从更一般性的角度解决了算法的收敛性问题。模糊聚类算法对噪声比较敏感，1990 年，Dave 提出了噪声型模糊 C 均值算法，将噪声点看作单独的一个类，减小了噪声对算法的影响。模糊 C 均值聚类中采用欧式距离进行样本间度量，没有考虑到样本数据的统计信息，而且会导致算法的鲁棒性差。1991 年，Jajuga 提出了基于 l_1 范数的模糊聚类算法，将欧氏距离用 l_1 范数代替。1993 年，Krishnapuram 针对算法的空间划分问题提出了 A possibilistic approach to clustering 算法。1996 年，Bensaid 提出的 Partially supervised clustering for image segmentation 是一种新型的半监督模糊聚类算法，它结合实际问题的先验知识，达到了更好的分割效果。这些算法从噪声影响、距离测度、空间划分等方面对模糊 C 均值算法进行了改进。随着模糊 C 均值算法的不断完善，它在图像分割领域得到了广泛应用。

2）模糊聚类算法在图像分割领域的应用

图像分割是图像理解中十分关键的一步，因此近些年来许多学者提出了很多高效的图像分割方法。SAR 图像分割是图像分割研究领域的一个研究热点，聚类方法是 SAR 图像分割算法中经常使用的一种。在聚类方法中，模糊 C 均值聚类是较常用的一种算法，它通过迭代更新一个模糊隶属度矩阵来实现目标函数的最小化，再根据这个矩阵对每个像素进行硬划分，在抑制斑点噪声的同时保留图像细节信息是 SAR 图像处理的关键。

图像具有空间连续性，利用图像的空间信息可以有效地提高聚类的准确度。2002 年，Ahmed 等提出了 FCM_S（Fuzzy C-means clustering with spatial constraints，基于空间约束的模糊 C 均值聚类算法），首次将空间局部信息加入 FCM 来提高算法对噪声的鲁棒性，但是该方法在每次迭代中都要计算空间邻域项，因此运行时间较长。为了克服 FCM_S 时间复杂度大的缺点，2004 年，Chen 和 Zhang 等提出了 FCM_S1 和 FCM_S2，这两种方法分别利用局部信息提前生成一个均值滤波和一个中值滤波图像，加速算法的运行。然而以上所述算法的共同缺点是它们都需要手动设定一个重要的参数来实现噪声抑制和图像细节信息保留之间的平衡，为此，Stelios 等于 2008 年提出了不需要任何参数设定的 FLICM（Fuzzy Local Information C-Means Clustering，基于局部信息的模糊 C 均值聚类算法），该算法向原始的 FCM 目标函数中添加一个邻域项，利用邻域中像素间的空间距离自动计算权重，从而避免了手动设定参数。Gong 等分别于 2012 年和 2013 年提出了 RFLICM（Reformulated FLICM，增强 FLICM）和 KWFLICM（Fuzzy C-Means Clustering with local Information and Kernel Metric，融入局部信息的核尺度模糊 C 均值聚类算法），其中

RFLICM 向 FLICM 的邻域项中添加了局部方差系数,而 KWFLICM 利用空间距离和灰度差异重新定义了邻域项权重因子,同时加入核度量,使得算法对于图像分割更加高效。2014 年,Xiang 等提出了 ILKFCM 算法(a kernel FCM algorithm with pixel intensity and location information,基于像素强度和局部信息的模糊 C 均值聚类算法)用于 SAR 图像分割,该算法利用图像空间邻域信息进行小波变换,使用一个新的权重模糊因子,并在迭代过程中加入核度量,实现了良好的分割。

以上算法都是通过将局部空间信息加入 FCM 来提高聚类的精度,然而对于受到大量噪声影响的图像,利用局部信息并不能达到令人满意的分割结果,因此近些年来许多文献提出利用非局部空间信息实现对噪声更好的抑制。Ji 等在 2014 年提出了 NSFCM 算法,该算法使用一个改进的非局部均值方法将非局部信息引入 FCM 中,从而大大提高了算法对噪声的鲁棒性。对于学者提出的 CKSFCM 算法,同样利用非局部均值方法对图像进行滤波来实现较好的分割结果。此外,2015 年 Liu 等提出将区域信息加入 FCM 目标函数中,同时使用区域信息和邻域信息可以得到更多的空间信息。在现有的用于图像分割的聚类方法中,图像中所有的像素都包含迭代计算,使得收敛过程十分缓慢且受到较大的噪声干扰。为了避免这种情况,有学者 2017 年提出了一种新的无监督模糊聚类方法:A Fast Algorithm for SAR Image Segmentation Based on Key Pixels(用于 SAR 图像分割的一种基于关键像素的快速算法)。该方法只对少量的关键像素进行模糊聚类,并利用聚类的结果对剩余的像素进行快速分割,避免使用所有像素进行用时较长的聚类,实现了对斑点噪声影响的有效抑制,且能够在较短时间内对 SAR 图像实现精确分割。

2. 模糊控制

1974 年,英国的 E. H. Mamdani 成功地将模糊控制应用于锅炉和蒸汽机控制以来,模糊控制得以广泛发展并在现实中得以成功应用。1979 年,Procyk T 等人提出了自组织模糊控制器,是具有自适应功能模糊控制器的杰出代表。随后,一些学者对其进行了改进和完善。Rhee 和 Chen 等人提出了细胞图模糊控制,采用类似细胞的知识结构来表征以时间与量值作为自变量的系统输入/输出关系,大大提高了控制的准确性。

模糊理论和模糊控制应用技术的飞速发展引起了学术界的普遍关注。1984 年,国际模糊系统联合会(IFSA)成立,并于次年召开了首届年会。IEEE 于 1992 年召开了第一届关于模糊系统的国际会议,并于 1993 年创办了 IEEE Transaction on Fuzzy Systems 专刊,从而确立了模糊控制系统在控制领域的重要地位。

1992 年,Kosko 在"Neural Networks And Fuzzy Systems"(神经网络和模糊系统)一文中讨论了神经网络与模糊控制之间的区别和联系。这一讨论引起了学者们的思考,基于神经网络的模糊控制从此诞生。模糊神经网络的控制大致可分为三类:第一类是直接利用神经网络的学习功能及映射能力,去等效模糊系统中的各个模糊功能块;第二类是在神经网络模型中引入模糊逻辑推理方法，使其具有直接处理模糊信息的能力；第三类是将模糊系统和神经网络集成在一个系统中，以发挥各自的优势。

1993 年，A Linkens 等人提出了一种多变量模糊自学习控制方法，是自学习模糊控制器的一种。自学习模糊控制器是源于自适应模糊控制器又高于自适应模糊控制器的智能型控制器。自学习模糊控制的另一类是 R Layne 等人于同年提出的模糊模型参考学习控制（FMRLC）。1993 年，Wang 在 Lyapunov 稳定理论的基础上设计了稳定的直接自适应模糊控制器，引入模糊基函数（Fuzzy Basis Function，FBF），利用模糊系统的逼近特性，得到了稳定的自适应律。该方案具有良好的稳定性和收敛性，引起了研究人员的广泛关注。2001年，朴营国等人在方案中引入了滑模控制理论，将模糊控制器分为模糊逼近控制器和模糊滑模补偿控制器，提高了系统的稳定性。2003 年，为保证系统的全局收敛，Zhang T P 等人提出引入积分型 Lyapunov 函数及逼近误差自适应补偿项。2002 年，Goléa N 等人将 T－S 模型引入自适应模糊控制器中，并将自适应模糊控制器推广到离散时间系统中。同年，刘晓华等人对离散时间系统的自适应模糊控制方案进行了改进，取消了模糊基函数向量持续激励的条件。随着模糊控制技术的不断完善，它将逐渐替代传统控制并在各个领域发挥巨大的作用。

1.5.3 人工神经网络研究成果

1. 神经网络的发展

随着计算机的问世，开发出一款人工智能（使计算机能够具有人的意识）的计算机程序成为计算机领域研究者的一个前进方向，自从 1950 年图灵测试提出的半个多世纪以来，人工智能的进展远远没能完全达到图灵测试的标准，但这些年的发展特别是神经网络的出现为强人工智能的出现奠定了强有力的基础。

在神经网络的发展历程中，最早的神经网络数学模型是 1943 年模仿生物神经元的结构出现的 McCUlloch-Pitts 神经模型，该模型是一个线性神经网络模型，在训练的过程中手动分配权值的策略对结果的影响较大，但该模型已经与现代的神经网络模型非常相似，对神经网络的发展具有里程碑的意义。为了能够让计算机自动且合理地分配网络权值，1958 年 Frank Rosenblatt 提出感知机模型，这是一个二分类模型，但该模型也是一个线性模型，1969 年，Marvin Minsky 和 Seymour Papert 在《Perceptorns》一书中证实它具有较大的局限性，特别是连简单的异或问题都无法解决，这也导致了在这之后的十年多的时间里神经网络的发展一度陷入低潮。虽然 Marvin Minsky 让感知机一度陷入低潮，但也指明了感知机存在的缺陷，这也为神经网络的下一次发展指明了方向。20 世纪 80 年代，随着激活函数的应用、反向传播算法的提出，以及分布式知识表达的进展，再加上计算机计算能力的不断提升，神经网络再度成为一时的潮流。然而，与此同时，机器学习也迅速发展起来，其中最具代表性的是支持向量机(SVM)的出现,SVM不仅能够使用较少的样本得到较好的结果,且理论基础完善,而反向传播算法在网络较深时出现的梯度消失的问题以及当时较少的训练样本无法支撑深度神经网络的训练,导致神经网络再次陷入低潮。直到21世纪,随着计算机计算能力的提升(特别是GPU在神经网络训练中的应用)、大数据时代的到来,以及神经网络(特别是深度神经网络)算法的发展,神经网络在计算机视觉、语音识别以及自然语言处理等方面达到甚至超过人类的水平,其中典型的是2012年AlexNet在ImageNet比赛中获得优异的成绩,这为后来深度神经网络在该竞赛中的应用奠定了基础。2016年,AlphaGo以4:1的成绩战胜韩国职业九段围棋选手李世石,让深度神经网络再次成为主流。

2. 多层感知机的缺点

目前,常用的深度学习的网络模型有卷积神经网络、前馈神经网络(例如以深度置信网络为代表的堆栈自编码构成的深度堆栈神经网络)、生成式对抗网络(包括生成网络与判别网络的设计)。之前,多隐层感知机(或称深度前馈神经网络)的缺点有:

一是有类标数据少,训练不充分,易出现过拟合现象。

二是构建的优化目标函数为高度非凸的,参数初始化影响网络模型的性能(因为可行域内出现大量鞍点和局部最小值点),极易陷入局部最优。

三是利用反向传播算法,当隐层较多时,由误差反馈其靠近输出端的权值调整较大,但靠近输入端的权值调整较小,出现所谓的梯度弥散现象。

针对这三个缺点,提出的改进策略有:

一是增加数据量,改进统计方法,如裁剪、取块等;或减少层与层之间的权值连接,间接增加数据量;再或者利用生成式对抗网络学习少量数据的内在分布特性,然后根据采样来扩充数据等。

二是逐层学习加精调策略,利用自编码或传统的机器学习方法和稀疏表示/编码方法在无监督学习方式下实现逐层的权值预训练(逐层权值初始化),通过保持层与层之间的拓扑结构特性来避免过早地陷入局部最优。

三是为了弱化梯度弥散现象,在初始化的参数上引入随机梯度下降来实现精调,以克服输入端的权值未充分训练的问题,这也正是深度神经网络优化的方式。

3. 深度神经网络简介

在深度学习、计算与认知的范式中,关于"深度"的定义,有时间上(如深度递归神经网络)和空间结构上(如深度卷积神经网络)的区别,其对应的输入分别为序列向量和图像(或视频),并且计算与认知的形式也有所不同,时间上的深度递归神经网络旨在挖掘序列数据中的上下文逻辑特性,空间结构上的深度神经网络主要挖掘数据中的高层语义特性(层级特征提取)。在该范式中,强调非线性的操作(激活函数),即从数据空间到特征空间的扭曲能力；注重的是端到端的设计模式及各种子模块的组合，例如卷积神经网络中的卷积、池化、非线性和批量归一化、全连接和 Softmax 分类器的组合；深度置信网络中的受限玻尔兹曼机、全连接和 Softmax 分类器的组合；深度前馈神经网络中的自编码网络的堆栈（如基于分析合成形式的稀疏自编码、降噪自编码、卷积自编码、可收缩性的自编码等，基于合成形式的稀疏编码、卷积稀疏编码等）；深度生成神经网络中的生成式对抗网络，其中生成网络和判别网络可以分别用反卷积神经网络和卷积神经网络，或受限玻尔兹曼机和玻尔兹曼机等；深度递归神经网络中的长短时记忆网络的组合（注重隐层回路的设计）。

4. 深度神经网络学习方式

深度学习的学习方式包括监督、半监督和无监督，其中半监督方式下的逐层学习（大量无类标数据）加精调（少量有类标数据）的模式最为成熟，无监督方式下的深度学习最为新颖，如基于生成式对抗网络的深度生成神经网络（该网络的性能取决于数据量，以及迭代更新判别网络和生成网络的策略），或特征学习加机器学习中的无监督方法（如 K-means 聚类算法）形成的层级聚类特性的深度网络等。深度学习未普及以前，研究人员普遍认为，学习有用的、多级层次结构的、使用较少先验知识进行特征提取的这些方法都不可靠，确切地说是因为简单的梯度下降会让整个优化陷入不好的局部最小解，或者误差在多隐层内反向传播时，往往会发散而不能收敛到稳定状态，但目前深度学习的核心不再是找到全局最优解，而是近似最优解。随着自编码网络、稀疏编码、生成式对抗网络、小波分析等方法应用于参数的初始化，可以在保持输入的拓扑结构的同时避免过早地陷入局部最优，通常近似最优解也是实际中的可行解。

5. 深度神经网络主要研究的问题

深度学习技术主要是数据驱动的，即对一个特定任务来说，只要增加训练数据的规模，深度学习模型的表现就可以提高。但是发展到今天，这种思路面临很多挑战，主要面临下面几个问题：

一是在很多领域，很难获取大量的监督数据，或者数据的标注成本过高；

二是训练数据规模再大，也有难以覆盖的情况。例如聊天机器人，我们不可能穷尽所有可能的答案，而且很多答案也是随时间变化的，因此仅仅依靠大规模的训练语料，并不能解决这些问题；

三是通用深度学习模型直接应用到具体问题，其表现（效果、性能、占用资源等）可能不尽如人意，这就要求根据特定的问题和数据来定制和优化深度学习网络结构，这是当前研究最多、最热的地方；

四是训练的问题，包括网络层数增加带来的梯度衰减，及如何更有效地进行大规模并行训练等。

为了解决这些问题，当前的研究前沿主要包括以下几个方向：

一是引入外部知识，例如知识图谱等；

二是深度学习与传统方法的结合，包括人工规则与深度神经网络的结合、贝叶斯与深度神经网络的结合、迁移学习与深度神经网络的结合、强化学习与深度神经网络的结合和图模型与深度神经网络的结合等；

三是无监督的深度生成模型；

四是新的网络结构、新的训练方法等。

习 题

1. 通过"图灵试验"，分析"从知识库里提取简单的答案"和"具有分析综合的能力的回答"有什么异同？

2. 对于 TSP 问题，如果有 3 个城市，则有 3！＝6 种访问每个城市的次序；如果有 4 个城市，则有 4！＝24 种访问次序；如果有 100 个城市，需要求出 100！条访问路线的费用，请问现有计算机能否胜任这一任务？

3. 生物智能、人类智能、人工智能三者之间有什么区别和联系？

4. 经典集合和模糊集合的主要区别是什么？

5. 计算智能和人工智能的区别是什么？

参 考 文 献

[1] Deb Kalyanmoy. Multi-Objective Optimization Using Evolutionary Algorithms. Chichester：John Wiley & Sons，2001.

[2] Coello Coello C A，van Veldhuizen D A，Lamont G B. Evolutionary Algorithms for Solving Multi-Objective Problems. New York：Kluwer Academic Publishers，2002.

[3] Tan K C，Khor E F，Lee T H. Multiobjective Evolutionary Algorithms and Applications. London：Springer-Verlag，2005.

[4] Jin Y C. Multi-Objective Machine Learning. Berlin：Springer-Verlag，2006.

[5] Schaffer J D. Multiple objective optimization with vector evaluated genetic algorithms. In：Grefenstette JJ，ed. Proc. of the Int'l Conf. on Genetic Algorithms and Their Applications. Hillsdale：L. Erlbaum Associates Inc，1985：93 - 100.

[6] Fonseca C M，Fleming P J. Genetic algorithm for multiobjective optimization：Formulation，discussion and generalization. In：Forrest S，ed. Proc. of the 5th Int'l Conf. on Genetic Algorithms. San Mateo：Morgan Kaufman Publishers，1993：416 - 423.

[7] Srinivas N，Deb K. Multiobjective optimization using non-dominated sorting in genetic algorithms. Evolutionary Computation，1994，2(3)：221 - 248.

[8] Horn J, Nafpliotis N, Goldberg D E. A niched Pareto genetic algorithm for multiobjective optimization. In: Fogarty TC, ed. Proc of the 1st IEEE Congress on Evolutionary Computation. Piscataway: IEEE, 1994: 82 - 87.

[9] Zitzler E, Thiele L. Multi-Objective evolutionary algorithms: A comparative case study and the strength Pareto approach. IEEE Trans. on Evolutionary Computation, 1999, 3(4): 257 - 271.

[10] Zitzler E, Laumanns M, Thiele L. SPEA2: Improving the strength Pareto evolutionary algorithm. In: Giannakoglou K, Tsahalis DT, Periaux J, Papailiou KD, Fogarty T, eds. Evolutionary Methods for Design, Optimization and Control with Applications to Industrial Problems. Berlin: Springer-Verlag, 2002: 95 - 100.

[11] Knowles J D, Corne D W. Approximating the non-dominated front using the Pareto archived evolution strategy. Evolutionary Computation, 2000, 8(2): 149 - 172.

[12] Corne D W, Knowles J D, Oates M J. The Pareto-envelope based selection algorithm for multi-objective optimization. In Schoenauer M, Deb K, Rudolph G, Yao X, Lutton E, Merelo JJ, Schwefel HP, eds. Parallel Problem Solving from Nature, PPSN VI. LNCS, Berlin: Springer-Verlag, 2000: 869 - 878.

[13] Corne D W, Jerram N R, Knowles J D, et al. PESA-II: Region-Based selection in evolutionary multi-objective optimization. In: Spector L, Goodman ED, Wu A, Langdon WB, Voigt HM, Gen M, eds. Proc of the Genetic and Evolutionary Computation Conf, GECCO 2001. San Francisco: Morgan Kaufmann Publishers, 2001: 282 - 290.

[14] Erickson M, Mayer A, Horn J. The niched Pareto genetic algorithm 2 applied to the design of groundwater remediation system. In: Zitzler E, Deb K, Thiele L, Coello Coello CA, Corne D, eds. Proc pf the 1st Int'l Conf. on Evolutionary Multi-Criterion Optimization, EMO 2001. Berlin: Springer-Verlag, 2001: 681 - 695.

[15] Deb K, Pratap A, Agarwal S, et al. A fast and elitist multi-objective genetic algorithm: NSGA-II. IEEE Trans. on Evolutionary Computation, 2002, 6(2): 182 - 197.

[16] Laumanns M, Thiele L, Deb K, Zitzler E. Combining convergence and diversity in evolutionary multi-objective optimization. Evolutionary Computation, 2002, 10(3): 263 - 282.

[17] Hernandez-Diaz A G, Santana-Quintero L V, Coello Coello C A, et al. Pareto-Adaptive -dominance. Evolutionary Computation, 2007, 15(4): 493 - 517.

[18] Brockoff D, Zitzler E. Are all objective necessary on dimensionality reduction in evolutionary multi-objective optimization. In: Runarsson TP, Beyer HG, Burke E, Merelo-Guervos JJ, Whitley LD, Yao X, eds. Parallel Problem Solving from Nature, PPSN IX. LNCS, Berlin: Springer-Verlag, 2006: 533 - 542.

[19] Coello Coello C A, Pulido G T, Lechuga M S. Handing multiple objectives with particle swarm optimization. IEEE Trans. on Evolutionary Computations, 2004, 8(3): 256 - 279.

[20] Zhang Q F, Li H. MOEA/D: A multiobjective evolutionary algorithm based on decomposition. IEEE Trans. on Evolutionary Computation, 2007, 11(6): 712 - 731.

第 1 章 绪 论 —— 从人工智能到计算智能

[21] Liu C，Zhao Q，Yan B，et al. Adaptive Sorting-based Evolutionary Algorithm for Many-Objective Optimization. IEEE Transactions on Evolutionary Computation，2018，PP(99)：1 - 1.

[22] Wang S，Ali S，Yue T，et al. Integrating Weight Assignment Strategies With NSGA-II for Supporting User Preference Multiobjective Optimization. IEEE Transactions on Evolutionary Computation，2018，22(3)：378 - 393.

[23] Liu L H，Chen L，Zhang Q，et al. Adaptively Allocating Search Effort in Challenging Many-Objective Optimization Problems. IEEE Transactions on Evolutionary Computation，2018，22(3)：433 - 448.

[24] Jiang S，Yang S，Wang Y，et al. Scalarizing Functions in Decomposition-Based Multiobjective Evolutionary Algorithms. IEEE Transactions on Evolutionary Computation，2018，22(2)：296 - 313.

[25] Farmer J D，Packard N H，Perelson A S. The immune system, adaptation, and machine learning. Physica D：Nonlinear Phenomena，1986，22(1 - 3)：187 - 204.

[26] Tarakanov A，Dasgupta D. A formal model of an artificial immune system. BioSystems，2000，55 (1 - 3)：151 - 158.

[27] 孟繁桢，杨则，胡云昌，等. 具有免疫体亲近性的遗传算法及其应用. 天津大学学报，1997，30(5)：624 - 630.

[28] 周伟良，何鲲，曹先彬，等. 基于一种免疫遗传算法的 BP 网络设计. 安徽大学学报(自然科学版)，1999，23(1)：63 - 66.

[29] 王煦法，张显俊，曹先彬，等. 一种基于免疫原理的遗传算法. 小型微型计算机系统，1999，20(2)：117 - 120.

[30] 曹先彬，刘克胜，王煦法. 基于免疫遗传算法的装箱问题求解. 小型微型计算机系统，2000，21 (4)：361 - 363.

[31] 邵学广，孙莉. 免疫-遗传算法用于混合物重叠核磁共振信号解析. 高等学校化学学报，2001，22 (4)：552 - 555.

[32] 王磊. 免疫进化计算理论及应用. 西安：西安电子科技大学，2001.

[33] 杨咚咚，焦李成，公茂果，等. 求解偏好多目标优化的克隆选择算法. 软件学报，2010，21(01)：14 - 33.

[34] 尚荣华，焦李成，马文萍，等. 用于约束多目标优化的免疫记忆克隆算法. 电子学报，2009，37 (06)：1289 - 1294.

[35] Shang R，Jiao L，Liu F，et al. A Novel Immune Clonal Algorithm for MO Problems. IEEE Transactions on Evolutionary Computation，2012，16(1)：35 - 50.

[36] Lin Q，et al. A Hybrid Evolutionary Immune Algorithm for Multiobjective Optimization Problems. IEEE Transactions on Evolutionary Computation，2016，20(5)：711 - 729.

[37] Qian S，Ye Y，Jiang B，et al. Constrained Multiobjective Optimization Algorithm Based on Immune System Model. IEEE Transactions on Cybernetics，2016，46(9)：2056 - 2069.

[38] 彭喜元，彭宇，戴毓丰. 群智能理论及应用. 电子学报，2003，31(12)：1982 - 1988.

[39] Hackwood S，Beni G. Self-organization of sensors for Swarm Intelligence. IN：IEEE International conference on Robotics and Automation. Piscataway，NJ：IEEE Press，1992：819 – 829.

[40] 胡中功，李静. 群智能算法的研究进展. 自动化技术与应用，2008，(02)：13 – 15.

[41] Colorni A，Dorigo M，Maniezzo V. Distributed Optimization by Ant Colonies. In：The First European conference on Artificial Life. France：Elsevier，1991：134 – 142.

[42] Lin Q，et al. Particle Swarm Optimization With a Balanceable Fitness Estimation for Many-Objective Optimization Problems. IEEE Transactions on Evolutionary Computation，2018，22(1)：32 – 46.

[43] Yue C，Qu B，Liang J. A Multi-objective Particle Swarm Optimizer Using Ring Topology for Solving Multimodal Multi-objective Problems. IEEE Transactions on Evolutionary Computation，2017，PP (99)：1 – 1.

[44] Wang Z，Xing H，Li T，et al. A Modified Ant Colony Optimization Algorithm for Network Coding Resource Minimization. IEEE Transactions on Evolutionary Computation，2016，20(3)：325 – 342.

[45] Ruspini E H. A new approach to clustering. Information and control，1969，15(1)：22 – 32.

[46] Bezdek J C，Harris J D. Convex decompositions of fuzzy partitions. Journal of Mathematical Analysis and Applications，1979，67(2)：490 – 512.

[47] Dunn J C. Well-separated clusters and optimal fuzzy partitions. Journal of cybernetics，1974，4(1)：95 – 104.

[48] Bezdek J C. Pattern recognitionwith fuzzy objective function algorithms. New York：Plenum Press，1981.

[49] Tucker W T. Counterexamples to the convergence theorem for fuzzy ISODATA clustering algorithms. The analysis of fuzzy information，JC. Bezdek，ed. ，3，chap. 7，Boca Raton：CRC Press，1987.

[50] Yang M S. Convergence properties of the generalized fuzzy c-means clustering algorithms. Computers & Mathematics with Applications，1993，25(12)：3 – 11.

[51] Krishnapuram R，Keller J M. A possibilistic approach to clustering. IEEE transactions on fuzzy systems，1993，1(2)：98-110.

[52] Bensaid A M，Hall L O，Bezdek J C，et al. Partially supervised clustering for image segmentation. Pattern recognition，1996，29(5)：859 – 871.

[53] Jajuga K. L1-norm based fuzzy clustering. Fuzzy Sets and Systems，1991，39(1)：43 – 50.

[54] Dave R N. Fuzzy shell-clustering and applications to circle detection in digital images. International Journal Of General System，1990，16(4)：343 – 355.

[55] Feng J，Cao Z，Pi Y. Multiphase SAR image segmenta- tion with G-statistical-model-based active contours. IEEE Transactions on Geoscience and Remote Sensing，2013，51(7)：4190 – 4199.

[56] 谢维信，高新波. 模糊聚类理论发展及其应用. 中国体视学与图像分析，1999，4(2)：113 – 119.

[57] Ahmed M N，Yamany S M，Mohamed N，et al. A modified fuzzy c-means algorithm for bias field estimation and segmentation of MRI data. IEEE transactions on medical imaging，2002，21(3)：193 – 199.

[58] Chen S, Zhang D. Robust image segmentation using FCM with spatial constraints based on new kernel-induced distance measure. IEEE Transactions on Systems, Man, and Cybernetics, Part B (Cybernetics), 2004, 34(4): 1907 – 1916.

[59] Chatzis S P, Varvarigou T A. A fuzzy clustering approach toward hidden Markov random field models for enhanced spatially constrained image segmentation[J]. IEEE Transactions on Fuzzy Systems, 2008, 16(5): 1351 – 1361.

[60] Gong M, Zhou Z, Ma J. Change detection in synthetic aperture radar images based on image fusion and fuzzy clustering. IEEE Transactions on Image Processing, 2012, 21(4): 2141 – 2151.

[61] Gong M, Liang Y, Shi J, et al. Fuzzy c-means clustering with local information and kernel metric for image segmentation. IEEE Transactions on Image Processing, 2013, 22(2): 573 – 584.

[62] Xiang D, Tang T, Hu C, et al. A kernel clustering algorithm with fuzzy factor: Application to SAR image segmentation. IEEE Geoscience and remote sensing letters, 2014, 11(7): 1290 – 1294.

[63] Ji J, Wang K L. A robust nonlocal fuzzy clustering algorithm with between-cluster separation measure for SAR image segmentation[J]. IEEE Journal of Selected Topics in Applied Earth Observations and Remote Sensing, 2014, 7(12): 4929 – 4936.

[64] Shang R, Tian P, Jiao L, et al. A spatial fuzzy clustering algorithm with kernel metric based on immune clone for SAR image segmentation. IEEE Journal of Selected Topics in Applied Earth Observations and Remote Sensing, 2016, 9(4): 1640 – 1652.

[65] Liu G, Zhang Y, Wang A. Incorporating Adaptive Local Information Into Fuzzy Clustering for Image Segmentation. IEEE Trans. Image Processing, 2015, 24(11): 3990 – 4000.

[66] Shang R, Yuan Y, Jiao L, et al. A Fast Algorithm for SAR Image Segmentation Based on Key Pixels. IEEE Journal of Selected Topics in Applied Earth Observations and Remote Sensing, 2017, 10(12): 5657 – 5673.

[67] Lee J S, Jurkevich I. Segmentation of SAR images. IEEE transactions on Geoscience and Remote Sensing, 1989, 27(6): 674 – 680.

[68] Pham D L, Prince J L. An adaptive fuzzy C-means algorithm for image segmentation in the presence of intensity inhomogeneities. Pattern recognition letters, 1999, 20(1): 57 – 68.

[69] Gong M, Su L, Jia M, et al. Fuzzy clustering with a modified MRF energy function for change detection in synthetic aperture radar images. IEEE Transactions on Fuzzy Systems, 2014, 22(1): 98 – 109.

[70] Zhang P, Li M, Wu Y, et al. Hierarchical conditional random fields model for semisupervised SAR image segmentation. IEEE Transactions on Geoscience and Remote Sensing, 2015, 53(9): 4933 – 4951.

[71] 刘向杰, 柴天佑. 模糊控制研究的现状与新发展. 信息与控制, 1999, 28(4): 283 – 292.

[72] Mamdani E H. Application of fuzzy algorithms for control of simple dynamic plant. Proceedings of the institution of electrical engineers. IET, 1974, 121(12): 1585 – 1588.

[73] Procyk T J, Mamdani E H. A linguistic self-organizing process controller. Automatica, 1979, 15

(1)：15-30.

[74] Van Der Rhee F，Van Nauta Lemke H R，Dijkman J G. Knowledge based fuzzy control of systems. IEEE Transactions on Automatic Control，1990，35(2)：148-155.

[75] Chen Y Y，Tsao T C. A description of the dynamic behavior of fuzzy systems. IEEE Transactions on Systems，Man，and Cybernetics，1989，19(4)：745-755.

[76] Linkens D A，Nie J. Constructing rule-bases for multivariable fuzzy control by self-learning Part 1. System structure and learning algorithms. International journal of systems science，1993，24(1)：111-127.

[77] Zhang T P，Zhu Q，Zhang H Y，et al. Direct adaptive fuzzy control based on integral-type Lyapunov function. Journal of Southeast University，2003，19(1)：92-97.

[78] Goléa N，Goléa A，Benmahammed K. Fuzzy model reference adaptive control. IEEE Trans on Fuzzy Systems，2002，10(4)：436-444

[79] 刘晓华，解学军，冯恩民. 不需持续激励条件的非线性离散时间系统的自适应模糊逻辑控制. 控制与决策，2002，17(3)：269-273.

[80] 焦李成，等. 深度学习、优化与识别. 北京：清华大学出版社，2017.

[81] Jiao Licheng. Neural network computation. Xi'an：Xidian university press，1993(in Chinese).

[82] Jiao Licheng. Application and Realization of neural network. Xi'an：Xidian university press，1993(in Chinese).

[83] Jiao Licheng. Neural Network System Theory. Xi'an：Xidian university press，1990(in Chinese).

[84] Chen B，Wang S，Jiao L C，et al. A Three-Component Fisher-Based Feature Weighting Method for Supervised PolSAR Image Classification. IEEE Geoscience & Remote Sensing Letters，2015，12(4)：731-735.

[85] Jiao L C，Liu F. Wishart Deep Stacking Network for Fast POLSAR Image Classification. IEEE Transactions on Image Processing A Publication of the IEEE Signal Processing Society，2016，25(7)：1-1.

[86] Hubel D H，Wiesel T N. Receptive fields of single neurones in the cat's striate cortex. Journal of Physiology，1959，148(3)：574.

[87] Mallat S G，Zhang Z. Matching pursuits with time-frequency dictionaries. IEEE Transactions on Signal Processing，1993，41(12)：3397-3415.

[88] Willshaw D J，Buneman O P，Longuethiggins H C. Non-holographic associative memory. Nature，1969，222(5197)：960.

[89] Barlow H B. Single units and sensation：a neuron doctrine for perceptual psychology. Perception，1972，38(4)：795-798.

[90] Olshausen B A，Field D J. Emergence of simple-cell receptive field properties by learning a sparse code for natural images. Nature，1996，381(6583)：607.

[91] Jenatton R，Obozinski G，Bach F. Structured Sparse Principal Component Analysis. Journal of Machine Learning Research，2009，9(2)：131-160.

[92] Jenatton R，Audibert J Y，Bach F. Structured Variable Selection with Sparsity-Inducing Norms. Journal of Machine Learning Research，2010，12(10)：2777 - 2824.

[93] Duarte M F，Eldar Y C. Structured Compressed Sensing：From Theory to Applications. IEEE Transactions on Signal Processing，2011，59(9)：4053 - 4085.

[94] Serre T，Wolf L，Bileschi S，et al. Robust Object Recognition with Cortex-Like Mechanisms. IEEE Transactions on Pattern Analysis & Machine Intelligence，2007，29(3)：411 - 426.

[95] 陈博，王爽，焦李成，等. 贝叶斯集成框架下的极化 SAR 图像分类. 西安电子科技大学学报(自然科学版)，2015，42(2)：45 - 51.

[96] Chen Y，Jiang H，Li C，et al. Deep Feature Extraction and Classification of Hyperspectral Images Based on Convolutional Neural Networks. IEEE Transactions on Geoscience & Remote Sensing，2016，54(10)：1 - 20.

计 算 智 能 导 论

第2章 进化计算

2.1 绪　论

2.1.1 引例

例 2.1.1　对于一个求函数最大值的优化问题，一般可描述为下述数学规划模型：

$$\begin{cases} \max \boldsymbol{F}(\boldsymbol{x}) = (f_1(\boldsymbol{x}), \cdots, f_n(\boldsymbol{x})) \\ \text{s. t.} \\ g_i(\boldsymbol{x}) < 0, \ i = 1, \cdots, m \\ h_j(\boldsymbol{x}) = 0, \ j = 1, \cdots, k \\ \boldsymbol{x} \in \boldsymbol{D} \end{cases}$$

当 $n=1$ 时，为单目标优化；当 $n>1$ 时，为多目标优化；当 $m=k=0$ 时，为无约束优化，否则为约束优化；若 $\boldsymbol{x}$ 取值离散则为离散优化，若 $\boldsymbol{x} \in \boldsymbol{D} \subset \boldsymbol{R}$ 则为连续优化。

例 2.1.2　无约束多峰单目标优化函数如图 2-1 所示。

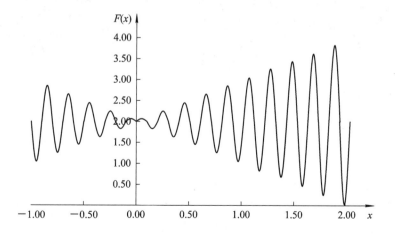

图 2-1　无约束多峰单目标优化函数

例 2.1.3 约束单目标优化问题。

$$\max f(\boldsymbol{x}) = \left| \frac{\sum_{i=1}^{n} \cos^4(x_i) - 2\prod_{i=1}^{n} \cos^2(x_i)}{\sqrt{\sum_{i=1}^{n} i x_i^2}} \right|$$

Subject to：

$$g_1(\boldsymbol{x}) = 0.75 - \prod_{i=1}^{n} x_i \leqslant 0$$
$$, n = 20, 0 \leqslant x_i \leqslant 10(i = 1, \cdots, n)$$
$$g_2(\boldsymbol{x}) = \sum_{i=1}^{n} x_i - 7.5n \leqslant 0$$

例 2.1.4 约束多目标优化问题。

$$\begin{cases} \min F(\boldsymbol{x}) = \min \left\{ \begin{matrix} f_1(\boldsymbol{x}) \\ f_2(\boldsymbol{x}) \end{matrix} \right\} = \min \left\{ \begin{matrix} x_1 \\ c(\boldsymbol{x}) \left[1 - \dfrac{f_1(\boldsymbol{x})}{c(\boldsymbol{x})} \right] \end{matrix} \right\} \\ \cos(\theta)[f_2(\boldsymbol{x}) - e] - \sin(\theta) f_1(\boldsymbol{x}) \geqslant a \mid \sin\{b\pi[\sin(\theta)][f_2(\boldsymbol{x}) - e] + \cos(\theta) f_1(\boldsymbol{x})] \\ c(\boldsymbol{x}) = 41 + \sum_{i=2}^{5} [x_i^2 - 10\cos(2\pi x_i)], 0 \leqslant x_1 \leqslant 1, -5 \leqslant x_i \leqslant 5, i = 2, 3, 4, 5 \end{cases}$$

Pareto 最优区域和最优解如图 2-2 所示。

(a) 最优区域   (b) 最优解

图 2-2 Pareto 最优区域和 Pareto 最优解

传统的优化方法很难处理例 2.1.2、2.1.3 和 2.1.4 这样非凸的、含有多个约束条件的多个目标的问题。传统最优化方法在处理以下问题时面临新挑战：

离散性问题——主要指组合优化；不确定性问题——随机性数学模型；半结构或非结

构化的问题；大规模问题和超高维问题，以及动态优化问题等。

现代优化方法则追求满意解，能有效解决实际问题。

2.1.2　从进化论到进化计算

1. 现代进化论

现代进化论的理论来源至少包括三方面的内容：拉马克(Lamarck)进化学说、达尔文(Darwin)进化论和孟德尔遗传学，其主干是达尔文进化论。

1) Lamarck 进化学说

1809 年，拉马克出版了《动物哲学》一书，首次提出并系统阐述了生物进化学说。拉马克认为：

(1) 一切物种都是由其他物种演变和进化而来的，而生物的演变和进化是一个缓慢而连续的过程。

(2) 环境的变化能够引起生物的变异，环境的变化迫使生物发生适应性的进化。生物对环境的适应是发生变异的结果：环境变了，生物会发生相应的变异，以适应新的环境。对于植物和无神经系统的低等动物来说，环境引起变异的过程是：环境→机能→形态构造。对于有神经系统的动物来说，环境引起变异的过程是：环境→需要→习性→机能→形态构造。

(3) 有神经系统的动物发生变异的原因，除了环境变化和杂交外，更重要的是用进废退和获得性状遗传。

(4) 生物进化的方向是从简单到复杂，从低等到高等。

(5) 最原始的生物起源于自然发生。各类生物并不是起源于共同的祖先，植物、各大类动物各有不同的起源。

拉马克建立了比较完整的生物体系，但他的关于获得性遗传的法则始终得不到现代科学的支持。拉马克曾以长颈鹿的进化为例，说明他的"用进废退"观点(图 2-3)。长颈鹿祖先的颈部并不长，但由于干旱等原因，它们在低处已找不到食物，迫使它们伸长脖颈去吃高处的树叶，久而久之，它们的颈部就变长了。一代又一代遗传下去，它们的脖子越来越长，最终进化为现在我们所见到的长颈鹿。

图 2-3　环境变化迫使生物适应性进化示意图

2) Darwin 进化论

1831 年，达尔文开始了为期 5 年的环球科学旅行。沿途，他仔细考察了各地的生物类型、地理分布、古生物化石和现存生物的相互关系、地质层次序。返英后，他又研究了人工育种的经验，总结了生物学和人类学的最新成果，并于 1859 年完成了《物种起源》一书。与此同时，Wallace 发表了题为《论变种无限地离开其原始模式的倾向》的论文。他们提出的观点被统称为达尔文进化学说，其基本要点是：

（1）生物不是静止的，而是进化的。物种不断变异，旧物种消失，新物种产生。

（2）生物进化是逐渐和连续的，不会发生突变。

（3）生物之间都有一定的亲缘关系，它们具有共同的祖先。这点与拉马克的多元论不同。

（4）自然选择是变异最重要的途径。生物过度繁殖，但是它们的生存空间和食物却是有限的，从而面临生存斗争。生存斗争包括种内斗争、种间斗争，以及生物与自然环境斗争三个方面。同种群的不同个体之间具有不同变异，有些变异对生存有利，有些变异对生存不利。优胜劣汰，适者生存。

达尔文进化论的提出不仅是生物学思想的革命，而且也是人类哲学思想的一次革命。达尔文的观点和拉马克的观点有许多相似之处，但达尔文摒弃了拉马克获得性遗传法则，认为获得性状对于进化并不重要，只有遗传的变异才具有明显的进化价值，变异在群体内遗传，产生了进化效应。不过，达尔文过分强调了物种形成的渐进方式。如果进化是渐变的话，为什么在化石的范围里找不到证据；如果进化是突变的话，但是根据医学及科学的研究，突变产生的不是进化，而是退化，如突变产生癌，因此进化论缺乏证据。

3）孟德尔遗传学

几乎在达尔文提出进化论的同时，孟德尔正在默默地进行着豌豆杂交实验，他把实验结果总结为以下两条定律，德国植物学家 Correns 将这些定律概括为孟德尔定律：

（1）分离定律：纯质亲本杂交时，子一代所有个体都表现出显性性状，子二代表现出分离现象，显性性状与隐性性状之比为 3∶1。

（2）自由组合定律（又称独立分配定律）：两对性状分离后又随机组合，在子二代中出现自由组合现象，出现的全显性、一隐一显、一显一隐、全隐性之比为 9∶3∶3∶1。

孟德尔的分离定律和自由组合定律表明，有深层次的遗传因子在控制着遗传过程。胚胎学家 Weismann 用如下实验：22 代连续切割小鼠尾巴而第 23 代小鼠尾巴仍然不变短，明确否定了获得性遗传的观点。细胞遗传学家 Morgan 以果蝇为实验材料，研究了遗传性状的变化与染色体之间的关系，得到了比孟德尔实验更全面、更深刻的结果，并于 1933 年创立了基因理论。按照孟德尔和 Morgan 的遗传学理论，遗传物质作为一种指令密码封装在每个细胞中，并以基因的形式排列在染色体上，每个基因有特殊的位置并控制生物的某些特征。不同的基因组合产生的个体对环境的适应性不一样，通过基因杂交和突变可以产生对环境适应性强的后代。经过优胜劣汰的自然选择，适应值高的基因结构就得以保存下来，从而逐渐形成了经典的遗传学染色体理论，揭示了遗传和变异的基本定律。

在生物细胞中，控制并决定生物遗传特性的物质是脱氧核糖核酸，简称 DNA，染色体是其载体。DNA 是由四种碱基按一定规则排列组成的长链。四种碱基不同的排列决定了生物不同的表现性状。细胞在分裂时，DNA 通过复制转移到新产生的细胞中，新的细胞就继承了上一代细胞的基因。有性生殖生物在繁殖下一代时，两个同元染色体之间通过交叉而重组，即在两个染色体的某一相同位置处 DNA 被切断，其前后两串分别交叉形成两个新的染色体，如图 2-4 所示。细胞进行复制时可能以很小的概率产生某些复制差错，从而使 DNA 发生某种变异，产生新的染色体，这些新的染色体将决定新个体(后代)的新性状。

遗传过程中的交叉与重组

图 2-4　两个同元染色体交叉重组示意图

2. 生物进化与优化

现代进化论所揭示的进化机制在本质上是一种鲁棒搜索和优化过程。进化出的动植物种群在细胞、器官、个体和群体等多个不同层次上都表现出优化的复杂行为。生物物种在进化过程中所解决的各种问题具有混沌、偶然、暂态和非线性相互作用等特点，具有这样特点的问题正是传统优化方法难以解决的。

现代进化论认为，只用种群上和物种内的少量统计过程就可以充分解释大多数生命历史，这些过程就是繁殖、变异、竞争和选择，它们构成了生物进化的四个要素。

(1) 繁殖。生命的持续是通过繁殖作用实现的。最初出现的是无性繁殖，但在无性繁殖中上代和下代之间只有信息的复制，而没有不同信息的交流，无法促使进化，所以生物界更为普遍存在的繁殖方式是有性繁殖，尤其在动物界更为普遍。有性繁殖中发生 DNA 的分割和交换，从而进行基因信息交换。有性繁殖对于物种进化的显著优点是，与无性的孤雌繁殖相比，明显增加了对于基因/表现空间的探测速率，特别是在变化的环境下。

(2) 变异。变异是指同种生物世代之间或同代不同个体之间的差异。这里我们感兴趣的是能遗传的变异，因为只有遗传变异才能作为进化的材料。生物体的遗传变异在细胞核分子水平上主要表现为突变。突变可分为三类：基因突变，是指在核酸上仅有一个核苷酸改变的突变；染色体突变，是指染色体数目、大小和结构的改变；基因重组，是通过有性过程实现的，包括连锁互换、自由组合和转座因子。

（3）竞争。生存竞争是指生物与环境所发生的关系，这种关系包括种内斗争、种间斗争、生物与自然环境斗争三个方面。产生生存斗争的重要原因在于生物的高度生殖力。一切生物都有高速率增长的倾向，而地球上的食物和空间都有限，这必然引起竞争。生存斗争在同种个体之间最为剧烈。由于它们对于食物和空间等生存条件的要求最为相似，而生活环境的资源又有限，因此同种个体之间斗争的剧烈程度会明显超过异种个体之间的斗争。生存竞争的结果是适者生存，不适者淘汰。适者不仅获得生存的机会，而且所繁殖的后代将提高其种群的品质。

（4）选择。自然选择学说是达尔文进化论的核心。自然选择是指，适合于环境的生物被保留下来，而不适合的则被淘汰。自然选择是在生存斗争中实现的，它通过对微小的、有利变异的积累而促进生物进化。选择的作用集中表现在对群体中基因频率的影响，但是自然选择并不直接作用于基因型上，而是直接作用于表现型上。选择压力是指，在两个基因频率之间，一个比另一个更能生存下来的优势。在选择压力增大的情况下，环境发生剧烈的变化，生存斗争不断加剧，严重冲击着生物的正常生活，导致物种大量死亡，同时出现少量新的突变类型，它们成为进化出来的新物种。

总而言之，繁殖是所有生命的共同特征；变异保证了任何生命系统能在正熵世界中连续繁殖自己；对于限制在有限区域中不断膨胀的种群来说，竞争和选择是不可避免的。于是进化就是这四个相互作用的随机过程一代一代地作用在种群上的结果。

个体和物种一般被认为是对应于它们的遗传编码所表现出来的行为特性。个体的遗传编码通常被称为基因型（genotype），而表现出来的行为被称为表现型（phenotype）。基因型为进化过程中所获信息的存储提供了一种机制。由于多效性（pleiotropy）和多基因性（polygeny）这两种机制的存在和广泛应用，一般来说遗传上的变化所导致的结果是不可预料的。所谓多效性，是指一个单一基因可以同时对多个表现型特征产生作用，而多基因性，是指单一的表现型特征可能由多个基因共同的相互作用所确定。在自然进化系统中，极少存在一个基因与一个行为特征之间的一一对应关系。表现型的变化实际上是一个基本遗传结构与现有的环境条件之间相互作用的复杂非线性函数。与不同的计算机程序可以实现相同的功能一样，不同的遗传结构可以对应于相同的行为特征。进化过程的选择机制直接作用于个体和物种的表现型上，而不是直接作用于基因型上。

根据上述观点，生物进化显然是一种求解优化问题的过程。给定了初始条件和环境约束，通过选择可以得到与最优解尽可能接近的表现型，但是环境又持续不断地变化着，物种跟在环境变化的后面，不断地向一个新的最优解进化，这就是进化计算这类模拟自然进化的计算方法的思想源泉。以生物进化过程为基础，计算科学学者提出了各种模拟形式的计算方法。

举例 随机算法——爬山法。

（0）初始化：随机产生一个当前解 c，评价其适应度 $f(c)$。

（1）对 c 进行复制，并对复制后的解进行变异，得到 m，评价其适应度 $f(m)$。

（2）如果 $f(m)$ 不比 $f(c)$ 差，则用 m 取代 c，否则丢弃 m。

（3）如果满足停止条件，停止；否则，转（1）。

爬山法求解问题示意图如图 2-5 所示。

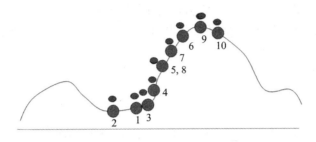

图 2-5　爬山法求解问题示意图

尽管爬山法可用于问题的求解，但也存在一定的缺点，从图 2-6 中可看到：爬山法易陷入局部最优。

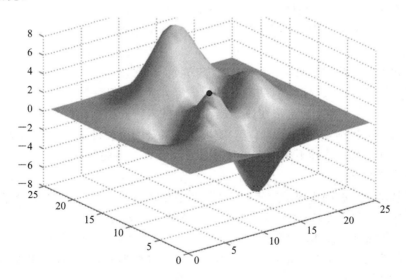

图 2-6　爬山法陷入局部最优示意图

3. 进化计算

进化计算（Evolutionary Computation，EC）是一类通过模拟生物进化过程与机制来求解问题的自适应人工智能技术。它的核心思想源于这样的基本认识：从简单到复杂、从低级到高级的生物进化过程本身是一个自然的、并行发生的、稳健的优化过程，这一过程的目标是对环境的适应性，生物种群通过"优胜劣汰"及遗传变异来达到进化的目的。

1）进化算法

进化算法（Evolutionary Algorithms，EAs）是基于进化计算思想发展起来的一类随机搜索技术。它们模拟由个体组成的群体的学习过程，其中每个个体表示给定问题搜索空间的一点。进化算法从选定的初始解出发，通过不断迭代的进化过程逐步改进当前解，直至最后搜索到最优解或满意解为止。在进化过程中，算法在一组解上采用类似于自然选择和有性繁殖的方式，在继承原有优良基因的基础上，生成具有更好性能指标的下一代解的群体。

采用进化算法求解优化问题的一般步骤如下：

（1）随机给定一组初始解；

（2）评价当前这组解的性能；

（3）若当前解满足要求或进化过程达到一定代数，计算结束；

（4）根据（2）的评价结果，从当前解中选择一定数量的解作为基因操作对象；

（5）对所选择的解进行基因操作（如交叉、变异等），得到一组新解，转到（2）。

目前搜索方法可以分成三类——枚举法、解析法和随机法。枚举法是指枚举出可行解集合内的所有可行解，以求精确最优解。对于连续函数，需对其进行离散化处理，但许多实际问题所对应的搜索空间很大，因此该方法的求解效率非常低。解析法在求解过程中主要使用目标函数的性质，如一阶导数、二阶导数等，这一方法又可以分为直接法与间接法。直接法根据目标函数的梯度来确定下一步搜索的方向，从而难以找到整体最优解，而间接法则从极值的必要条件出发导出一组方程，然后求解方程组，但是导出的方程组一般是非线性的，它的求解非常困难。随机法在搜索过程中对搜索方向引入随机变化，使得算法在搜索过程中以较大的概率跳出局部极值点。随机法又可分为盲目随机法和导向随机法，前者在可行解空间中随机地选择不同的点进行检测，后者以一定的概率改变当前的搜索方向，在其他方向上进行搜索。

进化算法属于一种随机搜索方法，它在初始解生成以及选择、交叉与变异等遗传操作过程中，均采用了随机处理方法。与传统搜索算法相比，进化算法具有以下不同点：

（1）进化算法不直接作用在解空间上，而是利用解的某种编码表示；

（2）进化算法从一个群体即多个点而不是一个点开始搜索，这是它能以较大概率找到整体最优解的主要原因之一；

（3）进化算法只使用解的适应性信息（即目标函数值），并在增加收益和减少开销之间进行权衡，而传统搜索算法一般要使用导数等其他辅助信息；

（4）进化算法使用随机转移规则而不是确定性的转移规则。

2）进化算法的特点

（1）智能性。进化算法的智能性包括自组织、自适应和自学习等。应用进化算法求解问题时，在确定了编码方案、适应值函数和遗传算子后，算法将利用进化过程中获得的信息自行组织搜索。进化算法的这种智能性特征同时赋予了它根据环境的变化自动发现环境的特性和规律的能力。

（2）本质并行性。进化算法的本质并行性表现在两个方面：一是进化算法是内在并行的，即进化算法本身非常适合大规模并行。二是进化算法的内含并行性，由于进化算法采用种群的方式组织搜索，因而它可以搜索解空间内的多个区域，并相互交流信息。

3）进化计算的主要分支

目前研究的进化算法主要有四种：遗传算法（Genetic Algorithms，GAs）、进化规划（Evolutionary Programming，EP）、进化策略（Evolution Strategy，ES)和遗传编程（Genetic Programming，GP）。前三种算法是彼此独立发展起来的，最后一种是在遗传算法的基础上发展起来的一个分支，虽然这几个分支在算法的实现方面具有一些细微差别，但它们具有一个共同的特点，即都是借助生物进化的思想和原理来解决实际问题。

2.2　遗　传　算　法

2.2.1　遗传算法简介

遗传算法的创始人是美国密西根大学的 Holland 教授。Holland 教授在 20 世纪 50 年代末期开始研究自然界的自适应现象，并希望能够将自然界的进化方法用于实现求解复杂问题的自动程序设计。Holland 教授认为：可以用一组二进制串来模拟一组计算机程序，并且定义了一个衡量每个"程序"正确性的度量——适应值。他模拟自然选择机制对这组"程序"进行"进化"，直到最终得到一个正确的"程序"。

1967 年，Bagley 发表了关于遗传算法应用的论文，在其论文中首次使用了"遗传算法"来命名 Holland 教授所提出的"进化"方法。

70 年代初，Holland 教授提出了遗传算法的基本定理——模式定理，从而奠定了遗传算法的理论基础。模式定理揭示出群体中优良个体的样本数呈指数级增长的规律。

1975 年，Holland 教授总结了自己的研究成果，发表了在遗传算法领域具有里程碑意义的著作——《自然系统和人工系统的适应性》。书中，Holland 教授为所有的适应系统建立了一种通用理论框架，并展示了如何将自然界的进化过程应用到人工系统中去。Holland 教授认为，所有的适应问题都可以表示为"遗传"问题，并用"进化"方法来解决。

1975 年，De Jong 在其博士论文中结合模式定理进行了大量纯数值函数的优化计算实验，建立了遗传算法的工作框架，得到了一些重要且具有指导意义的结论。他还构造了五个著名的 De Jong 测试函数。

80 年代，Holland 教授实现了第一个基于遗传算法的机器学习系统——分类器系统，开创了遗传算法机器学习的新概念。

1989 年，Goldberg 出版了专著《搜索、优化和机器学习中的遗传算法》。该书系统总结了遗传算法的主要研究成果，全面而完整地论述了遗传算法的基本原理及应用，这本书奠定了现代遗传算法的科学基础。

1991 年，Davis 编辑出版了《遗传算法手册》一书，书中包含了大量遗传算法科学计算、工程技术和社会经济中的应用实例，为推广和普及遗传算法起到了重要的作用。

2.2.2　遗传的特点

标准遗传算法的特点如下：

（1）遗传算法必须通过适当的方法对问题的可行解进行编码。解空间中的可行解是个体的表现型，它在遗传算法的搜索空间中对应的编码形式是个体的基因型。

（2）遗传算法基于个体的适应度来进行概率选择操作。

（3）在遗传算法中，个体的重组使用交叉算子。交叉算子是遗传算法所强调的关键技术，它是遗传算法中产生新个体的主要方法，也是遗传算法区别于其他进化算法的一个主要特点。

（4）在遗传算法中，变异操作使用随机变异技术。

（5）遗传算法擅长对离散空间的搜索，它较多地应用于组合优化问题。

遗传算法除了上述基本形式外，还有各种各样的其他变形，如溶入退火机制、结合已有的局部寻优技巧、并行进化机制、协同进化机制等。典型的算法如退火型遗传算法、Forking 遗传算法、自适应遗传算法、抽样型遗传算法、协作型遗传算法、混合遗传算法、实数编码遗传算法、动态参数编码遗传算法等。

2.2.3　示例

遗传算法首先实现从性状到基因的映射，即编码工作，然后从代表问题可能潜在解集的一个种群开始进化求解。初代种群（编码集合）产生后，按照优胜劣汰的原则，根据个体适应度大小挑选（选择）个体进行复制、交叉、变异，产生出代表新的解集的群体，再对其进行挑选以及一系列遗传操作，如此往复，逐代演化产生出越来越好的近似解。

选择：通过适应度的计算，淘汰不合理的个体。类似于自然界的物竞天择。

复制：编码的拷贝，类似于细胞分裂中染色体的复制。

交叉：编码的交叉重组，类似于染色体的交叉重组。

变异：编码按小概率扰动产生的变化，类似于基因的突变。

这个过程将导致种群像自然进化一样，后代种群比前代更加适应环境，末代种群中的最优个体经过解码（从基因到性状的映射）可以作为问题近似最优解。

图 2-7 展示了遗传算法的寻优过程。

图 2-7　遗传算法寻优过程示意图

2.2.4 遗传算法的基本框架

在一系列相关研究工作的基础上，20 世纪 80 年代由 Goldberg 进行归纳总结，形成了遗传算法的基本框架，如图 2-8 所示。

图 2-8 遗传算法基本框架示意图

2.2.5 遗传算法的优点

经典的优化方法包括共轭梯度法、拟牛顿法、单纯形方法等。

经典优化算法的特点：算法往往是基于梯度的，靠梯度方向来提高个体性能；渐进收敛；单点搜索；局部最优。

图 2-9 给出了遗传算法与经典算法求解问题的流程图。

遗传算法具有如下优点：

(1) 遗传算法直接以目标函数值作为搜索信息。传统的优化算法往往不只需要目标函数值，还需要目标函数的导数等其他信息，这样对于许多目标函数无法求导或很难求导的函数，遗传算法就比较方便。

(2) 遗传算法同时进行解空间的多点搜索。传统的优化算法往往从解空间的一个初始点开始搜索，这样容易陷入局部极值点。遗传算法进行群体搜索，并且在搜索的过程中引入遗传运算，使群体又可以不断进化，这些是遗传算法所特有的一种隐含并行性，因此，遗传算法更适合大规模复杂问题的优化。

(3) 遗传算法使用概率搜索技术。遗传算法属于一种自适应概率搜索技术，其选择、交叉、变异等运算都是以一种概率的方式来进行的，从而增加了其搜索过程的灵活性。实践和理论都已证明，在一定条件下遗传算法总是以概率 1 收敛于问题的最优解。

(4) 遗传算法在解空间进行高效启发式搜索，而非盲目地穷举或完全随机搜索。

图 2-9　遗传算法和经典方法求解问题流程图

（5）遗传算法计算简单、功能强。

2.2.6　遗传算法的五个关键问题

通常情况下，用遗传算法求解问题需要解决以下五个问题：

（1）对问题的潜在解进行基因的表示，即编码问题。

（2）构建一组潜在的解决方案，即种群初始化问题。

（3）根据潜在解的适应性来评价解的好坏，即个体评价问题。

（4）改变后代基因组成的遗传算子（选择、交叉、变异等），即遗传算子问题。

（5）设置遗传算法使用的参数值（种群大小、应用遗传算子的概率等），即参数选择问题。

2.3　遗传编码和种群初始化

2.3.1　遗传编码

遗传算法通过遗传操作对群体中具有某种结构形式的个体进行处理，从而生成新的群体，逐渐逼近最优解。它不能直接处理问题空间的决策变量，必须转换成由基因按一定结构组成的染色体，该转换称为编码，编码过程是问题空间向编码空间的映射过程。编码方法除了决定了个体的染色体排列形式之外，还决定了个体的解码方法，同时也影响到交叉算子、变异算子等遗传算子的运算方法。

定义 2.3.1 由问题空间向 GA 编码空间的映射称为编码，而由编码空间向问题空间的映射称为译码。

如何将问题的可能解用染色体来表示是遗传算法的关键。在 Holland 的工作中，采用的是二进制编码，然而二进制编码非自然编码，其缺点是：二进制编码存在悬崖问题，即表现型空间中距离很小的个体在基因型空间的 Hamming 距离可能很大，为了翻越这个悬崖，个体的所有位都需要改变，而实际算子交叉和变异翻越悬崖的可能性却较小。

在过去几十年中，人们针对特定问题，提出了各种各样的非字符编码技术，比如适合函数优化的实数编码和适合组合优化的整数编码。选择合适的编码方法是遗传算法应用的基础，遗传算子和编码方式休戚相关。

1. 编码的分类

（1）根据采用的符号，编码可以分为二进制编码、实数编码和整数排列编码等。

（2）根据编码采用的结构，编码可以分为一维编码和多维编码。

（3）根据编码采用的长度，编码可以分为固定长度的编码和可变长度的编码。

（4）根据编码的内容，编码可以分为仅对解进行编码的方法和对解＋参数进行编码的方法。

2. 码空间与解空间

遗传算法的一个特点就是个体存在码空间和解空间：遗传操作在码空间，而评价和选择在解空间，通过自然选择将染色体和解连接起来。

解空间与码空间相互关系如图 2-10 所示。

图 2-10　解空间与码空间相互关系示意图

3. 非字符编码的三个问题

（1）染色体的可行性，是指对染色体经过解码之后，是否存在于给定问题的可行域。

（2）染色体的合法性，编码空间中的染色体必须对应问题空间中的某一潜在解，即每个编码必须有意义。

（3）映射的唯一性，染色体和潜在解必须一一对应。编码的可行性和合法性如图 2-11 所示。

图 2-11　编码可行性与合法性示意图

4. 不可行解产生的原因及求解方法

在实际问题中，约束是普遍的，可分为等式和不等约束，一般最优解往往处于可行域与非可行域的交界处。罚函数是经典的处理方法，它的作用在于强制可行解从可行解域和非可行解域到达最优解。可行域与非可行域示意图如图 2-12 所示。

图 2-12　可行域与非可行域示意图

求解约束优化问题的常规解法可分为两种：一种是把有约束问题转化为无约束问题，再用无约束问题的方法求解；另一种是改进无约束问题的求解方法，使之能用于有约束问题的情况。第一种方法的历史很悠久，主要是罚函数法，该方法由 Courant 在 1949 年提出，后由 Frish(1955 年)和 Carroll(1959 年)分别作了扩展。罚函数法在实践中的应用比较广泛，其要点是把问题的约束函数以某种形式归并到目标函数上去，从而使整个问题变为无约束优化问题。第二种方法发展得较晚，20 世纪 60 年代 Rosen 对于带线性约束问题提出了著名的梯度投影法，这类算法可看成是无约束问题中最速下降法在有约束问题上的推广，其基本思想是把负梯度方向投影到可行方向集的一个子集上，取投影为可行下降方向。

目前，对于约束优化问题的求解已有很多经典算法，如梯度投影法、梯度下降法、乘子法、外罚函数法、内罚函数法(也称障碍函数法)。但这些算法往往依赖于目标函数和约束条件的某些解析性质，如要求目标函数和约束条件是可微的，而且此类算法一般也只能保证搜索到局部最优解，适用范围非常有限。进化算法的出现为复杂优化问题的求解提供了一条新的途径，然而进化算法处理的对象是无约束优化问题，因而将进化算法应用于约束优化问题的关键是对约束条件的处理，借鉴常规方法中的罚函数法是一种较为方便的选择。此外，由于罚函数法在使用中不需要约束和目标函数的解析性质，因此经常被应用于约束优化问题。

罚函数法是在目标函数中加上一个惩罚项 $P(g, h)$，它满足：当约束满足时，$P(g, h) = 0$；否则 $P(g, h) < 0$，其作用在于反映该点是否位于可行域内。罚函数由 Courant 提出，Carroll 等人对它进行了深入研究和推广。经典的罚函数法可分为内罚函数法和外罚函数法两类：外罚函数法就是以不可行解为搜索起始点，逐渐向可行域移动；内罚函数法则要求当解远离可行域的边界时，惩罚项较小，而当解逼近可行域的边界时，惩罚项趋于无穷大。

因此，如给定一初始点在可行域内部，则利用内罚函数法所产生的点列都是内点。从几何上看，内罚函数法在可行域的边界上形成一堵无穷高的"障碍墙"，所以内罚函数法也称障碍函数法。目前，用进化算法求解约束优化问题时应用较多的是外罚函数法，其优点是不一定要求初始群体都是可行的。这是因为在许多实际应用问题中，寻找可行点本身就是 NP 难问题。对于如下约束优化问题：

$$
\begin{aligned}
&\max f(\boldsymbol{x}) \\
&\text{s. t. } g_i(\boldsymbol{x}) \leqslant 0, \ i = 1, 2, \cdots, m_1 \\
&\qquad h_i(\boldsymbol{x}) = 0, \ i = m_1 + 1, \cdots, m_1 + m_2 \\
&\qquad \boldsymbol{x} \in \boldsymbol{X}
\end{aligned}
\tag{2.1}
$$

通常，外罚函数法的一般表达式为

$$
\varphi(\boldsymbol{x}) = f(\boldsymbol{x}) \pm \left[\sum_{i=1}^{p} r_i \times G_i + \sum_{j=1}^{q} c_j \times L_j \right]
\tag{2.2}
$$

其中，G_i 和 L_j 为约束条件的函数，非负参数 r_i、c_j 称为惩罚因子。最常见的 G_i 和 L_j 常取如下形式：$G_i = \max | 0, \ g_i(\boldsymbol{x}) |^{\beta}, \ L_j = | h_j(\boldsymbol{x}) |^{\gamma}$。这里 β、γ 常取 2，经过大量的研究，Richiardson et al 得出以下结论：

依赖不可行解到可行域距离的罚函数的性能要优于仅依靠违反约束的数目的罚函数的

性能；当所给问题的可行解和约束较少时，如果仅以违反约束的数目来构造罚函数，很难使得不可行解转变为可行解。

构造一个有效罚函数应考虑两个方面：将一个不可行解变为可行解的最大代价（maximum cost）和期望代价（expected cost），这里的代价为不可行解到可行域的距离。惩罚项应该接近期望代价，越接近，可行解就越容易被找到。

罚函数法是遗传算法用于约束优化问题最常用的方法。从本质上讲，这种方法通过对不可行解的惩罚来将约束问题转换为无约束问题。任何对约束的违反都要在目标函数中添加惩罚项。罚方法的基本思想从传统优化中借鉴而来。

传统优化中，罚函数法用于产生一系列不可行解，其极限就是原始问题的最优解。考虑的焦点集中在如何选择合适的罚值，从而加速收敛并且防止早熟终止。遗传算法中，罚函数法用于在每一代中维持一定数量的不可行解，从而使遗传搜索从可行区域和不可行区域两个方向搜索最优解。通常并不拒绝每代中的非可行解，原因在于其中一些个体可能提供关于最优解的更有用的信息。

罚函数法的主要问题就是如何设计罚函数，使得它能够有效地将遗传搜索引导到解空间中有希望的区域中去。不可行染色体和搜索空间的可行部分之间的关系在惩罚不可行染色体时起着重要作用。惩罚值根据某种度量反映了不可行的程度。关于设计罚函数（penalty function）没有一般的指导性原则，构造一个有效的罚函数依赖于给定的问题。

从图 2-13 中可以看出，此时的非可行解是不可抛弃的，它在进化过程中比可行解更容易获得全局最优解。

图 2-13 非可行解向全局最优解进化示意图

5. 编码性能评价

码空间到解空间的映射有以下三种情况：1 对 1 映射、n 对 1 映射和 1 对 n 映射，具体如图 2-14 所示。

图 2-14　码空间与解空间映射关系示意图

从图 2-14 可以看出，1 对 1 映射是三种映射中最好的；1 对 n 映射是三种映射中最差的，存在适应度评价问题；n 对 1 映射则会存在资源的浪费。因此编码要满足以下三点：

(1) 不冗余：码空间到解空间是 1 对 1 映射；

(2) 合法性：对编码的任意排列对应一个解；

(3) 完备性：任意一个解都对应一个排列。

2.3.2　种群初始化

1. 种群规模

从群体多样性方面考虑，规模越大越好，避免陷入局部最优。

从计算效率考虑，群体规模应小。规模越大，其适应度评估次数增加，计算量增加；群体中个体生存概率，即选择概率大多采用和适应度成比例的方法，当群体中个体非常多时，少量适应度很高的个体会被选择而生存下来，大多数个体则被淘汰。导致交叉在两个相邻的个体之间进行，性能提高较少。

另一方面，群体规模太小，会使遗传算法的搜索空间分布范围有限，搜索有可能停止在未成熟阶段，以致引起未成熟收敛（premature convergence）现象。显然，要避免未成熟收敛现象，必须保持群体的多样性，即群体规模不能太小。应该针对不同的实际问题，确定不同的种群规模。

2. 产生初始种群的方法

产生初始种群的方法通常有两种。一种是完全随机的方法，它适合于对问题的解无任何先验知识的情况；另一种是根据某些先验知识将其转变为必须满足的一组要求，然后在满足这些要求的解中再随机地选取样本。

采用随机法产生初始种群时，若产生的随机数大于 0，则将种群中相应染色体的相应基因位置 1，否则置 0。

根据先验知识产生初始种群时，对于给定的含有 n 个变量的个体，若第 j 个变量的取值范围是$(a[j], b[j])$，则可以根据在$(0, 1)$间产生的随机正数r，按照公式$a[j]+r^*(b[j]-a[j])$来计算个体第j位变量的取值。

两者的对比如下：

随机法产生初始种群	根据先验知识产生初始种群
定义种群pop； **for** $i=1$：$popsize$//种群规模 　　**for** $j=1$：$length$//染色体长度 　　产生随机数r； 　　**if** $r>0$ 　　　　$pop[i][j]=1$； 　　**else** 　　　　$pop[i][j]=0$； 　　**end** 　　**end** **end**	定义种群pop； **for** $i=1$：$popsize$//种群规模 　　**for** $j=1$：$varnum$//变量数量 　　　在$(0, 1)$间产生随机数正数r； 　　　$pop[i][j]=a[j]+r*(b[j]-a[j])$； 　　**end** **end**

2.4　交叉和变异

2.4.1　交叉算子

遗传算法主要通过遗传操作对群体中具有某种结构形式的个体进行结构重组处理，从而不断地搜索出群体中个体间结构的相似性，形成并优化积木块以逐渐逼近最优解。主要的遗传算子有交叉算子和变异算子。

定义 2.4.1(交叉算子)　所谓交叉，是指把两个父代个体的部分结构加以替换生成新个体的操作，这可以提高搜索能力。在交叉运算之前还必须对群体中的个体进行配对。目前常用的配对策略是随机配对，即将群体中的个体以随机方式两两配对，交叉操作是在配对个体之间进行的。

交叉算子主要有1-断点交叉(不易破坏好的模型)、双断点交叉、多断点交叉(又称广义交叉，一般不使用，随着交叉点的增多，个体结构被破坏的可能性逐渐增大，影响算法的性能)、算术交叉、模拟二进制交叉、单峰正态交叉等。目前各种交叉操作形式上的区别是交叉位置的选取方式。下面简单介绍几种交叉方法。

1. 1-断点交叉

实数编码的1-断点交叉运算示意图如图2-15所示。

图 2 - 15 实数编码的1-断点交叉运算示意图

2. 双断点交叉

双断点交叉运算的示意图如图2-16所示。

图 2 - 16 双断点交叉运算示意图

例 2.4.1 针对 TSP 问题，假定有以下两条染色体：

$$p_1 = 2\ 4\ 3\ |\ 1\ 8\ 6\ 7\ |\ 5\ 9$$
$$p_2 = 2\ 1\ 3\ |\ 4\ 5\ 6\ 7\ |\ 8\ 9$$

具体的交叉方式如下：

（1）选择两个断点位置：第一个断点位于第三和第四个基因之间；第二个断点位于第七和第八个基因之间；

（2）移走 p_2 中已在 p_1 中的 4、5、6 和 7 后，得到路径 2—3—1—8—9；

（3）该序列顺序放在 o_1 中：$o_1 = (2\ 3\ 1\ |\ 4\ 5\ 6\ 7\ |\ 8\ 9)$；

（4）类似地，可以得到另一个后代：$o_2 = (2\ 3\ 4\ |\ 1\ 8\ 6\ 7\ |\ 5\ 9)$。

3. 算术交叉

假定有两个父代 x_1 和 x_2，其子代可以通过如下交叉方式得到

$$x_1{}' = \lambda_1 x_1 + \lambda_2 x_2,\quad x_2{}' = \lambda_1 x_2 + \lambda_2 x_1$$

根据 λ_1 和 λ_2 取值的不同，可以分为以下三类：

（1）凸交叉：满足 $\lambda_1 + \lambda_2 = 1$，$\lambda_1 > 0$，$\lambda_2 > 0$。

（2）仿射交叉：满足 $\lambda_1 + \lambda_2 = 1$。

（3）线性交叉：满足 $\lambda_1 + \lambda_2 \leqslant 2$，$\lambda_1 > 0$，$\lambda_2 > 0$。

三种交叉示意图如图 2-17 所示。

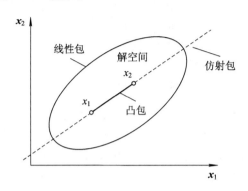

图 2-17　凸交叉、仿射交叉、线性交叉示意图

4. 基于方向交叉

基于方向交叉方式通过目标函数值来决定搜索的方向。父代 x_1 和 x_2 通过以下方式交叉得到子代 x'：

$$x' = r \cdot (x_2 - x_1) + x_2 \tag{2.3}$$

其中，$0 < r \leqslant 1$，x_2 不差于 x_1。

5. 模拟二进制交叉

模拟二进制交叉（SBX cross-over）如下所示：

$$a_{ik}' = \begin{cases} 0.5[(1+\beta_k)a_{ik} + (1-\beta_k)a_{jk}], & r(0,1) \geqslant 0.5 \\ 0.5[(1-\beta_k)a_{ik} + (1+\beta_k)a_{jk}], & r(0,1) < 0.5 \end{cases} \tag{2.4}$$

其中，

$$\beta_k = \begin{cases} (2u)^{\frac{1}{\eta_c + 1}}, & \text{当 } u(0,1) \geqslant 0.5 \text{ 时} \\ [2(1-u)]^{-\frac{1}{\eta_c + 1}}, & \text{当 } u(0,1) < 0.5 \text{ 时} \end{cases} \tag{2.5}$$

其中，a_{ik}、a_{jk}（$i \neq j$，$k = 1, \cdots, n$）是个体 i、j 的第 k 个决策变量。r、u 是分布在 $[0,1]$ 之间的随机数。

6. 单峰正态交叉

单峰正态交叉通过三个父代个体来产生两个后代，第一个子代的方向取决于 p_1 和 p_2，标准差正比于 p_1 和 p_2 之间的距离；第二个子代的方向与第一个子代的方向正交，标准方差取决于 p_3 到第一个方向的距离。具体示意图如图 2-18 所示。

图 2 - 18　单峰正太交叉示意图

假定：p_1 和 p_2 为两个父代矢量，c_1 和 c_2 为两个子代矢量，n 为变量的个数，d_1 为两个父代矢量 p_1 和 p_2 之间的距离，d_2 为父代矢量 p_3 和连接 p_1 与 p_2 之间的轴的距离，z_k 为由正态分布 $N(0,\sigma^2)$ 产生的一个随机数，$k=1,2,\cdots,n$，α 和 β 为固定的常数，则子代个体由以下方式产生：

$$\begin{cases} c_1 = m + z_1 e_1 + \sum_{k=2}^{n} z_k e_k, \ c_2 = m - z_1 e_1 - \sum_{k=2}^{n} z_k e_k, \ m = \dfrac{p_1 + p_2}{2} \\ z_1 \sim N(0, \sigma_1^2), \ z_k \sim N(0, \sigma_k^2), \ k = 2, 3, \cdots, n \\ \sigma_1 = \alpha d_1, \ \sigma_2 = \dfrac{\beta d_2}{\sqrt{n}} \\ e_1 = \dfrac{p_2 - p_1}{|p_2 - p_1|}, \ e_i \perp e_j, \ i, j = 1, 2, \cdots, n; \ i \neq j \end{cases} \tag{2.6}$$

7. 多父辈交叉

将多父辈交叉引入到遗传算法中，可降低超级个体将自身复制到子代中的可能性，这就意味着带来了更为多样的解空间搜索结果，从而减少了遗传算法早熟的危险。

多父辈交叉操作示意图如图 2 - 19 所示。

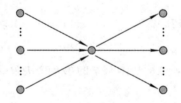

图 2 - 19　多父辈交叉操作示意图

2.4.2　变异算子

在生物的遗传和自然进化过程中，会因为某些偶然的因素而导致生物的某些基因发生变异，从而产生出新的染色体，表现出新的生物性状。模仿生物遗传和进化过程中的变异

计算智能导论

环节，遗传算法中也引入了变异算子来产生新的个体。

定义 2.4.2(变异算子)　变异就是将染色体编码串中的某些基因用其他的基因来替换，它是遗传算法中不可缺少的部分。其目的就是改善遗传算法的局部搜索能力，维持群体的多样性，防止出现早熟现象。

设计变异算子需要确定变异点的位置和基因值的替换，最常用的是基本位变异，它只改变编码串中个别位的基因值，变异发生的概率也小，发挥作用比较慢，效果不明显。变异算子主要有：均匀变异，它特别适用于算法的初期阶段，增加了群体的多样性；非均匀变异，随着算法的运行，它使得搜索过程更加集中在某一个重点区域中；边界变异，适用于最优点位于或接近于可行解边界的问题；高斯变异，改进了算法对重点搜索区域的局部搜索性能。随着研究的不断深入，变异算子的改进和新算子不断涌现。下面简单介绍几种变异方法。

1. 随机变异

随机选择一位进行变异，具体如下所示：

在第 k 个位置进行变异

$\downarrow$

父代　　$\mathbf{x}=[x_1, x_2, \cdots, x_k, x_{k+1}, x_{k+2}, \cdots, x_n]$

子代　　$\mathbf{x}'=[x_1, x_2, \cdots, x_{k'}, x_{k+1}, x_{k+2}, \cdots, x_n]$

例 2.4.2　针对 TSP 问题，具体的变异方式如下：

(1) 选择两个等位基因；

(2) 将第二个等位基因插入到第一个等位基因之后，具体如下所示：

该变异方式的优点是保护了大部分基因位信息的临近关系。也可采用如下的变异方式：

(1) 选择两个等位基因；

(2) 将第二个等位基因和第一个等位基因位置互换，具体如下所示：

| 1 | 2 | 3 | 4 | 5 | 6 | 7 | 8 | 9 | → | 1 | 5 | 3 | 4 | 2 | 6 | 7 | 8 | 9 |

2. 实数变异

在传统的遗传算法中，算子的作用与代数是没有直接关系的。因此当算法演化到一定代数以后，由于缺乏局部搜索，传统的遗传算子将很难获得收益。基于上述原因，Z. Michalewicz 首先将变异算子的结果与演化代数联系起来，使得在演化初期，变异的范围相对较大，而随着演化的推进，变异的范围越来越小，起着一种对演化系统的微调(fine-tuning)作用。其具体描述如下：

设 $\mathbf{s}=(v_1, v_2, \cdots, v_n)$ 是一个父解，分量 v_k 被选作进行变异的分量，其定义区间是 $[a_k, b_k]$，则变异后的解为

$$s' = (v_1, \cdots, v_{k-1}, v_k', \cdots, v_n)$$

其中，

$$v_k' = \begin{cases} v_k + \Delta(i, b_k - v_k), & \text{当 rnd}(2) = 0 \text{ 时} \\ v - \Delta(i, v_k - a_k), & \text{当 rnd}(2) = 1 \text{ 时} \end{cases} \tag{2.7}$$

式中，rnd(2)表示将随机数均匀地产生的正整数模 2 所得的结果，i 为当前演化代数，而函数 $\Delta(i, y)$ 的值域为 $[0, y]$，当 i 增大时，$\Delta(i, y)$ 接近于 0 的概率增加。即 i 的值越大，$\Delta(i, y)$ 取值接近于 0 的可能性越大，使得算法在演化初期能搜索到较大范围，而后期主要进行局部搜索即可。

函数 $\Delta(i, y)$ 的具体表达式为

$$\Delta(i, y) = y \cdot r \cdot \left(1 - \frac{i}{T}\right)^\lambda \tag{2.8}$$

这里，r 是 $[0, 1]$ 上的一个随机数，T 表示最大代数，λ 是一个决定非一致性程度的参数，它起着调整局部搜索区域的作用，其取值一般为 2～5。

3. 基于方向的变异

基于方向的变异方式通过目标函数值来决定搜索的方向。父代 x_1 和 x_2 通过交叉得到子代 x'：

$$x' = x + r \cdot d \tag{2.9}$$

其中，$d = \dfrac{f(x_1, \cdots, x_i + \Delta x_i, \cdots, x_n) - f(x_1, \cdots, x_i, \cdots, x_n)}{\Delta x_i}$，$r$ 是一个非负实数。

4. 高斯变异

高斯变异的方法就是，产生一个服从高斯分布的随机数，取代先前基因中的实数数值。这个算法产生的随机数，其数学期望为当前基因的实数数值。假定一个染色体由两部分组成 (x, σ)，其中，第一个分量 x 表示搜索空间中的一个点，第二个分量 σ 表示方差，则其子代个体按如下方式产生：

$$\sigma' = \sigma e^{N(0, \Delta\sigma)}$$
$$x' = x + N(0, \Delta\sigma') \tag{2.10}$$

其中，$N(0, \Delta\sigma')$ 是一个均值为 0，方差为 σ' 的高斯函数。

2.5　选择和适应度函数

2.5.1　选择

定义 2.5.1 选择(selection)算子　从群体中选择优胜个体，淘汰劣质个体的操作称为选择，即从当前群体中选择适应度值高的个体以生成配对池(mating pool)的过程。选择算

子有时又称为再生算子（reproduction openitor）。

1. 选择压力

定义 2.5.2 选择压力　选择压力是最佳个体选中的概率与平均选中概率的比值。

选择的基础是达尔文的适者生存理论，遗传算法本质上是一种随机搜索，选择算子则将遗传搜索的方向引向最优解所在区域，选择的作用使得群体向最优解所在区域移动。因此，合适的选择压力很重要，选择压力太大容易早熟，选择压力太小，则进化缓慢，如图2-20所示。我们希望初始阶段选择压力小，最终选择压力大。

图 2-20　不同选择压力群体进化方向示意图

2. 选择方式

1）随机采样

（1）选择幅度决定了每个个体被复制的次数。

（2）选择幅度由以下两部分组成：

① 确定染色体的期望值；

② 将期望值转换为实际值，即该染色体后代个体的数目。

（3）经过选择将期望转化为实际值，即后代个数常用的选择方式：

① 轮盘赌的选择方式；

② 一次随机采样。

这两种采样方式如图2-21所示。

 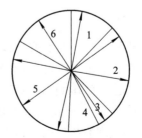

(a) 轮盘赌方式　　　　　(b) 一次随机采样方式

图 2-21　选择方式示意图

轮盘赌选择又称比例选择算子，在这种选择方式中，个体被选中的概率与其适应度函数值成正比。

随机采样在算法的初期，个别超级染色体具有绝对的优势，从而控制整个选择过程，竞争过于强烈；而在算法的晚期（大部分个体已经收敛），个体之间的适应度差别不大，竞争太弱，呈现随机搜索行为。比例变换和排序机制可以解决这些问题。

这两种采样方式的区别是，一次随机采样采用均匀分布的且个数等于种群规模的旋转指针，这种方法的基本原则是保证每个染色体在下一代中复制的次数与期望值相差不大。

2）确定性采样

确定性采样就是从父代和子代个体中选择最优的个体。具体举例如下：

（1）$(\mu+\lambda)$-selection（μ 个父代，λ 个子代，从 $\mu+\lambda$ 中选择最好的 μ 个个体）；

（2）(μ, λ)-selection（μ 个父代，λ 个子代，从 λ 中选择最好的 μ 个个体）；

（3）Truncation selection（截断选择）；

（4）Block selection（块选择）；

（5）Elitist selection（贪婪选择，在比例选择最优个体时没有被选择，进行强制选择）；

（6）The generational replacement（代替换）；

（7）Steady-state reproduction（稳态再生，n 个最差的父代个体被子代替换）。

3）混合采样

混合采样同时具有随机性和确定性，具体举例如下：

（1）Tournament selection（竞赛选择）；

（2）Binary tournament selection（规模为 2 的竞赛选择）；

（3）Stochastic tournament selection（采用普通的方法计算选择概率，然后采用赌盘选择个体，适应度高的进入群体，否则被抛弃）；

（4）Remainder stochastic sampling（随机保留采样，期望选择次数的整数部分确定，小数部分随机）。

2.5.2 适应度函数

遗传算法在进化搜索中基本不用外部信息，仅以目标函数即适应度函数为依据，利用种群每个个体的适应度来指导搜索。遗传算法的目标函数不受连续可微的约束，且定义域可以为任意集合。对适应度函数的唯一要求是，针对输入可计算出能加以比较的非负结果（比例选择算子需要）。需要强调的是，适应度函数值是选择操作的依据，适应度函数（Fitness Function）的选取直接影响到遗传算法的收敛速度以及能否找到最优解。

1. 目标函数映射成适应度函数

对于给定的优化问题，目标函数有正有负，甚至可能是复数值，所以有必要通过建立适应度函数与目标函数的映射关系，保证映射后的适应度值是非负的，而且目标函数的优化方向应对应适应度值增大的方向。

（1）对于最小化问题，建立如下适应函数和目标函数的映射关系：

$$f(x) = \begin{cases} c_{\max} - g(x), & \text{若 } g(x) < c_{\max} \\ 0, & \text{否则} \end{cases} \tag{2.11}$$

其中，$c_{\max}$ 可以是一个输入值或是理论上的最大值，也可以是当前所有代或最近 K 代中 $g(x)$ 的最大值，此时 $c_{\max}$ 随着代数会有变化。

（2）对于最大化问题，一般采用以下映射：

$$f(x) = \begin{cases} g(x) - c_{\min}, & \text{若 } g(x) - c_{\min} > 0 \\ 0, & \text{否则} \end{cases} \tag{2.12}$$

其中，$g(x)$ 为目标函数值，$c_{\min}$ 可以是一个输入值，也可以是当前所有代或最近 K 代中 $g(x)$ 的最小值。

2. 适应度变换

在遗传进化的初期，通常会出现一些超常个体，若按比例选择策略，这些异常个体有可能在群体中占据很大的比例，导致未成熟收敛。显然，这些异常个体因竞争力太突出，会控制选择过程，从而影响算法的全局优化性能。另一方面，在遗传进化过程中，虽然群体中个体的多样性尚存在，但往往会出现群体的平均适应度已接近最佳个体适应度的情况，这时，个体间的竞争力相似，最佳个体和其他个体在选择过程中有几乎相等的选择机会，从而使有目标的优化过程趋于无目标的随机搜索过程。

对于未成熟收敛现象，应设法降低某些异常个体的竞争力，这可以通过缩小相应的适应度值来实现。对于随机漫游现象，应设法提高个体间的竞争力差距，这可以通过放大相应的适应度值来实现。这种适应度的缩放调整称为适应度变换，即假定第 k 个染色体的原始适应度为 f_k，变换后的适应度 f_k' 为

$$f_k' = g(f_k) \tag{2.13}$$

函数 $g(\cdot)$ 根据采用的形式不同会产生不同的变换方法，具体如下：

（1）线性变换（linear scaling）。

$$f_k' = a \times f_k + b$$

（2）Boltzmann 变换（Boltzmann scaling）。

$$f_k' = e^{f_k/T}$$

（3）乘幂变换。

$$f_k' = f_k^a$$

（4）归一化变换。

$$f_k' = \frac{f_k - f_{\min} + \gamma}{f_{\max} - f_{\min} + \gamma}, \quad 0 < \gamma < 1$$

2.5.3 适应度共享和群体多样性

1. 简介

共享函数法根据个体在某个距离内与其他个体的临近程度来确定该个体的适应度应改变多少。在拥挤的峰周围的个体的复制概率受到抑制，利于其他个体产生后代，如图 2-22 所示。

图 2-22　共享函数法示意图

适应度共享可用于多峰搜索，共享函数的作用在于根据个体邻域内个体的分布情况对个体的适应度进行惩罚。

根据两个染色体之间采用的距离测度的不同，适应度共享可以分为以下两类：

（1）Genotypic sharing（基因型共享）。个体之间的距离在码空间进行计算，具体如下：

$$d_{ij} = d(s_i, s_j) \tag{2.14}$$

其中，s_i 表示编码形式的一个字符串或者一条染色体。

（2）Phenotypic sharing（表现型共享）。个体之间的距离在解空间进行计算，具体如下：

$$d_{ij} = d(x_i, x_j) \tag{2.15}$$

其中，x_i 表示解码后的一个解。

2. 定义

共享函数 $\mathrm{Sh}(d_{ij})$ 定义如下：

$$\mathrm{Sh}(d_{ij}) = \begin{cases} 1 - \left(\dfrac{d_{ij}}{\sigma_{\text{share}}}\right)^{\alpha}, & \text{若 } d_{ij} < \sigma_{\text{share}} \\ 0, & \text{否则} \end{cases} \tag{2.16}$$

其中，α 是一个常数，σ_{share} 是用户定义的小生境半径。

在给定了适应度函数的定义之后，一个染色体的共享适应度 f_i' 定义如下：

$$f_i' = \frac{f_i}{m_i} \tag{2.17}$$

式中，m_i 为给定染色体 i 的小生境计数(the niche count)，即染色体 i 与群体中所有染色体之间共享函数之和，具体定义如下：

$$m_i = \sum_{j=1}^{\text{popsize}} \text{Sh}(d_{ij}) \tag{2.18}$$

2.6 遗传算法用于求解数值优化问题

1. 优化问题

本节将举例说明如何用遗传算法求解无约束单目标优化问题。

例 2.6.1 无约束单目标优化问题。

$$\max f(x_1, x_2) = 21.5 + x_1 \cdot \sin(4\pi x_1) + x_2 \cdot \sin(20\pi x_2)$$
$$\text{s.t.} -2.9 \leqslant x_1 \leqslant 12.0$$
$$4.2 \leqslant x_2 \leqslant 5.7$$

图 2-23 给出了例 2.6.1 中问题解的分布情况。

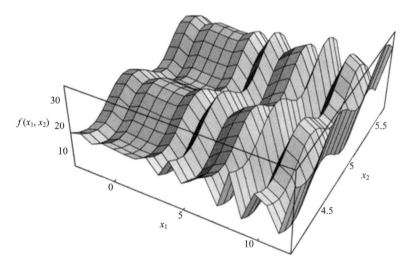

图 2-23 无约束单目标优化问题

2. 编码和解码

1）二进制编码

要求采用二进制编码，精确到小数点后面五位。编码长度的求解过程如下：

（1）根据精度要求，要将区间至少分成 $(b_j - a_j) \times 10^5$ 份，其中 a_j 为变量 x_j 的最小值，b_j 为变量 x_j 的最大值。

（2）变量 x_j 需要的比特位 m_j 要满足下式：

$$2^{m_j-1} < (b_j - a_j) \times 10^5 \leqslant 2^{m_j} - 1 \tag{2.19}$$

（3）变量 x_j 从二进制到十进制的解码公式如下：

$$x_j = a_j + \text{decimal}(\text{substring}_j) \times \frac{b_j - a_j}{2^{m_j} - 1} \tag{2.20}$$

（4）所以，编码需要的二进制码的长度计算如下：

$$x_1 : (12.0 - (-2.9)) \times 100000 = 1490000$$

$$2^{20} < 1490000 \leqslant 2^{21} - 1, \ m_1 = 21 \text{ bit}$$

$$x_2 : (5.7 - 4.2) \times 100000 = 150000$$

$$2^{17} < 150000 \leqslant 2^{18} - 1, \ m_2 = 18 \text{ bit}$$

所以共需要的总比特位为 $m = m_1 + m_2 = 21 + 18 = 39 \text{ bit}$。例如存在如下个体 v_j：

$$\overset{\text{← ———— 39 bit ————→}}{}$$

$v_j:$ 000001010100101001001101111011111110001

$$\overset{\text{← — 21 bit —→}}{x_1} \quad \overset{\text{← — 18 bit —→}}{x_2}$$

v_j 共 39 个比特位，其中前 21 个比特位表示 x_1，后 18 个比特位表示 x_2。

2）二进制解码

以 v_j 为例，二进制串的解码过程如下：

$$\overset{\text{← ———— 39 bit ————→}}{}$$

$v_j:$ 000001010100101001001101111011111110001

$$\overset{\text{← — 21 bit —→}}{x_1} \quad \overset{\text{← — 18 bit —→}}{x_2}$$

根据 $x_j = a_j + $ 十进制数字串 $j \times \dfrac{b_j - a_j}{2^{m_j} - 1}$，可以得到：

$$x_1 = -2.9 + 43337 \times \frac{12.0 - (-2.9)}{2^{21} - 1} = -2.59210$$

$$x_2 = 4.2 + 194545 \times \frac{5.7 - 4.2}{2^{18} - 1} = 5.31320$$

3. 种群初始化

随机产生一个初始种群，以产生 10 个个体为例：

$$v_1 = [000001010100101001001101111011111110001]$$

$$= [x_1 \ \ x_2] = [-2.59210 \ \ 5.31320]$$

$$v_2 = [010110010110101110111010111011001110110]$$

$$= [x_1 \ \ x_2] = [2.30457 \ \ 4.74853]$$

$$v_3 = [10111000110011011010\ 1011101111100010011]$$
$$= [x_1 \quad x_2] = [\ 7.85617 \quad 5.30021]$$
$$v_4 = [0111011010111010110011011110001011011110]$$
$$= [x_1 \quad x_2] = [\ 4.01044 \quad 5.28233]$$
$$v_5 = [0111011011011100101010111101110011110000]$$
$$= [x_1 \quad x_2] = [\ 4.01814 \quad 4.92501]$$
$$v_6 = [1010110010110101110100010001011101110111]$$
$$= [x_1 \quad x_2] = [\ 7.15228 \quad 4.60937]$$
$$v_7 = [0111011110110001101110100010111011111110]$$
$$= [x_1 \quad x_2] = [\ 4.06658 \quad 4.60941]$$
$$v_8 = [0100011110111010000101111110100000 1110]$$
$$= [x_1 \quad x_2] = [\ 1.27540 \quad 4.94129]$$
$$v_9 = [1110001011110111110111111101111100111111]$$
$$= [x_1 \quad x_2] = [10.31026 \quad 5.65203]$$
$$v_{10} = [1111100101110011110010100011101110 11110]$$
$$= [x_1 \quad x_2] = [11.61891 \quad 4.61875]$$

4. 个体评价

在遗传算法中，适应度函数起到环境的作用。在该无约束、单目标优化问题中，将适应度 eval 定义为目标函数值，具体计算如下：

$$\mathrm{eval}(v_k) = f(x_k) \quad k = 1,\ 2,\ \cdots,\ \mathrm{popsize} \qquad (2.21)$$

由于目标函数表达式为

$$f(x_1,\ x_2) = 21.5 + x_1 \cdot \sin(4\pi x_1) + x_2 \cdot \sin(20\pi x_2)$$

若给定 $x_1 = -2.59210$，$x_2 = 5.31320$，可得

$$\mathrm{eval}(v_1) = f(-2.59210,\ 5.31320) = 27.79226$$

因此，可以求得上述 10 个个体的适应度函数如下：

$$\mathrm{eval}(v_1) = f(-2.59210,\ 5.31320) = 27.79226$$
$$\mathrm{eval}(v_2) = f(2.30457,\ 4.74853) = 20.47859$$
$$\mathrm{eval}(v_3) = f(7.85617,\ 5.30021) = 13.93268$$
$$\mathrm{eval}(v_4) = f(4.01044,\ 5.28233) = 17.29270$$
$$\mathrm{eval}(v_5) = f(4.01814,\ 4.92501) = 27.33305$$
$$\mathrm{eval}(v_6) = f(7.15228,\ 4.60937) = 30.79574$$
$$\mathrm{eval}(v_7) = f(4.06658,\ 4.60941) = 27.08837$$
$$\mathrm{eval}(v_8) = f(1.27540,\ 4.94129) = 23.67101$$

$$\text{eval}(\boldsymbol{v}_9) = f(10.31026, 5.65203) = 13.69867$$
$$\text{eval}(\boldsymbol{v}_{10}) = f(11.61891, 4.61875) = 37.35207$$

很明显，在 10 个个体中，最好的个体是 $\boldsymbol{v}_{10}$，最差的个体是 $\boldsymbol{v}_9$。

5. 选择(无偏见，平等)

轮盘赌选择又称比例选择算子，其基本思想是：个体被选中的概率与其适应度函数值成正比。具体步骤如下：

输入：群体 $P(t-1)$，$C(t-1)$

输出：群体 $P(t)$，$C(t)$

Step 1：计算群体的总适应度 F：$F = \sum\limits_{k=1}^{\text{popsize}} \text{eval}(\boldsymbol{v}_k)$；

Step 2：计算染色体 $\boldsymbol{v}_k$ 的选择概率 p_k：$p_k = \dfrac{\text{eval}(\boldsymbol{v}_k)}{F}$，$k=1, 2, \cdots, \text{popsize}$；

Step 3：计算染色体 $\boldsymbol{v}_k$ 的累积概率 q_k：$q_k = \sum\limits_{j=1}^{k} p_j$，$k=1, 2, \cdots, \text{popsize}$；

Step 4：随机产成一个 $[0, 1]$ 区间的数 r；

Step 5：如果 $r \leqslant q_1$，选择第一条染色体 $\boldsymbol{v}_1$；否则，如果 $q_{k-1} < r \leqslant q_k$，选择第 k 条染色体 $\boldsymbol{v}_k (2 \leqslant k \leqslant \text{popsize})$。

例 2.6.2 轮盘赌选择过程。

输入：群体 $P(t-1)$，$C(t-1)$

输出：群体 $P(t)$，$C(t)$

Step 1　计算群体的总适应度：

$$F = \sum_{k=1}^{\text{popsize}} \text{eval}(\boldsymbol{v}_k) = 239.43514$$

Step 2　计算染色体 $\boldsymbol{v}_k$ 的选择概率 p_k：

$$p_1 = 0.1161, \ p_2 = 0.0855$$
$$p_3 = 0.0582, \ p_4 = 0.0722$$
$$p_5 = 0.1142, \ p_6 = 0.1286$$
$$p_7 = 0.1131, \ p_8 = 0.0989$$
$$p_9 = 0.0572, \ p_{10} = 0.1560$$

Step 3　计算染色体 $\boldsymbol{v}_k$ 的累积概率 q_k：

$$q_1 = 0.1161, \ q_2 = 0.2016$$
$$q_3 = 0.2598, \ q_4 = 0.3320$$
$$q_5 = 0.4462, \ q_6 = 0.5748$$
$$q_7 = 0.6879, \ q_8 = 0.7868$$

$$q_9 = 0.8440, q_{10} = 1$$

Step 4   随机产成 10 个[0，1]区间内的数：

0.7060，0.0318，0.2769，0.0462，0.0971，0.8235，0.6948，0.3171，0.9502，0.0344

随后，将产生的 10 个随机数依次与累积概率作比较，应用轮盘选择的方法依次选择出 10 个个体，选择过程采用的轮盘如图 2-24 所示。

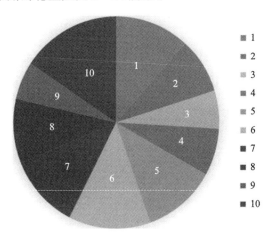

图 2-24   轮盘赌选择的轮盘示意图

最终选择的个体如下：

$$v_1' = [0100011110111101000010111110100000011110] \quad (v_8)$$
$$v_2' = [0000010101001010010011011110111111110001] \quad (v_1)$$
$$v_3' = [0111011010111010110011011100010110111110] \quad (v_4)$$
$$v_4' = [0000010101001010010011011110111111110001] \quad (v_1)$$
$$v_5' = [0000010101001010010011011110111111110001] \quad (v_1)$$
$$v_6' = [1110001011110111110111111101111100111111] \quad (v_9)$$
$$v_7' = [0100011110111101000010111110100000011110] \quad (v_8)$$
$$v_8' = [0111011010111010110011011100010110111110] \quad (v_4)$$
$$v_9' = [1111100101110011110010100011101110111110] \quad (v_{10})$$
$$v_{10}' = [0000010101001010010011011110111111110001] \quad (v_1)$$

6. 交叉(1-断点交叉)

采用 1-断点交叉，即随机选择一个断点，交换两个父代个体的右侧部分，从而产生子代。

例 2.6.3   考虑如下两个个体，随机选择第 17 个基因位作为断点。

$$v_1=[10011011010010110100100000010111001001]$$

$$v_2=[00111010111001100000100001010100100001]$$

⬇

$$c_1=[10011011010010110000100001010100100001]$$

$$c_2=[00111010111001100100100000010111001001]$$

其中，c_1、c_2是交叉操作后产生的子代。

下面给出 1 -断点交叉的过程。

---

procedure：1 -断点交叉运算过程

---

input：p_C，父代个体：$\boldsymbol{P}_k$，$k=1$，2，$\cdots$，popsize

output：子代个体 $\boldsymbol{C}_k$

begin

    for $k \leftarrow 1$ **to** $\lceil$ popsize$/2 \rceil$ **do**   //popsize：群体规模

      if $p_c \geqslant$ random $[0$，$1]$ **then**   //p_C：交叉概率

          $i \leftarrow 0$；$j \leftarrow 0$；

          repeat

              $i \leftarrow$ random$[1$, popsize$]$；

              $j \leftarrow$ random $[1$, popsize$]$；

          until（$i \neq j$ ）

          $p \leftarrow$ random $[1$，$l-1]$； //p：断点的位置，l：染色体的长度，p 为 $1 \sim l-1$ 之间的某一整数

          $\boldsymbol{C}_i \leftarrow \boldsymbol{P}_i[1:p-1]$ //$\boldsymbol{P}_j[p:l]$//将 $\boldsymbol{P}_i$ 的前部分与 $\boldsymbol{P}_j$ 后部分取并后生成子代 $\boldsymbol{C}_i$；

          $\boldsymbol{C}_j \leftarrow \boldsymbol{P}_j[1:p-1]$ //$\boldsymbol{P}_i[p:l]$//将 $\boldsymbol{P}_j$ 的前部分与 $\boldsymbol{P}_i$ 的后部分取并后生成子代 $\boldsymbol{C}_j$；

      end

    end

    output   子代个体 $\boldsymbol{C}_k$；

end

---

7. 变异

定义 2.6.1　变异操作是指根据变异概率改变一个或多个基因。

例 2.6.4　对于个体 v_1，随机选择该个体的第 16 位进行变异，因为该基因值为 1，所以变异后为 0，从而得到子代 c_1，具体过程如下：

对第 16 位进行变异

v_1=[100110110100101101001000000010111001001]

$\Downarrow$

c_1=[100110110100101001001000000010111001001]

变异操作的过程如下：

procedure：单点变异运算过程
input：p_M，父代个体：P_k，$k=1,2,\cdots$，popsize
output：子代个体：C_k
begin
for $k \leftarrow 1$ to popsize **do**　　　　// popsize：群体规模
if $p_M \geqslant$ random $[0,1]$　　　//p_M：变异概率
then
$p \leftarrow$ random $[1, l-1]$；(位置)　　//p：断点的位置，l：染色体的长度
$C_k \leftarrow P_k[1:p-1]//1-P_k[p]//P_k[p+1:l]$;
end
end
output 子代个体 C_k;
end

8. 流程和实验结果

1) GA(遗传算法)用于求解无约束优化问题的流程

procedure：单点变异运算过程
intput：无约束优化问题的参数，GA 参数;
output：最优个体;
begin
$t \leftarrow 0$;
通过二进制编码初始化种群 $P(t)$;
通过二进制解码对群体 P 进行适应度评价 eval(P);

```
while（不满足停止条件）do
    对群体 $P(t)$ 通过 1-断点交叉产生子代群体 $C(t)$；
    对群体 $P(t)$ 通过变异产生子代群体 $C(t)$；
    计算适应度函数 eval($C$)；
    通过轮盘赌从群体 $P(t)$ 和 $C(t)$ 中选择出下一代群体 $P(t+1)$；
    $t \leftarrow t+1$；
end
output    最优解；
end
```

2）实验结果

GA 求解无约束单目标优化问题结果如图 2-25 所示。

图 2-25   GA 求解无约束单目标优化问题结果示意图

GA 在本例函数中的寻优过程如图 2-26 所示。

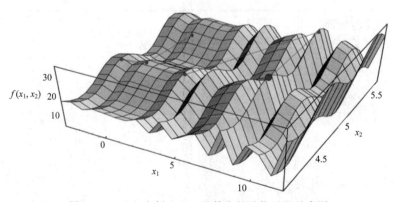

图 2-26   GA 在例 2.3.1 函数中的寻优过程示意图

64

2.7　遗传算法的理论基础

2.7.1　模式理论

模式理论是指导遗传算法的基本理论,是 J H Holland 教授创立的模式理论,该理论揭示了遗传算法的基本机理。

1. 问题引出

例 2.7.1　求 $\max f(x) = x^2$, $x \in \{0, 1, 2, \cdots, 31\}$。

表 2-1　遗传算法第 0 代

个体 编号	初始 群体	x_i	适应度 $f(x_i)$	$f(x_i)/\sum f(x_i)$	$f(x_i)/\overline{f}$	下代个体 数目
1	01101	13	169	0.14	0.58	1
2	11000	24	576	0.49	1.97	2
3	01000	8	64	0.06	0.22	0
4	10011	19	361	0.31	1.23	1

【分析】　当编码的最左边字符为"1"时,其个体适应度较大,如 2 号个体和 4 号个体,将其记为"1 * * * *";其中 2 号个体适应度最大,其编码的左边两位都是 1,记为"11 * * *";当编码的最左边字符为"0"时,其个体适应度较小,如 1 号和 3 号个体,记为"0 * * * *"。

【结论】　从这个例子可以看出,我们在分析编码字符串时,常常只关心某一位或某几位字符,而对其他字符不关心。换句话讲,我们只关心字符的某些特定形式,如 1 * * * *,11 * * *,0 * * * *,这种特定的形式就叫模式。

2. 基本概念

1）模式

模式集(Schema)是指编码的字符串中具有类似特征的子集。以五位二进制字符串为例,模式 *111 * 可代表 4 个个体:01110、01111、11110、11111;模式 *0000 则代表 2 个个体:10000、00000。

个体是由二值字符集 $V = \{0, 1\}$ 中的元素组成的一个编码串;而模式却是由三值字符集 $V = \{0, 1, *\}$ 中的元素组成的一个编码串,其中" * "表示通配符,它既可被当作"1"也可被当作"0"。

2) 模式阶(Schema Order)

定义 2.7.1 模式阶是指模式中已有明确含义(二进制字符时指 0 或 1)的字符个数,记作 $o(s)$,式中 s 代表模式。

举例:模式$(011*1**)$含有 4 个明确含义的字符,其阶次是 4,记作 $o(011*1**) = 4$;模式$(0*****)$的阶次是 1,记作 $o(0*****)=1$。

阶次越低,模式的概括性越强,其所代表的编码串个体数也越多,反之亦然;当模式阶次为零时,它没有明确含义的字符,其概括性最强。

3) 模式的定义长度(Schema Defining Length)

定义 2.7.2 模式的定义长度是指模式中第一个和最后一个具有明确含义的字符之间的距离,记作 $\delta(s)$。

举例:模式$(011*1**)$的第一个字符为 0,最后一个字符为 1,中间有 3 个字符,其定义长度为 4,记作 $\delta(011*1**) = 4$。

模式$(0*****)$的长度是 0,记作 $\delta(0*****) = 0$。一般地,有如下式子:

$$\delta(s) = b - a \tag{2.22}$$

式中,b 为模式 s 中最后一个明确字符的位置;a 为模式 s 中第一个明确字符的位置。

模式的长度代表该模式在今后遗传操作(交叉、变异)中被破坏的可能性:模式长度越短,被破坏的可能性越小,长度为 0 的模式最难被破坏。

4) 编码字符串的模式数目

(1) 模式总数。假设二进制字符串的长度为 l,字符串中每一个字符可取$(0,1,*)$三个符号中的任意一个,可能组成的模式数目最多为

$$3 \times 3 \times 3 \times \cdots \times 3 = (2+1)^l \tag{2.23}$$

一般情况下,假设字符串长度为 l,字符的取值为 k 种,字符串组成的模式数目 n_l 最多为 $n_l = (k+1)^l$。

(2) 编码字符串(一个个体编码串)所含模式总数。对于长度为 l 的某二进制字符串,它含有的模式总数最多为

$$2 \times 2 \times 2 \times \cdots \times 2 = 2^l \tag{2.24}$$

【注意】 这个数目是指字符串已确定为 0 或 1,每个字符只能在已定值(0/1)中选取;前面所述的 n_1 指字符串未确定,每个字符可在$\{0,1,*\}$三者中选取。

一般情况下,长度为 l、取值有 k 种的某一字符串,它可能含有的模式数目最多为

$$n_2 = 2^l \tag{2.25}$$

(3) 群体所含模式数。在长度为 l、规模为 M 的二进制编码字符串群体中,一般包含 $2^l \sim M \cdot 2^l$ 个模式。

3. 模式定理

由前面的叙述我们可以知道，在引入模式的概念之后，遗传算法的实质可看作达特茅斯对模式的一种运算。对基本遗传算法（GA）而言，也就是某一模式 s 的各个样本经过选择运算、交叉运算、变异运算之后，得到一些新的样本和新的模式。

1）复制时的模式数目

这里以比例选择算子为例研究。

公式推导如下：

（1）假设在第 t 次迭代时，群体 $P(t)$ 中有 M 个个体，其中 m 个个体属于模式 s，记作 (s, t)。

（2）个体 a_i 按其适应度 f_i 的大小进行复制。从统计意义来讲，a_i 被复制的概率 p_i 为

$$p_i = \frac{f_i}{\sum\limits_{j=1}^{M} f(j)} \tag{2.26}$$

（3）复制后在下一代群体 $P(t+1)$ 中，群体内属于模式 s（或称与模式 s 匹配）的个体数目 $m(s, t+1)$ 可用平均适应度按下式近似计算：

$$m(s, t+1) = m(s, t) \cdot M \cdot \frac{\overline{f}(s)}{\sum\limits_{j=1}^{M} f(j)} \tag{2.27}$$

其中，$\overline{f}(s)$ 为第 t 代属于模式 s 的所有个体之平均适应度；M 为群体中拥有的个体数目。

（4）设第 t 代所有个体（不论它属于何种模式）的平均适应度是 $\overline{f}$，则有等式：

$$\overline{f} = \frac{\sum\limits_{j=1}^{M} f(j)}{M} \tag{2.28}$$

（5）综合上述两式，复制后模式 s 所拥有的个体数目可按下式近似计算：

$$m(s, t+1) = m(s, t) \cdot \frac{\overline{f}(s)}{\overline{f}} \tag{2.29}$$

【结论】 （1）上式说明复制后下一代群体中属于模式 s 的个体数目，取决于该模式的平均适应度 $\overline{f}(s)$ 与群体的平均适应度 $\overline{f}$ 之比；

（2）只有当模式 s 的平均值 $\overline{f}(s)$ 大于群体的平均值 $\overline{f}$ 时，s 模式的个体数目才能增长。否则，s 模式的个体数目要减小。

（3）模式 s 的这种增减规律正好符合复制操作的"优胜劣汰"原则，这也说明模式的确能描述编码字符串的内部特征。

进一步推导如下：

（1）假设某一模式 s 在复制过程中其平均适应度 $\overline{f}(s)$ 比群体的平均适应度 $\overline{f}$ 高出一个定值 $c\overline{f}$，其中 c 为常数，则式（2.29）改写为

$$m(s, t+1) = m(s, t) \cdot \frac{\overline{f} + c\overline{f}}{\overline{f}} = m(s, t) \cdot (1+c) \qquad (2.30)$$

(2) 从第一代开始，若模式 s 以常数 c 繁殖到第 $t+1$ 代，其个体数目为

$$m(s, t+1) = m(s, 1) \cdot (1+c)^t \qquad (2.31)$$

【结论】 从数学上讲，式(2.31)是一个指数方程，它说明模式 s 所拥有的个体数目在复制过程中以指数形式增加或减小。

2）交叉时的模式数目

这里以单点交叉算子为例研究。

【举例】

(1) 有两个模式：

s_1：" $*$ 1 $*$ $*$ $*$ $*$ 0 "

s_2：" $*$ $*$ $*$ 1 0 $*$ $*$ "

它们有一个共同的可匹配的个体(可与模式匹配的个体称为模式的表示)a：" 0 1 1 1 0 0 0 "。

(2) 选择个体 a 进行交叉。

(3) 随机选择交叉点：

s_1：" $*$ 1 $*$ $*$ $*$ $*$ 0 "交叉点选在第 2～7 之间都可能破坏模式 s_1；

s_2：" $*$ $*$ $*$ 1 0 $*$ $*$ "交叉点选在第 4～5 之间才破坏 s_2。

【公式推导】

(1) 交换发生在模式 s 的定义长度 $\delta(s)$ 范围内，即模式被破坏的概率是

$$p_d = \frac{\delta(s)}{\lambda - 1} \qquad (2.32)$$

s_1 被破坏的概率为 $5/6$；s_2 被破坏的概率为 $1/6$。

(2) 模式不被破坏，存活下来的概率为

$$p_s = 1 - p_d = 1 - \frac{\delta(s)}{\lambda - 1} \qquad (2.33)$$

(3) 若交叉概率为 p_c，则模式存活下来的概率为

$$p_s = 1 - p_c \cdot \frac{\delta(s)}{\lambda - 1} \qquad (2.34)$$

(4) 经复制、交叉操作后，模式 s 在下一代群体中所拥有的个体数目为

$$m(s, t+1) = m(s, t) \cdot \frac{\overline{f}(s)}{\overline{f}} \cdot \left[1 - p_c \cdot \frac{\delta(s)}{\lambda - 1} \right] \qquad (2.35)$$

【结论】 模式的定义长度对模式的存亡影响很大，定义长度越大，越容易被破坏。

3）变异时的模式数目

这里以基本位变异算子为例研究。

【公式推导】

(1) 变异时个体的每一位发生变化的概率是变异概率 p_m，即每一位存活的概率是 $1-p_m$。根据模式的阶 $o(s)$，可知模式中有明确含义的字符有 $o(s)$ 个，于是模式 s 存活的概率是

$$p_s = (1-p_m)^{o(s)} \qquad (2.36)$$

(2) 通常 $p_m \ll 1$，上式用泰勒级数展开取一次项，可近似表示为

$$p_s \approx 1 - p_m \cdot o(s) \qquad (2.37)$$

【结论】 式 (2.37) 说明，模式的阶次 $o(s)$ 越低，模式 s 存活的可能性越大，反之亦然。

4) 模式定理

综合上述 1)、2)、3) 的内容可以得出，遗传算法经复制、交叉、变异操作后，模式 s 在下一代群体中所拥有的个体数目如下：

$$m(s, t+1) = m(s, t) \cdot \frac{\overline{f(s)}}{\overline{f}} \cdot \left[1 - p_c \cdot \frac{\delta(s)}{\lambda - 1} - p_m \cdot o(s) \right] \qquad (2.38)$$

【模式定理】 适应度高于群体平均适应度的，长度较短，低阶的模式在遗传算法的迭代过程中将按指数规律增长。

模式定理深刻地阐明了遗传算法中发生"优胜劣汰"的原因。在遗传过程中能存活的模式都是定义长度短、阶次低、平均适应度高于群体平均适应度的优良模式。遗传算法正是利用这些优良模式逐步进化到最优解。

2.7.2 建筑块假说

1. 模式对搜索空间的划分

以求 $\max f(x) = x^2$，$x \in \{0, 1, 2, \cdots, 31\}$ 为例，图 2-27 中：横坐标表示 x，纵坐标代表适应度 $f(x) = x^2$，用千分数表示，弧线表示适应度曲线，网点区代表所有符合此模式的个体集合，则几个模式对搜索空间的划分分别如图 2-27(a)~(c) 所示。

(a) 模式1：1****

(b) 模式2：10***

(c) 模式3：**1*1

图 2-27　几个模式对搜索空间划分示意图

【结论】　模式能够划分搜索空间，且模式的阶(已确定个数)越高，对搜索空间的划分越细致。

2. 分配搜索次数

模式定理告诉我们：GA 根据模式的适应度、长度和阶次为模式分配搜索次数。为那些适应度较高、长度较短、阶次较低的模式分配的搜索次数按指数率增长；为那些适应度较低、长度较长、阶次较高的模式分配的搜索次数按指数率衰减。

3. 建筑块假说

前面我们已经介绍了 GA 如何划分搜索空间及在各个子空间中分配搜索次数，那么 GA 如何利用搜索过程中的积累信息加快搜索速度呢？Holland 和 Goldberg 在模式定理的基础上提出了"建筑块假说"。

定义 2.7.3　建筑块(或称积木块)(Buliding Block)为短定义长度、低阶、高适应度模式。

之所以称之为建筑块(积木块)，是由于遗传算法的求解过程并不是在搜索空间中逐一测试各个基因的枚举组合，而是通过一些较好的模式，像搭积木一样，将它们拼接在一起，从而逐渐构造出适应度越来越高的个体编码串。

【建筑块假说】　GA 在搜索过程中将不同的"建筑块"通过遗传算子(如交叉算子)的作用将其结合在一起，形成适应度更高的新模式，这样可大大缩小 GA 的搜索范围。

【建筑块混合】　建筑块通过遗传算子的作用集合在一起的过程称为"建筑块混合"。当那些构成最优点(或近似最优点)的"建筑块"结合在一起时，就得到了最优点。

例 2.7.2　建筑块混合实例。

假如，问题的最优解用三个建筑块 BB_1、BB_2、BB_3 表示，群体中有 8 个个体，初始群体中个体 1、个体 2 包含建筑块 BB_1，个体 3 包含建筑块 BB_3，个体 5 包含建筑块 BB_2，在群体进化过程中，建筑块的组合过程如图 2-28 所示。

图 2-28　建筑块混合过程示意图

由于第三代群体中出现了一个包含 3 个"建筑块"的个体 P_3，此时个体 P_3 就代表这个问题的最优解。

2.8　进化算法的收敛性分析

2.8.1　收敛性的定义

到目前为止，还没有一套完整的理论可以准确、全面地阐明一般进化算法的收敛性，从而对其在大量应用中所表现出的全局优化能力作出理论解释。本小节简单介绍已有进化算法的收敛性。

定义 2.8.1　设 Z_t 为 t 时刻种群中所包含个体的适应值的最大值，f^* 为适应值函数 $f(x)$ 在所有可能的个体所组成的集合 X 中所取得的最大值，若 Z_t 满足

$$\lim_{t \to \infty} P\{Z_t = f^*\} = 1 \tag{2.39}$$

则称算法收敛到最优解。

2.8.2　基于压缩映射原理的收敛性分析

定义 2.8.2　设 X 是一个非空集合。若 d 是一个 $X \times X$ 到 $\mathbf{R}$ 的映射，并且对于 $\forall x, y, z \in X$ 满足：

(1) $d(x, y) \geqslant 0$，并且 $d(x, y) = 0$，当且仅当 $x = y$；

(2) $d(x, y) = d(y, x)$；

(3) $d(x, y) \leqslant d(x, z) + d(z, y)$。

则称 d 为 X 上的度量(或称为距离函数)，称 (X, d) 为度量空间。

定理 2.8.1　在度量空间 (X, d) 中，

(1) 对于 $\forall x, y, z \in X$，有 $|d(x, z) - d(y, z)| \leqslant d(x, y)$；

（2）对于 $\forall x,\ y,\ x_1,\ y_1 \in X$，有 $|d(x,\ y)-d(x_1,\ y_1)| \leqslant d(x,\ x_1)+d(y,\ y_1)$。

定义 2.8.3 设 $(X,\ d)$ 为度量空间，$\{x_n\}$ 是 $(X,\ d)$ 中的序列。若存在正整数 N，使得对于一切 $n>N$，有 $d(x_n,\ x)<\varepsilon$，则称序列 $\{x_n\}$ 在 $(X,\ d)$ 中收敛于 x，x 称为 $\{x_n\}$ 的极限，记为 $x_n \to x$。

定义 2.8.4 设 $(X,\ d)$ 为度量空间，$\{x_n\}$ 是 $(X,\ d)$ 中的序列。若对于 $\forall \varepsilon>0$，存在正整数 N，使得对于一切 $m,\ n>N$，有 $d(x_m,\ x_n)<\varepsilon$，则称序列 $\{x_n\}$ 是 $(X,\ d)$ 中的 Cauchy 序列。若 $(X,\ d)$ 中的每一个 Cauchy 序列都收敛，则称 $(X,\ d)$ 为完备度量空间。

定义 2.8.5 设 $(X,\ d)$ 为度量空间，对于映射 $f: X \to X$，$\exists \varepsilon \in [0,\ 1)$，使得对于 $\forall x$，$y \in X$ 满足：

$$d(f(x),\ f(y)) \leqslant \varepsilon . d(x,\ y) \tag{2.40}$$

则称 f 为压缩映射。

定理 2.8.2 （**Banach 压缩映射定理**） 设 $(X,\ d)$ 为完备度量空间，$f: X \to X$ 为一压缩映射，则 f 有且仅有一个不动点 x^*，并且对于 $\forall x_0 \in X$ 满足：

$$x^* = \lim_{k \to \infty} f^k(x_0) \tag{2.41}$$

其中，$f^0(x_0)$，$f^{k+1}(x_0)=f(f^k(x_0))$。

我们知道，进化算法是一个迭代过程。若用 X 表示所有可能出现的种群集合，记 t 时刻的种群为 x_t，将进化操作设为映射 $f: X \to X$，则进化算法过程可表示为 $x_{k+1}=f(x_k)$。若存在一个点 $x^* \in X$，使得 $x^*=f(x^*)$，则进化算法收敛于 x^*。

2.8.3 基于有限 Markov 链的收敛性分析

定义 2.8.6 设 $\{x_t: t=0,\ 1,\ 2,\ \cdots\}$ 是值域为可列状态空间 S 的随机变量，若 $x_{k+1}=s_{ik+1}$，$s_{ik+1} \in S$ 的概率只与 x_k 有关，而与 $x_{k-1},\ x_{k-2},\ \cdots,\ x_0$ 无关，即

$$P\{x_{k+1}=s_{ik+1} \mid x_0=s_{i0},\ x_1=s_{i1},\ \cdots,\ x_k=s_{ik}\} = P\{x_{k+1}=s_{ik+1} \mid x_k=s_{ik}\}$$
$$\tag{2.42}$$

则称 $\{x_t: t=0,\ 1,\ 2,\ \cdots\}$ 为一个 Markov 链。记 $p_{ij}=P\{x_{k+1}=s_{ik+1} \mid x_k=s_{ik}\}$ 为从状态 s_{ik} 到状态 s_{ik+1} 的一步转移概率，简称转移概率，称 $p_{ij}^m=P\{x_{k+m}=j \mid x_k=i\}$ $(i,\ j \in S)$ 为 m 步转移概率。

定义 2.8.7 若 $\{x_t: t=0,\ 1,\ 2,\ \cdots\}$ 为 Markov 链，其状态空间为有限集合：$S=\{s_1,\ s_2,\ \cdots,\ s_n\}$，则称 $\{x_t: t=0,\ 1,\ 2,\ \cdots\}$ 为有限 Markov 链。

定义 2.8.8 若对于 Markov 链 $\{x_t: t=0,\ 1,\ 2,\ \cdots\}$，满足 $P\{x_{k+1}=j \mid x_k=i\}=p_{ij}$，即状态 i 转变到状态 j 的概率与时间 t 无关，则称 $\{x_t: t=0,\ 1,\ 2,\ \cdots\}$ 为齐次 Markov 链。齐次 Markov 链的转移概率可以记为矩阵 $\boldsymbol{P}$，其元素 p_{ij} 为由状态 i 到状态 j 的转移概率。

定义 2.8.9 对于一个 $n \times n$ 的方阵 $\boldsymbol{A}$：

(1) 若 $a_{ij} \geqslant 0$，$\forall i, j \in \{1, 2, \cdots, n\}$，则称 $\boldsymbol{A}$ 是非负矩阵，记为 $\boldsymbol{A} \geqslant 0$；

(2) 若 $a_{ij} > 0$，$\forall i, j \in \{1, 2, \cdots, n\}$，则称 $\boldsymbol{A}$ 是正矩阵，记为 $\boldsymbol{A} > 0$；

(3) 若 $\boldsymbol{A} \geqslant 0$，存在一个 $k \in N$，使得 $\boldsymbol{A}^k > 0$，则称 $\boldsymbol{A}$ 是基本矩阵；

(4) 若方阵 $\boldsymbol{A}$ 可记为 $\begin{pmatrix} \boldsymbol{C} & \boldsymbol{0} \\ \boldsymbol{R} & \boldsymbol{T} \end{pmatrix}$，其中 $\boldsymbol{C}$ 和 $\boldsymbol{T}$ 方阵，则称 $\boldsymbol{A}$ 为可约化矩阵。

定义 2.8.10 对于一个非负的 $n \times n$ 方阵 $\boldsymbol{A}$，若 $\sum\limits_{j=1}^{n} a_{ij} = 1$，$\forall i \in \{1, 2, \cdots, n\}$，则称 $\boldsymbol{A}$ 为随机矩阵；对于一个随机矩阵 $\boldsymbol{A}$，若它的各行相同，则称其为稳态矩阵；若它的每一列都至少有一个元素大于 0，则称其为列可容矩阵。

定理 2.8.3 设有随机矩阵 $\boldsymbol{C}$、$\boldsymbol{M}$ 和 $\boldsymbol{S}$，其中 $\boldsymbol{M}$ 是正矩阵，$\boldsymbol{S}$ 是列可容矩阵，则乘积 $\boldsymbol{CMS}$ 是正矩阵。

定理 2.8.4 设任一有限 Markov 链，若存在一个正整数 m，使得 $p_{ij}^{(m)} > 0$，$\forall i, j \in S$，则极限 $\lim\limits_{n \to \infty} \boldsymbol{P}^{(n)} = \boldsymbol{\pi}$，其中，$\boldsymbol{\pi}$ 为一随机矩阵。

定理 2.8.5 设 $\boldsymbol{P}$ 为随机正矩阵，则 $\lim\limits_{k \to \infty} \boldsymbol{P}^k = \boldsymbol{P}^\infty$，$\boldsymbol{P}^\infty$ 是一个稳态正矩阵。

定理 2.8.6 设 $\boldsymbol{P}$ 是可约化随机矩阵，其中 $\boldsymbol{C}$ 是 $m \times m$ 随机正矩阵，且 $\boldsymbol{R}$，$\boldsymbol{T} \neq 0$，则

$$\boldsymbol{P}^\infty = \lim_{k \to \infty} \boldsymbol{P}^k = \lim_{k \to \infty} \begin{pmatrix} \boldsymbol{C}^k & \boldsymbol{0} \\ \sum\limits_{i=0}^{k-1} \boldsymbol{T}^i \boldsymbol{R} \boldsymbol{C}^{k-i} & \boldsymbol{T}^k \end{pmatrix} \tag{2.43}$$

是一个稳态随机矩阵。

若将某一时刻的种群看作达特茅斯一个状态变量，则整个状态空间只包含有限个不同的状态。那么整个空间只包含有限个不同的状态。若个体的长度为 l，种群规模为 n，则整个状态空间中包含了 $N_s = 2^{l \times n}$ 个不同的状态。进化算法就是通过各种进化算子的作用使得状态变量(种群)以一定的概率在这有限状态空间中演化。在这个意义上，可以将 EA 过程看作达特茅斯一个有限状态 Markov 链。Goldberg 等人用 Markov 链方法对一种只有变异和复制的遗传算法的收敛性进行了分析。Davis 等人将已有的关于模拟退火算法的 Markov 链分析方法推广应用到遗传算法，并由此证明了遗传算法所生成的 Markov 链是各态历经的。Eiben 等人则提出了一种将遗传算法和模拟退火统一起来的抽象遗传算法，并且证明了这种算法的全局收敛性。Fogel 则证明了当不使用变异算子时，遗传算法所生成的 Markov 链将存在吸收态，在这些吸收态中整个种群都是某个个体的复制，当时间足够长后，Markov 链必将达到一个吸收态，此后状态不再发生改变。

2.8.4 公理化模型

徐宗本教授提出了一个既可用于分析时齐，又可用于分析非时齐遗传算法的公理化模

型。这一方法的核心思想是：通过公理化描述遗传算法的选择算子与重组算子，并利用所引进的参量分析遗传算法的收敛性。

设 Ω 表示个体空间（因而 Ω^N 是种群空间）。适应值函数 f 被假定在测度空间 (Ω, Ψ, u) 上考虑，一个集合 $B \in \Psi$ 称为 f 的满意集，如果 $f(a) > f(b)$ 对任何 $a \in B$，$b \in \Omega \setminus B$ 成立。

公理 2.8.1　一个随机映射 $S: \Omega^N \to \Omega^N$ 是一个（抽象）选择算子，如果

(1) 对任何 $X \in \Omega^N$，$S(X) \subset X$；

(2) 存在正数 β，使得 $P[|S(X)_M| \geqslant \beta + |X_M|] > 0$。

这里 P 表示概率，$|D|$ 表示集合 D 的基数，$M = \max\{f(x): x \in X\}$，并且 $X_M = \{x \in X: f(x) = M\}$。

公理 2.8.2　随机映射 $E: \Omega^N \to \Omega^N$ 是一个（抽象）演化算子，如果对 $\forall X \in \Omega^N$，有

(1) $P[X = E(X)] > 0$；

(2) 对于任何 $B \in \Psi$，如果 $X \cap B = \varnothing$，则 $P[E(X) \cap B \neq \varnothing] > 0$；

(3) 对于任何 $B \in \Psi$，如果 $X \cap B = \varnothing$，则 $P[E(X) \cap B = \varnothing] = 0$。

借助以上公理刻画的选择与演化算子，定义随机过程

$$X^{(t)} = E(t)S(t)(X^{(t-1)}) \quad (t = 0, 1, 2, \cdots) \tag{2.44}$$

为一抽象模拟演化算法（Abstract Evolutionary Algorithm，AEA），其中 $\{E(t)\}$ 和 $\{S(t)\}$ 为一系列演化与选择算子。

定义 2.8.11　设 S 为一抽象选择算子，

(1) 满足使 $P[|S(X)_M| \geqslant \beta + |X_M|] > 0$ 成立的最大整数 β 称为 S 的选择压，记为 S_p。

(2) 由下式定义的常数 S_I，称为选择算子 S 的选择强度：

$$S_I = \inf\{P(|S(x)_M|) \geqslant S_p + |X_M| = 1, X \in \Omega^N\} \tag{2.45}$$

定义 2.8.12　设 E 为一抽象演化算子，Ψ 为由所有满意集所组成的集族：

(1) E 的保存率 E_l 定义为 $E_l = \inf\{P(E(X) = X): X \in \Omega^N\}$；

(2) E 的迁入率 E_e 定义为 $E_e = \inf\{P(E(X) \cap B \neq \varnothing) | X \in \Omega^N, B \in \Psi, X \cap B \neq \varnothing\}$；

(3) E 的迁出率 E_o^r 定义为 $E_o^r = \sup\{P(E(X) \cap B = \varnothing) | X \in \Omega^N, |X \cap B| = r > 0\}$。

利用所引进的参数族，可直接建立起抽象演化算法 AEA 的收敛性。

定义 2.8.13　AEA 称为次收敛，如果对任意满意集 $B, \mu(B) \neq 0, \lim\limits_{t \to \infty} P(X^{(t)} \cap B \neq \varnothing) = 1$；

AEA 称为强收敛，如果对任意非零测度满意集 B，$\lim\limits_{t \to \infty} P(X^{(t)} \subset B) = 1$。

定理 2.8.7　在下述条件下，任何抽象演化算法 AEA 次收敛：

(1) $S_p(t) \geqslant m > 0$；

(2) $\lim\limits_{t \to \infty}[1 - (1 - E_o^m(t))S_I(t)]/E_e(t) = 0$；

(3) $\sum\limits_{t=1}^{\infty} E_e(t) = \infty$ (i. e., $E_e(t) \notin l^1$)。

进而，如果还有

(4) $\lim\limits_{t\to\infty}S_I(t) = \lim\limits_{t\to\infty}E_l(t) = 1$，

则 AEA 强收敛。

以上所述的公理化模型也可用于其他进化算法(如进化策略)的收敛性分析。

2.9 基于进化计算的约束优化问题

2.9.1 无约束优化问题

1. 认识无约束优化问题

对于一个具有 n 个实变量的实函数 $f(\boldsymbol{x})$，我们想要找到一个对应于最小函数值的 n 元向量 $\boldsymbol{x}^*$，这个 n 元向量 $\boldsymbol{x}^*$ 就是该实函数的最优解。最优解在于找到如下的 n 元向量 $\boldsymbol{x}^*$：

$$\boldsymbol{x}^* = \mathrm{argmin}_x\{f(\boldsymbol{x}) \mid \boldsymbol{x}_L \leqslant \boldsymbol{x} \leqslant \boldsymbol{x}_R\} \tag{2.46}$$

其中，函数 $f(x)$ 称为目标函数，$\boldsymbol{x}^*$ 为目标函数的最小值点，$\boldsymbol{x}_L$ 和 $\boldsymbol{x}_R$ 分别为 $\boldsymbol{x}$ 的上界和下界。在很多情况下我们需要求解函数的最大值，此时最大值问题只需在函数前取相反的符号就可以转换为求解最小值问题，因此是很容易求解的。

下面给出一些常见的无约束优化问题的例子。

例 2.9.1 单变量函数优化问题。

此例中我们考虑一个变量的函数，如图 2-29 所示，函数 $f(x)=(x-x^*)^2$ 有一个唯一的最小值解 x^*。

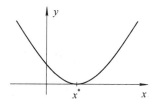

例 2.9.2 周期函数优化问题。

函数 $f(x)=-2\cos(2x-2x^*)$ 有无穷多个最小值点，如图 2-30 所示，最小值点 $x=x^*+p\pi$，p 为整数。

图 2-29 函数 $f(x)=(x-x^*)^2$ 曲线

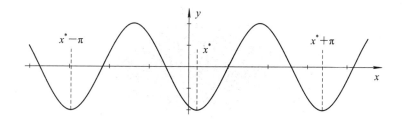

图 2-30 函数 $f(x)=-2\cos(2x-2x^*)$ 曲线

例 2.9.3 多模态函数优化问题。

对于函数 $f(x)=0.015\,(x-x^*)^2-2\cos(2x-2x^*)$，如图 2-31 所示，它有一个全局最优

解 x^*，而且有一些局部最小值点，比如 x_1、x_2，它们分别是特定区域内的函数最小值点。

图 2-31 函数 $f(x)=0.015(x-x^*)^2-2\cos(2x-2x^*)$ 曲线

例 2.9.4 多峰函数优化问题。

图 2-32、图 2-33 和图 2-34 给出了几个多峰函数。

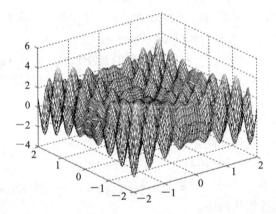

图 2-32 函数 $F(x)=\sum\limits_{i=1}^{2}-(x_i*250)\sin\sqrt{|x_i*250|}$ 曲线

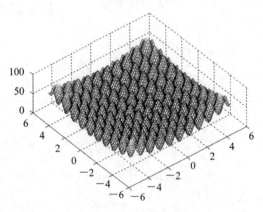

图 2-33 函数 $G(x,y)=20+x^2-10\cos2\pi x+y^2-10\cos2\pi y$ 曲线

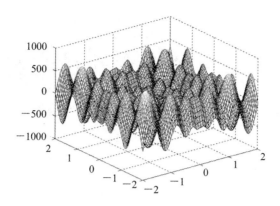

图 2 - 34　函数 $F(x, y)=x\sin(4\pi x)-y\sin(4\pi y)+1$ 曲线

　　对于无约束优化问题，理想状况下目标函数只有唯一的最小值点，将其称为全局最小值点。然而在一些情况下，目标函数有数个（甚至是无穷多个）最小值点，这时找到其中一个最小值点就够了。在实际应用中，目标函数经常具有一个全局最优解，多个局部最优解，因此寻找全局最优解有一定困难。

2. 无约束优化问题形式

　　通常，一个无约束优化问题的数学表达形式如下：

$$\min f(\boldsymbol{x}), \text{ s. t. } \boldsymbol{x}\in\Omega \tag{2.47}$$

其中，f 为一实值函数，Ω 为可行域，它是 $\mathbf{R}^n$ 的一个子集。当 $\Omega=\mathbf{R}^n$ 时，上述无约束优化问题成为完全无约束优化问题。

　　定义 2.9.1　若 $\varepsilon>0$，使得对于 $\boldsymbol{x}^*$ 的 ε 距离范围内的 $\boldsymbol{x}$ 均有 $f(\boldsymbol{x})\geqslant f(\boldsymbol{x}^*)$，那么点 $\boldsymbol{x}^*\in\Omega$ 就称为 f 在可行域 Ω 内的一个局部极小值点。

　　定义 2.9.2　若对于 $\forall \boldsymbol{x}\in\Omega$，均有 $f(\boldsymbol{x})\geqslant f(\boldsymbol{x}^*)$，那么点 $\boldsymbol{x}^*\in\Omega$ 就称为 f 在可行域 Ω 内的全局极小值点。

3. 无约束优化问题求解

　　为了对无约束优化问题有更清晰的认识，下面以经典的 Ackley's 函数遗传算法求解过程来进一步认识无约束优化问题。

　　例 2.9.5　Ackley's 函数求解。

$$\min f(x_1, x_2)=-c_1\cdot\exp\left(-c_2\sqrt{\frac{1}{2}\sum_{j=1}^{2}x_j^2}\right)-\exp\left(\frac{1}{2}\sum_{j=1}^{2}\cos(c_3\cdot x_j)\right)+c_1+e$$
$$-5\leqslant x_j\leqslant 5, j=1, 2$$

已知 $c_1=20$，$c_2=0.2$，$c_3=2\pi$，$e=2.71282$，其函数图像形式如图 2-35 所示。

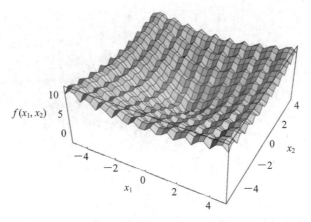

图 2 - 35　Ackley's 函数图像

该函数最优解为 $(x_1^*, x_2^*)=0$，最优目标函数值为 $f(x_1^*, x_2^*)=0$。

为最小化 Ackley's 函数，使用遗传算法对其求解，具体设置如下：

① 采用实数编码方式；

② 采用算数交叉算子；

③ 采用非一致性变异算子；

④ 采用最好种群选择法（top popsize selection）。

下面介绍设置的具体内容。

（1）实数编码。实数编码是将染色体编码为一定长度的实数串，其中 v 是编码后的染色体，x_i 为实数值，$i=1, 2, \cdots, n$。

$$v = [x_1, x_2, \cdots, x_n] \tag{2.48}$$

（2）算术交叉。算术交叉定义为两个染色体 v_1 和 v_2 的线性组合，具体形式如下：

$$v_1' = v_1 + (1-\lambda)v_2, \quad v_2' = v_2 + (1-\lambda)v_1, \lambda \in (0, 1) \tag{2.49}$$

（3）非一致性变异。对于给定的父代个体 v，若其第 k 个元素 x_k 被选定进行变异，则得到如下子代个体：

$$v' = [x_1, x_2, \cdots, x_k, \cdots, x_n] \tag{2.50}$$

x_k 可从下面两种计算方式中随机选择一种：

$$x_1' = x_k + \Delta(t, x_k^U - x_k) \quad \text{或} \quad x_2' = x_k - \Delta(t, x_k - x_k^L) \tag{2.51}$$

其中，x_k^U 和 x_k^L 是 x_k 的上界和下界，函数 $\Delta(t, y)$ 返回一个 $[0, y]$ 范围内的值，且可以保证在 t（迭代次数）增加时，使得函数值逐渐接近于 0，函数 $\Delta(t, y)$ 的形式如下：

$$\Delta(t, y) = y.r.\left(1 - \frac{t}{T}\right)^b \tag{2.52}$$

其中，r 是 $[0, 1]$ 范围内的随机数，T 是最大迭代次数，b 是决定非一致性程度的参数。

（4）最好种群选择。最好种群选择是从父代和子代中选择出最好的 popsize（种群规模）数量的个体以产生下一代。对于要求解的函数，因为目标函数值均为正值，但考虑到其求解的是最小化问题，所以应将目标函数值取反并加上一个合适的正常数 c 以产生适应度函数，所以适应度函数具有如下形式：

$$\text{eval}(v) = -f(x) + c \tag{2.53}$$

求解该函数最优化问题时，遗传算法的参数设置如下：

① 种群规模 popsize＝10；

② 交叉概率 p_c＝0.8；

③ 变异概率 p_m＝0.03；

④ 最大迭代次数 maxGen＝1000。

下面给出应用遗传算法求解 Ackley's 函数最小值问题的过程：

---

procedure：GA 求解无约束 Ackley's 函数最小值问题

---

input：Ackley's 函数数据，GA 参数

output：最优解

begin

    $t \leftarrow 0$；

    通过实数编码得到初始种群 $P(t)$；

    计算适应度函数 eval(P)；

    while（未达到终止条件时）**do**

        应用算术交叉算子对 $P(t)$ 实施交叉操作以产生子代 $C(t)$；

        应用非一致性变异算子对 $P(t)$ 实施变异操作以产生子代 $C(t)$；

        计算适应度函数 eval(C)；

        采用最好种群选择法从 $P(t)$ 和 $C(t)$ 中选择出最终子代 $P(t+1)$；

        $t \leftarrow t+1$；

    end

    输出最优解；

end

通过编写遗传算法程序，便可求解出 Ackley's 函数的最小值。经过 1000 次迭代后，我们获得如下染色体与适应度函数值：

$$\begin{array}{cc} x_1 & x_2 \end{array}$$
$$v_1 = [-0.000002, -0.000000]$$
$$v_2 = [-0.000002, -0.000000]$$

（第 2 章 进化计算）

$$\boldsymbol{v}_3 = [-0.000002, -0.000000]$$
$$\boldsymbol{v}_4 = [-0.000002, -0.000000]$$
$$\boldsymbol{v}_5 = [-0.000002, -0.000000]$$
$$\boldsymbol{v}_6 = [-0.000002, -0.000000]$$
$$\boldsymbol{v}_7 = [-0.000002, -0.000000]$$
$$\boldsymbol{v}_8 = [-0.000002, -0.000000]$$
$$\boldsymbol{v}_9 = [-0.000002, -0.000000]$$
$$\boldsymbol{v}_{10} = [-0.000002, -0.000000]$$

GA 得到的适应度函数值为 $f(x_1^*, x_2^*) = -0.005456$，此时求得的最优解与最优目标函数值均与理想值十分接近，表明了遗传算法的有效性。

2.9.2 约束优化问题的形式及处理方法

1. 约束优化问题一般形式

约束优化处理带有等式或不等式约束的目标函数优化问题，现实中的许多问题可以成功地建模为约束优化问题。通常约束优化问题具有如下形式：

$$
\begin{aligned}
&\max f(\boldsymbol{x}) \\
&\text{s.t. } g_i(\boldsymbol{x}) \leqslant 0, \ i = 1, 2, \cdots, m_1 \\
&\qquad h_i(\boldsymbol{x}) = 0, \ i = m_1 + 1, \cdots, m_1 + m_2 \\
&\qquad \boldsymbol{x} \in X
\end{aligned}
\tag{2.54}
$$

其中，f 是目标函数，$g_i(\boldsymbol{x}) \leqslant 0$ 为不等式约束，$h_i(\boldsymbol{x}) = 0$ 为等式约束，X 为可行域，它包含了变量 $\boldsymbol{x}$ 的上界和下界。

对于最大化问题，约束优化问题的目标是找到一个可行解 $\boldsymbol{y}$，使得对于 $\forall$ 可行解 $\boldsymbol{x}$，均有 $f(\boldsymbol{y}) \geqslant f(\boldsymbol{x})$。

上述提到的可行域是满足约束条件的区域，与其对应的是非可行域，为了有一个直观的认识，可行域与非可行域示意图如图 2-36 所示。

图 2-36　可行域与非可行域示意图

2. 约束处理方法

现阶段已经提出了几种应用遗传算法处理约束的方法,这些方法包括修理策略、抛弃策略、惩罚策略和修改遗传算子策略等,下面具体介绍这些方法。

(1)修理策略。修理策略涉及对染色体的修理,具体操作是首先取出一个不可行的染色体,然后通过一些修理过程产生可行的染色体。修理策略取决于确定性修理过程的存在,从而可以将一个不可行的后代转换成一个可行解。

(2)抛弃策略。抛弃策略丢弃整个进化过程中产生的不可行解。

(3)惩罚策略。惩罚策略是将约束优化问题转换为无约束优化问题的常用方法,主要分为内部罚函数法和外部罚函数法。内部罚函数法使得搜索在可行域内部进行,约束边界起到类似围墙的作用,若当前解远离约束边界,则惩罚函数值是比较小的,否则惩罚函数值接近于无穷大。而对于外部罚函数法,它是从非可行解出发移动到可行域的方法,因为它不需要提供初始可行解,因此常在进化计算中采用。

(4)修改遗传算子策略。修改遗传算子策略的出发点是设计问题明确的遗传算子和编码方法,此时问题明确的遗传算子和编码方法可以产生可行的染色体,并在迭代过程中保证染色体的可行性。

由于惩罚函数在进化计算中计算约束优化问题时应用广泛,因此下一节主要介绍罚函数法。

3. 其他约束处理方法

面对约束优化问题,可将其目标函数与约束条件分开来处理,也可采用一些混合的方法来处理。

(1)目标函数与约束条件分开处理法。

① 协同进化法;

② 可行解划分优先级法;

③ 行为记忆法;

④ 多目标优化方法。

(2)混合方式处理法。

① 拉格朗日乘子法;

② 随机进化的约束优化方法;

③ 模糊逻辑方法;

④ 免疫系统方法;

⑤ 文化算法。

2.9.3 罚函数

1. 罚函数介绍

求解约束优化问题的常规解法可分为两种，2.3.1 节已经作了详细的介绍，这里不再赘述。

罚函数方法是在目标函数中加上一个惩罚项 $P(g, h)$，对于最大化问题它满足：当约束满足时，$P(g, h)=0$；否则 $P(g, h)<0$，其作用在于反映该点是否位于可行域内。罚函数由 Courant 提出，Carroll、Fiacco 及 McCormick 对它进行了深入研究和推广。

若给定的初始点在可行域内部，则利用内罚函数法所产生的点列都是内点。从几何上看，内罚函数法在可行域的边界上形成一堵无穷高的“障碍墙”，所以内罚函数法也称障碍函数法。目前，用进化算法求解约束优化问题时应用较多的是外罚函数法，其优点是不一定要求初始群体都是可行的。这是因为在许多实际应用问题中，寻找可行解本身就是 NP 难问题。通常，外罚函数法的一般表达式为

$$\phi(\boldsymbol{x}) = f(\boldsymbol{x}) \pm \Big[\sum_{i=1}^{p} r_i \times G_i + \sum_{j}^{q} c_j \times L_j \Big] \qquad (2.55)$$

其中，$[.]$ 称为惩罚项，G_i 和 L_j 为约束条件 $g_i(\boldsymbol{x})$、$h_j(\boldsymbol{x})$ 的函数，非负参数 r_i、c_j 称为惩罚因子。最常见的 G_i 和 L_j 常取如下形式：$G_i = \max |0, g_i(\boldsymbol{x})|^{\beta}$，$L_j = |h_j(\boldsymbol{x})|^{\gamma}$。

关于罚函数更多的内容，2.3.1 节已作详细介绍，读者可自行参考。

罚函数法通过惩罚不可行解，将约束优化问题转换为无约束优化问题，对于违反约束条件的解，它在相应的目标函数上添加了惩罚项，同时罚函数项是对个体违反约束程度的度量。

在遗传算法中，应该选择一个合适的惩罚项，以便对不可行解在信息保留和选择压力间做出权衡，同时应避免过度惩罚和欠惩罚。保持一些不可行解可以强制遗传搜索从可行域和不可行域两个方向来搜索最优解，从而更有利于找到最优解。

2. 传统罚方法与进化算法罚方法的比较

罚方法可能是遗传算法中用于约束优化问题最常用的方法。从本质上讲，这种方法通过对不可行解的惩罚来将约束问题转换为无约束问题，任何对约束的违反都要在目标函数中添加惩罚项，罚方法的基本思想从传统优化中借鉴而来。

在传统优化中，罚方法用于产生一系列不可行解，其极限就是原始问题的最优解，考虑的焦点集中在如何选择合适的惩罚值，从而加速收敛并且防止早熟终止。在遗传算法中，罚方法用于在每一代中维持一定数量的不可行解，从而使遗传搜索从可行区域和不可行区域两个方向搜索最优解，通常并不拒绝每代中的非可行解，原因是其中一些个体可能提供关于最优解更有用的信息。

在遗传算法中，我们的关注点在于如何确定惩罚项，从而在信息保留（保持一些不可行解）与选择压力（拒绝一些不可行解）之间维持平衡，避免惩罚不够或者过度惩罚的问题。

图 2-37 对于不可行解的信息保留给出了直观的解释。不可行解 b 远比不可行解 d 和可行解 c 离最优解 a 要近，因此我们希望对 b 的惩罚比对 d 的惩罚要小，尽管 b 是不可行解，但它带有最优解的信息要比 c 多。

图 2-37　不可行解 b 保留遗传信息示意图

罚方法的主要问题是如何设计罚函数，使得它能够有效地将遗传搜索引导到解空间有希望的区域中去。不可行染色体和搜索空间的可行部分之间的关系在惩罚不可行染色体时起着重要作用，其惩罚值根据某种度量反映了不可行的程度。设计罚函数（penalty function）没有一般的指导性原则，构造一个有效的罚函数依赖于给定的问题。

3. 罚函数的构造

目前，构造带有惩罚项的评价函数的方法大致有两种。

（1）采用目标函数加惩罚项的方式，得到的表达式如下：

$$\text{eval}(\boldsymbol{x}) = f(\boldsymbol{x}) + p(\boldsymbol{x}) \tag{2.56}$$

其中，$\boldsymbol{x}$ 表示一个染色体，$f(\boldsymbol{x})$ 是问题的目标函数，$p(\boldsymbol{x})$ 表示惩罚项。对于最大化问题，通常需要 $p(\boldsymbol{x})$ 具有如下形式：

$$\begin{cases} p(\boldsymbol{x}) = 0, & \text{若 } x \text{ 可行} \\ p(\boldsymbol{x}) < 0, & \text{否则} \end{cases} \tag{2.57}$$

若 $|p(\boldsymbol{x})|_{\max}$ 和 $|f(\boldsymbol{x})|_{\min}$ 分别表示当前种群中不可行解 $|p(\boldsymbol{x})|$ 的最大值和 $|f(\boldsymbol{x})|$ 的最小值，它们需满足如下要求来避免负的适应度值：

$$\begin{cases} |p(\boldsymbol{x})|_{\max} \leqslant |f(\boldsymbol{x})|_{\min} \\ p(\boldsymbol{x})_{\max} \geqslant -|f(\boldsymbol{x})|_{\min} \end{cases} \tag{2.58}$$

（2）采用目标函数乘惩罚项的方式，得到的表达式如下：

$$\text{eval}(\boldsymbol{x}) = f(\boldsymbol{x}) \cdot p(\boldsymbol{x}) \tag{2.59}$$

在这种情况下，对于最大化问题，需要满足如下要求：

$$\begin{cases} p(\pmb{x}) = 1, & \text{若 } \pmb{x} \text{ 可行} \\ 0 \leqslant p(\pmb{x}) < 1, & \text{否则} \end{cases} \tag{2.60}$$

对于最小化问题，需要满足的要求如下：

$$\begin{cases} p(\pmb{x}) = 1, & \text{若 } \pmb{x} \text{ 可行} \\ p(\pmb{x}) > 1, & \text{否则} \end{cases} \tag{2.61}$$

4. 罚函数分类

在遗传算法中，已经提出了一些方法用于处理非可行解。通常，这些方法可以分为变惩罚和静惩罚方法。

(1) 变惩罚方法：包含两部分，分别是惩罚数目和惩罚强度。

① 惩罚数目，即可变惩罚比率，它可根据违反约束的程度和遗传算法的迭代次数来调节。

② 惩罚强度，它取决于违反约束的强度。

(2) 静惩罚方法：它对于一些复杂的问题并不高效，现阶段大多数的研究工作主要聚焦在变惩罚方法的研究上。

5. 惩罚项的理解

本质上，惩罚项是非可行解到可行域距离的函数，它通常可以由下面三种方式给出：

(1) 一个非可行解到可行域的绝对距离；

(2) 在当前种群中，所有的非可行解到可行域的相对距离；

(3) 采用自适应的方式给出惩罚项。

下面以最小化问题来具体说明罚函数项的含义。对于一个最小化的约束优化问题，一般可以表述为如下的形式：

$$\text{最小化 } f(\pmb{x}) \text{ 且满足 } \pmb{x} \in A, \pmb{x} \in B$$

其中，$f(\pmb{x})$ 为目标函数，且约束条件 $\pmb{x} \in A$ 容易满足，而约束条件 $\pmb{x} \in B$ 较难满足。上述提到的最小化约束优化问题可以用罚函数表述为如下形式：

$$\text{最小化 } f(\pmb{x}) + p(d(\pmb{x}, B)) \text{ 且满足 } \pmb{x} \in A$$

其中，$d(\pmb{x}, B)$ 是点 $\pmb{x}$ 到可行域 B 的距离函数，$p(.)$ 是罚函数且满足 $p(\pmb{0}) = 0$。

在上述的距离度量中，考虑的因素可能包含：

① 违反约束的数目；

② 约束违反的总量；

③ 非可行解到可行域的距离；

④ 非可行解到全局最优解的距离。

在设计罚函数时，应满足两方面的要求，一方面要能充分探索非可行区域，另一方面还要保证探索的高效性，不能有太高的时间代价。

6. 三种惩罚方式

了解了罚函数的含义后，下面将展开介绍静惩罚函数、变惩罚函数和自适应惩罚函数。

(1) 静惩罚函数。静惩罚函数的特点是：

① 对于所有的非可行解采用固定的惩罚项；

② 对每个违反的约束添加一个惩罚值 C。

这两种方式通常不如使用一些到可行域距离的度量方式。

(2) 变惩罚函数。变惩罚函数是为了避免手动设置 C_i 的值而设立的，而且可根据进化时间来自动决定 C_i 以完成对非可行解的惩罚。但面对不同问题时，仍然需要微调惩罚项才能适应不同问题。同时 C_i 值应设置得比较合理，若 C_i 值设置得过于宽松，则导致最终解为非可行解；若 C_i 设置得过于苛刻，则导致最终解收敛于局部最优。

在相关文献中，带有变惩罚函数的适应度函数有以下几种形式：

① 变惩罚函数 1。

$$\text{fitness}(\boldsymbol{x}) = f(\boldsymbol{x}) + (C * t)^{\alpha} * \text{SVC}(\beta, \boldsymbol{x}) \tag{2.62}$$

其中，C、α、β 均为用户定义的常量，对于 $\text{SVC}(\beta, \boldsymbol{x})$ 函数，它的定义如下：

$$\text{SVC}(\beta, \boldsymbol{x}) = \sum_{i=1}^{n} D_i^{\beta}(\boldsymbol{x}) + \sum_{j=1}^{p} D_j(\boldsymbol{x}) \tag{2.63}$$

其中，

$$D_i(\boldsymbol{x}) = \begin{cases} 0, & g_i(\boldsymbol{x}) \leqslant 0 \\ |g_i(\boldsymbol{x})|, & \text{否则} \end{cases} \quad 1 \leqslant i \leqslant n \tag{2.64}$$

$$D_j(\boldsymbol{x}) = \begin{cases} 0, & -\varepsilon \leqslant h_j(\boldsymbol{x}) \leqslant \varepsilon \\ |h_j(\boldsymbol{x})|, & \text{否则} \end{cases} \quad 1 \leqslant j \leqslant p \tag{2.65}$$

② 变惩罚函数 2。

$$\text{fitness}(\boldsymbol{x}) = f(\boldsymbol{x}) + V(g) * \left(A \sum_{i=1}^{m} (\delta_i * w_i * \Phi(d_i(S))) + B \right) * \delta_s \tag{2.66}$$

其中，A 是一个"严格"的因子，m 是约束的总数，若违反了约束 i，则 δ_i 为 1，否则为 0，w_i 是约束 i 的权重因子，$d_i(S)$ 是由解 S 引入的对约束 i 违反程度的一种度量。$\Phi(\cdot)$ 是该度量的函数，B 是一个惩罚阈值因子，δ_s 是一个二进制因子，若 S 为不可行解，则 δ_s 为 1，否则为 0。$V(g)$ 是当前迭代次数 g 的增函数，且在范围 $(0, 1)$ 中取值。

③ 变惩罚函数3(退火惩罚法)。

$$\text{fitness}(\boldsymbol{x}) = f(\boldsymbol{x}) + \frac{1}{2\Gamma} \sum_{i \in A} \phi_i^2(\boldsymbol{x}) \tag{2.67}$$

其中，Γ 为冷却进度表，且满足

$$\phi_i(\boldsymbol{x}) = \begin{cases} \max[0, g_i(\boldsymbol{x})], & 1 \leqslant i \leqslant n \\ |h_i(\boldsymbol{x})|, & n+1 \leqslant i \leqslant m \end{cases} \tag{2.68}$$

其中，m 为总的约束个数。

(3) 自适应惩罚函数。对于自适应惩罚，Bean 和 Hadj-Alouane 提出根据最近几代最好的性能来修正惩罚函数；Smith 和 Tate 和 Coit 等提出，惩罚应该随着时间的推移，能够估计"接近可行的阈值"；Eiben 等提出，在约束满足的时候应该改变偏置。

下面给出带有自适应惩罚函数的适应度函数的一些具体形式：

① 自适应惩罚函数1。

$$\text{fitness}(\boldsymbol{x}) = f(\boldsymbol{x}) + \lambda(t) \left[\sum_{i=1}^{n} g_i^2(\boldsymbol{x}) + \sum_{j=1}^{p} |h_j(\boldsymbol{x})| \right] \tag{2.69}$$

其中，$\lambda(t)$ 在每一代中按照如下方式更新：

$$\lambda(t+1) = \begin{cases} (1/\beta_1) * \lambda(t), & \text{当 case \# 1 时} \\ \beta_2 * \lambda(t), & \text{当 case \# 2 时} \\ \lambda(t), & \text{否则} \end{cases} \tag{2.70}$$

其中，case#1 和 case#2 分别表示如下的情况：在最新的 k 代个体中总是可行的(对应 case #1)或者总是不可行的(对应 case#2)，其中 $\beta_1, \beta_2 > 1$，$\beta_1 > \beta_2$ 且 $\beta_1 \neq \beta_2$。

② 自适应惩罚函数2。

$$\text{fitness}(\boldsymbol{x}) = f(\boldsymbol{x}) + (B_{\text{feasible}} - B_{\text{all}}) \sum_{i=1}^{n} \left(\frac{g_i(\boldsymbol{x})}{\text{NFT}(t)} \right)^k \tag{2.71}$$

其中，B_{feasible} 是第 t 代最好的目标函数，B_{all} 是第 t 代最好的总体目标函数，$g_i(\boldsymbol{x})$ 是约束 i 被违反的量，k 是一个用于调节惩罚的严格性的常量，NFT 称为接近可行性阈值，它被定义为非可行解到可行域的阈值距离。

2.9.4 应用 GA 求解约束优化问题

1. GA 求解约束优化问题的过程

在 2.6 节中，我们已经介绍了遗传算法在求解问题时，首先实现从性状到基因型的映射，得到初始种群后，就会按照优胜劣汰的原则，选择出适应度高的个体，通过复制、交叉、变异产生新的种群，并在不断地选择过程中产生越来越好的解。同时，遗传算子在求解

问题时也是至关重要的，主要涉及交义和变异算子，常见的交叉算子有断点交叉、算术交叉、基于方向的交叉、模拟二进交叉、单峰正态交叉和多父辈交叉等；常见的变异算子有随机变异、实数变异、基于方向的变异和高斯变异等。本节我们将给出应用遗传算法求解约束优化问题的过程。

---

procedure：GA 求解约束优化问题

input：约束优化问题数据，GA 参数

output：最优解

begin

    $t \leftarrow 0$；

    通过实数编码得到初始种群 $P(t)$；

    应用惩罚函数法计算适应度函数 eval(P)；

    while（未达到终止条件时）**do**

        应用凸交叉算子对 $P(t)$实施交叉操作以产生子代 $C(t)$；

        应用非一致性变异算子对 $P(t)$实施变异操作以产生子代 $C(t)$；

        应用惩罚函数法计算适应度函数 eval(C)；

        采用精英保留策略从 $P(t)$和 $C(t)$中选择出最终子代 $P(t+1)$；

    $t \leftarrow t+1$；

    end

    Output：输出最优解；

end

---

2. 应用 GA 求解约束优化问题的实例

    例 2.9.6　约束优化实例 1。

$$\min f(\boldsymbol{x}) = (x_1 - 2)^2 + (x_2 - 1)^2$$
$$\text{s. t. } g_1(\boldsymbol{x}) = x_1 - 2x_2 + 1 = 0$$
$$g_2(\boldsymbol{x}) = \frac{x_1^2}{4} - x_2^2 + 1 = 0$$

该问题首先由 Bracken 和 McCormick 提出，Gabriete 和 Ragsdell 提出采用 GRG 方法来求解该约束优化问题，GRG 方法即"the generalized reduced gradient method"，意为"广义既约梯度法"，之后 Homaifar、Qi 与 Lai 提出采用遗传算法求解该问题，下面给出应用GRG 方法与 GA 方法对该问题的求解结果。采用遗传算法求解该问题时，将遗传算法的参数选择如下：

（1）种群规模 popsize＝400；

（2）交叉概率 $p_c＝0.85$；

（3）变异概率 $p_m＝0.02$。

GRG 与 GA 方法求解该问题的结果如表 2－2 所示。

表 2－2　数值实验的求解结果

Items	GRG Solution	GA Solution
$f(\boldsymbol{x})$	1.3934	1.0021
x_1	0.8229	0.9989
x_2	0.9115	0.9994
$g_1(\boldsymbol{x})$	1.0×10^{-4}	0.0000
$g_2(\boldsymbol{x})$	-5.18×10^{-5}	0.2500

从上表结果中可以看到，采用 GA 可以获得更好的结果。

例 2.9.7　约束优化实例 2。

$$\min f(\boldsymbol{x}) = 5.3578547x_3^2 + 0.8356891x_1x_5 + 37.293239x_1 - 407921.141$$

$$\text{s. t. } 0 \leqslant 85.334407 + 0.0056858x_2x_5 + 0.00026x_1x_4$$

$$- 0.0022053x_3x_5 \leqslant 92$$

$$90 \leqslant 80.51249 + 0.0071317x_2x_5 + 0.0029955x_1x_2$$

$$+ 0.0021813x_3^2 \leqslant 110$$

$$20 \leqslant 9.300961 + 0.0047026x_3x_5 + 0.0012547x_1x_3$$

$$+ 0.0019085x_3x_4 \leqslant 25$$

$$78 \leqslant x_1 \leqslant 102 \quad 33 \leqslant x_2 \leqslant 45$$

$$27 \leqslant x_3 \leqslant 45 \quad 27 \leqslant x_4 \leqslant 45$$

$$27 \leqslant x_5 \leqslant 45$$

该问题由 Himmelblau 首次提出，之后 Homaifar、Qi 和 Lai 提出采用遗传算法来求解该问题，其中遗传算法的参数设置如下：

（1）种群规模 popsize＝400；

（2）交叉概率 $p_c＝0.8$；

（3）变异概率 $p_m＝0.088$。

同例 2.9.6 中的方式，在这里也采用 GRG 与 GA 求解该问题，得到的结果如表 2－3 所示。

计算智能导论

表 2-3　数值实验的求解结果

Items	GRG Solution	GA Solution
$f(\boldsymbol{x})$	$-30\,373.950$	$-30\,876.964$
x_1	78.620	78.632
x_2	33.440	33.677
x_3	31.070	27.790
x_4	44.180	43.554
x_5	35.220	43.574
$g_1(\boldsymbol{x})$	90.521	91.898
$g_2(\boldsymbol{x})$	98.893	100.595
$g_3(\boldsymbol{x})$	20.132	20.047

2.9.5　随机优化问题

随机优化问题是研究约束条件中的系数和目标函数中的参数均为随机变量时的规划问题，用于研究具有不确定性的决策问题。随机优化的中心问题是选择参数，使收益的数学期望达到最大，或使成本的数学期望达到极小。

现实生活中有很多的随机优化问题。比如在交通运输领域，客户对运输产品的需求不确定；在能源工业中，能源的价格与需求是不固定的；在金融领域，金融工具的价格与需求量也具有不确定性；在核工程中，发生事故的概率也具有随机性。又如，对水库规划及运行的研究；解决炼油厂随机供给原材料和生产产品的销路问题；饲料混合问题，即选择四种原料进行混合得到一种混合饲料，在满足蛋白质和脂肪含量约束下，使总的费用达到最小。

下面通过一个例子具体介绍随机优化问题。

例 2.9.8　随机优化问题。

一个卖报人每天早上都会在报社以单价 c 购买 x 张报纸，然后他以销售价 r 尽可能地卖出更多的报纸，而对于没有卖出的报纸也可以以回收价 s 退给报社，其中 $s<c$，那么卖报人每天卖出多少报纸才能使获得的利润最大？

为了更好地求解该问题，我们先定义如下变量：

c：购买价格，r：销售价格，s：回收价格，x：购买数量，ξ：市场需求；

则销售报纸获得的利润可以表述如下：

$$f(x,\xi)=\begin{cases} r\xi+s(x-\xi)-cx, & x\geqslant\xi \\ (r-c)x, & x<\xi \end{cases} \tag{2.72}$$

若假定需求分布为离散分布，且具有如下形式：

$$P[\xi=\xi_k]=p_k, \quad p_k\geqslant 0, \quad \sum_{k=1}^{m}p_k=1 \tag{2.73}$$

从而期望获得的利润为

$$E[f(x, \xi)] = \sum_{k=1}^{m} p_k f(x, \xi_k) \qquad (2.74)$$

相对地,其相应的损失为

$$-f(x, \xi) \qquad (2.75)$$

在数学规划的实际应用问题中,很难决定模型参数的合适值。其中一些模型参数可能是随机变量,即它们经常被一些不可预测的随机事件所影响。同时,我们需要对问题重新作出定义,进而优化过程可以直接把影响问题的随机因素引入到问题中。

1. 随机优化模型

若 $f(x, \xi)$ 是任意给定的 x 和 ξ 的一个随机函数,其中 x 是实变量向量 $x = [x_1, x_2, \cdots, x_n]$,$\xi$ 是随机变量向量且 $\xi = [\xi_1, \xi_2, \cdots, \xi_l]$。最大化一个随机变量是没有实际意义的,因此很自然地用它的期望 $E[f(x, \xi)]$ 来替代它。一般情况下,一个随机优化问题具有如下形式:

$$\begin{aligned}
&\max E[f(x, \xi)] \\
&\text{s.t. } E[g_i(x, \xi)] \leqslant 0, \ i = 1, 2, \cdots, m_1 \\
&\qquad E[h_i(x, \xi)] = 0, \ i = m_1 + 1, \cdots, m_1 + m_2
\end{aligned} \qquad (2.76)$$

若随机向量 ξ 的分布函数和概率密度函数分别是 $\Phi(\xi)$ 和 $\phi(\xi)$,就可以获得如下形式的期望表达式:

$$E[f(x, \xi)] = \int_{R^m} f(x, \xi) \mathrm{d}\Phi(\xi) = \int_{R^m} f(x, \xi) \phi(\xi) \mathrm{d}\xi$$

$$E[g_i(x, \xi)] = \int_{R^m} g_i(x, \xi) \mathrm{d}\Phi(\xi) = \int_{R^m} g_i(x, \xi) \phi(\xi) \mathrm{d}\xi \qquad (2.77)$$

$$E[h_i(x, \xi)] = \int_{R^m} h_i(x, \xi) \mathrm{d}\Phi(\xi) = \int_{R^m} h_i(x, \xi) \phi(\xi) \mathrm{d}\xi$$

2. 蒙特卡罗仿真

蒙特卡罗仿真方法是通过独立同分布随机变量求解问题的一种机制,它的一种标准应用就是求解积分问题,如下:

$$I = \int_a^b g(x) \mathrm{d}x \qquad (2.78)$$

其中,$g(x)$ 是非解析积分的实值函数。为了看到应用蒙特卡罗方法求解确定性问题的直观过程,令 Y 是随机变量 $(b-a)g(X)$,其中 X 是均匀分布在 $[a, b]$ 上的一个连续的随机变量,并记为 $U(a, b)$,则 Y 的期望值具有如下形式:

$$\begin{aligned}
E[Y] &= E[(b-a)g(X)] = (b-a)E[g(X)] \\
&= (b-a) \int_a^b g(X) f_X(X) \mathrm{d}x = \int_a^b g(X) \mathrm{d}x = I
\end{aligned} \qquad (2.79)$$

计算智能导论

其中，$f_X(X) = 1/(b-a)$ 是一个随机变量 $U(a, b)$ 的概率密度函数，因此求解积分的问题已经变成了计算期望值 $E[Y]$ 的问题。

特别地，我们可以通过样本的均值计算该值：

$$\bar{Y}(n) = \frac{1}{n}\sum_{j=1}^{n}Y_j = \frac{b-a}{n}\sum_{j=1}^{n}g(X_j)$$
$$E[\bar{Y}(n)] = I \qquad (2.80)$$
$$\mathrm{Var}[\bar{Y}(n)] = \mathrm{Var}[Y]/n$$

其中，$X_1, X_2, \cdots, X_n$ 是独立同分布的随机变量 $U(a, b)$，且可以看到 $Y(n)$ 就是 I 的无偏估计。

下面给出随机积分的具体计算过程。

$$E[f(\boldsymbol{x}, \boldsymbol{\xi})] = \int_D f(\boldsymbol{x}, \boldsymbol{\xi})\phi(\boldsymbol{\xi})\mathrm{d}\boldsymbol{\xi} \qquad (2.81)$$
$$Y = |D|f(\boldsymbol{x}, \Xi)\phi(\Xi) \qquad (2.82)$$

对于一个固定的向量 $\boldsymbol{x}$，若 Y 是随机变量 $|D|f(\boldsymbol{x}, \Xi)\phi(\Xi)$，其中 Ξ 是一个均匀分布在有界域 $D \in R^m$ 的随机向量，且 $|D|$ 是有界域的体积。其中 $E(Y)$ 可以通过样本均值按如下方式计算：

$$\bar{Y}(n) = \frac{|D|}{n}\sum_{j=1}^{n}f(\boldsymbol{x}, \Xi_j)\phi(\Xi_j) \qquad (2.83)$$

其中，$\Xi_1, \Xi_2, \cdots, \Xi_n$ 是均匀分布在有界域的独立随机向量。$\mathrm{Var}[\bar{Y}(n)] = \mathrm{Var}[Y(n)]/n$。

3. 蒙特卡罗仿真过程

蒙特卡罗仿真的流程如下所示：

procedure：蒙特卡罗仿真

---

input：仿真的数量 n_s

output：目标函数 obj

begin

    obj←0；

    for j←1 **to** n_s **do**

      Ξ_j←一个随机向量 $v_r(\cdot)$；

      obj←obj$+f(\boldsymbol{x}, \Xi_j)\cdot\phi(\Xi_j)$；

    end

    obj←obj$\times|D|/n_s$；

    输出目标函数 obj；

end

上述仿真过程对于目标函数值的计算是按照样本均值的方式进行的。

4. 遗传算法求解随机优化问题

Gen、Liu 和 Ida 为下述问题提出了一种遗传算法的解决方法。

$$\max E[f(\boldsymbol{x}, \boldsymbol{\xi})]$$
$$\text{s. t. } g_i(\boldsymbol{x}) \leqslant 0, \ i = 1, 2, \cdots, m \tag{2.84}$$

他们把所提出的算法称为进化优化。遗传算法的概念首先由 Michalewicz 提出，Gen、Liu 和 Ida 的算法完全是基于遗传算法而提出的，不同之处在于进化优化算法建议使用任何适合于问题的数据结构以及任何有意义的遗传算子。

下面给出应用遗传算法求解随机优化问题的过程。

(1) 采用实数编码的表示方式。

$$v = [x_1, x_2, \cdots, x_n], \ x_i \ \text{为实数}, v \ \text{是编码后的染色体}, i = 1, 2, \cdots, n$$

(2) 初始化。初始化过程以预定的内部点 v_0 相互约束集和较大的正数 M_0 开始，具体过程如下：

---

procedure：初始化

input：一个大的正整数 M_0，一个预定义的内部点 v_0

output：染色体 v_k，$k=1, 2, \cdots$, popsize

begin

    for $k \leftarrow 1$ **to** popsize **do**

        $M \leftarrow M_0$；

        产生一个随机的方向 $\boldsymbol{d}$；

        $v_k \leftarrow v_0 + M\boldsymbol{d}$；

        while(v_k 不可行时) **do**

          $M \leftarrow \text{random}(0, M)$；

          $v_k \leftarrow v_0 + M\boldsymbol{d}$；

        end

    end

    输出 v_k，$k=1, 2, \cdots$, popsize

end

---

(3) 评价函数。评价函数采用指数适应度缩放机制，具体步骤如下：

首先根据蒙特卡罗方法为每个染色体计算目标函数，之后对染色体排序。具体地，根据染色体目标函数值，将最差的染色体放在位置 1，最好的染色体放在位置 popsize。

之后定义三个性能参数 p_0，p_1，p_2($0 < p_0 < p_1 < p_2 < 1$)，这些参数分别用于决定等级为 u_0、u_1 和 u_2 的 3 种重要的染色体，且满足 $u_0 = \lfloor p_0 * \text{popsize} \rfloor$，$u_1 = \lfloor p_1 * \text{popsize} \rfloor$，$u_2 =$

$\lfloor p_2 * \text{popsize} \rfloor$。

最后，等级为 u_0 的染色体分配了一个适应度值 $e^{-1} \approx 0.37$，为 u_1 的染色体分配了适应度值 1，等级为 u_2 的染色体分配了适应度值 $2 - e^{-1} \approx 1.63$。对于一个等级为 u 的染色体 v，等级 u 和指数适应度 $\text{eval}(v)$ 的关系如下所示：

$$
\text{eval}(v) = \begin{cases} \exp\left[-\dfrac{u - u_1}{u_0 - u_1}\right], & u < u_1 \\ 2 - \exp\left[-\dfrac{u - u_1}{u_1 - u_0}\right], & u \geqslant u_1 \end{cases} \tag{2.85}
$$

下面给出评价函数的求解过程：

---

procedure：评价函数求解

---

input：染色体 v_k，$k = 1, 2, \cdots, \text{popsize}$

output：指数适应度 $\text{eval}(k)$，$k = 1, 2, \cdots, \text{popsize}$

begin

    for $k \leftarrow 1$ **to** popsize **do**

        应用蒙特卡罗仿真方法为染色体 v_k 计算目标函数 f_k；

    end

    根据目标函数排序染色体；

    for $k \leftarrow 1$ **to** popsize **do**

        根据排序结果计算指数适应度 $\text{eval}(v_k)$；

    end

    输出 $\text{eval}(k)$，$k = 1, 2, \cdots, \text{popsize}$；

end

---

(4) 交叉和变异。交叉时采用算术交叉算子，变异时采用非一致性变异算子。非一致性变异算子采用与初始化相同的过程，从而能够以任意的方向来变异染色体。

子代按照如下的方式产生，首先算术交叉操作的数字表示如下：

$$
\begin{aligned} v_1' &= c_1 v_1 + c_2 v_2 \\ v_2' &= c_2 v_1 + c_1 v_2 \end{aligned} \tag{2.86}
$$

这里，c_1，c_2 是正常数，且 $c_1 + c_2 = 1$。

对于非一致性变异操作，其数字表示如下：

$$
v' = v + Md \tag{2.87}
$$

其中，d 是随机产生的一个变异方向，M 是一个大的正整数。

介绍完编码、初始化、评价函数和交叉变异操作后，下面给出应用遗传算法求解随机优化问题的一般步骤：

---

procedure：遗传算法求解随机优化问题

---

input：随机优化问题数据集，遗传算法参数

output：最优解

begin

    $t \leftarrow 0$；

    初始化 $P(t)$；

    计算适应度 eval(P)；

    while（终止条件未满足）**do**

        应用算术交叉算子对 $P(t)$ 实施交叉操作以产生 $C(t)$；

        应用非一致性变异算子对 $P(t)$ 实施变异操作以产生子代 $C(t)$；

        计算适应度 eval(C)；

        应用轮盘赌选择方法从 $P(t)$ 和 $C(t)$ 中选择出 $P(t+1)$；

        $t \leftarrow t+1$；

    end

    输出最优解；

end

2.9.6 非线性目标规划问题

目标规划是解决多目标优化问题的有力工具之一。目标规划问题的主要思想如下：

(1) 为每个目标建立特定数量的目标；

(2) 为每个目标制定目标函数；

(3) 寻找一种解，这种解能最大限度地减少这些目标函数与各自目标的偏差（加权）之和。

目标规划问题大体分为两种，分别是非抢先的目标函数规划和抢先的目标函数规划。在非抢先的目标函数规划中，所有目标的重要性大体相当；在抢先的目标函数规划中，目标存在优先级的层次结构，首要目标获得第一优先级的关注，第二重要性的目标获得第二优先级的关注，其他情况也是依次类推。现阶段提到的目标规划问题通常指抢先的目标函数规划。

由于非线性目标规划问题可以有不同的结构和非线性度，因此如何选择一个合适的非线性目标规划方法是依赖于给定的问题的。

1. 非线性目标规划问题一般形式

非线性目标规划问题一般具有如下形式：

$$\min z_0 = \sum_{k=1}^{q} \sum_{i=1}^{m_0} P_k (w_{ki}^+ d_i^+ + w_{ki}^- d_i^-)$$

$$\text{s. t. } f_i(\boldsymbol{x}) + d_i^- - d_i^+ = b_i, \ i = 1, 2, \cdots, m_0 \qquad (2.88)$$

$$g_i(\boldsymbol{x}) \leqslant 0, \ i = m_0 + 1, \cdots, \overline{m_1} (= m_0 + m_1)$$

$$h_i(\boldsymbol{x}) = 0, \ i = \overline{m_1} + 1, \cdots, m (= \overline{m_1} + m_2)$$

$$d_i^-, d_i^+ \geqslant 0, \ i = 1, 2, \cdots, m$$

有时也可将目标函数写为如下形式：

$$\text{lexmin} \left\{ z_1 = \sum_{i=1}^{m_0} (w_{1i}^+ d_i^+ + w_{1i}^- d_i^-), \cdots, z_q = \sum_{i=1}^{m_0} (w_{qi}^+ d_i^+ + w_{qi}^- d_i^-) \right\} \qquad (2.89)$$

其中，lexmin 意为按照字典顺序最小化目标函数。

目标函数符号解释如下：

（1）索引符号。

i：目标的索引；

k：抢先优优先级的索引。

（2）符号。

P_k：第 k 个抢先优优先级，其中 $P_k \gg P_{k+1}$ for all k；

w_{ki}^+：在优先级 P_k 分配给 d_i^+ 的正权重；

w_{ki}^-：在优先级 P_k 分配给 d_i^- 的负权重；

$\boldsymbol{x}$：n 维的决策向量；

f_i：在目标约束中由 $R^n \rightarrow R^1$；

g_i：在实不等约束中由 $R^n \rightarrow R^1$；

h_i：在实等约束中由 $R^n \rightarrow R^1$；

b_i：目标 i 的目标值或期望等级；

q：优先级的数量；

m_0：目标约束的数量；

m_1：实不等约束的数量；

m_2：实等式约束的数量。

（3）决策变量。

d_i^+：表示目标 i "过成就"的正偏差变量；

d_i^-：表示目标 i "欠成就"的负偏差变量。

2. 遗传算法用于求解非线性目标规划问题

Gen 和 Liu 等人提出了方法用于解决非线性目标规划问题。

遗传算法解决非线性规划问题的优势主要体现在以下两个方面：

① 遗传算法是问题独立的概率算法，可以处理任何类型的目标函数和任何约束。

② 由于遗传算法的进化性质，它通过保持一定数量的有潜力的解，从而在复杂空间中执行多方向和稳健的搜索。

由于遗传算法具有上述优势，因此它可以用于处理现实世界中复杂的非线性目标规划问题。下面介绍应用遗传算法处理非线性目标规划问题的一般步骤。

（1）编码。

采用实数编码的方式，将每个染色体编码为一个实数序列，即染色体 v 编码后的形式为：$v=[x_1, x_2, \cdots, x_n]$，$x_i$ 为实数，且 $i=1, 2, \cdots, n$。

（2）初始化。

初始化过程以预定的内部点 v_0 相互约束集和较大的正数 M_0 开始，具体过程如下：

---

procedure：初始化过程

input：一个大的正整数 M_0，一个预定义的内部点 v_0

output：染色体 v_k，$k=1, 2, \cdots$, popsize

begin

    for $k \leftarrow 1$ **to** popsize **do**

        $M \leftarrow M_0$；

        产生一个随机的方向 d

        $v_k \leftarrow v_0 + Md$；

        while（v_k 不可行时）**do**

          $M \leftarrow \text{random}(0, M)$；

          $v_k \leftarrow v_0 + Md$；

        end

    end

    输出 v_k，$k=1, 2, \cdots$, popsize；

end

（3）评价函数。

评价函数的计算主要有以下几个步骤：

① 首先根据目标计算目标值，其中有 q 个目标值与每一个染色体相关，具体形式如下：

$$\left\{ \sum_{i=1}^{m_0}(w_{1i}^+ d_i^+ + w_{1i}^- d_i^-), \sum_{i=1}^{m_0}(w_{2i}^+ d_i^+ + w_{2i}^- d_i^-), \cdots, \sum_{i=1}^{m_0}(w_{qi}^+ d_i^+ + w_{qi}^- d_i^-) \right\} \quad (2.90)$$

② 其次，根据第一优先级目标函数 $\sum\limits_{i=1}^{m_0}(w_{1i}^+ d_i^+ + w_{1i}^- d_i^-)$ 对染色体排序，如果一些染色体具有相同的第一优先级，那就根据第二优先级目标函数 $\sum\limits_{i=1}^{m_0}(w_{2i}^+ d_i^+ + w_{2i}^- d_i^-)$ 对这些染色体排序，若后续出现相似的情况，则按照上述方式依次类推。由于连接是随机打乱的，因此，染色体根据目标值按升序排列。

③ 最后，根据染色体等级为每个染色体分配一个适应度值。若 r_k 代表染色体 v_k 的等级，并在范围 $(0,1)$ 中随机选择一个参数 a，那么基于等级的适应度函数可以定义如下：

$$\text{eval}(v_k) = a\,(1-a)^{r_k-1} \tag{2.91}$$

其中，r_k 为 1 对应最好的染色体，r_k 为 popsize 对应最差的染色体，并且有

$$\sum_{k=1}^{\text{popsize}} \text{eval}(v_k) \approx 1 \tag{2.92}$$

（4）交叉和变异。

交叉时采用算术交叉算子，它定义为两个向量的凸结合。对于每一对父代染色体 v_1、v_2，它们产生两个子代染色体 v_1'、v_2'，其数学描述如下：

$$\begin{aligned} v_1' &= c_1 v_1 + c_2 v_2 \\ v_2' &= c_2 v_1 + c_1 v_2 \end{aligned} \tag{2.93}$$

其中，$c_1 + c_2 = 1$，变异算子采用与初始化相同的过程，从而以任意方向来变异染色体。假定一个随机产生的变异方向为 d，则子代就可以按照如下方式来获得：

$$v' = v + Md \tag{2.94}$$

若上述的子代不可行，则从 $(0,M)$ 中选择一个随机数作为 M 的值，直到 v' 成为一个可行解。

介绍完编码、初始化、评价函数以及交叉变异之后，下面给出应用遗传算法求解非线性目标规划问题的一般过程。

---

procedure：遗传算法用于求解非线性目标规划问题

intput：非线性目标规划问题数据集，遗传算法参数

output：最优解

begin

    $t \leftarrow 0$；

    初始化 $P(t)$；

    计算 $P(t)$ 的适应度 $\text{eval}(P)$；

    while（终止条件未满足）**do**

应用算术交叉算子对 $P(t)$ 实施交叉操作以产生 $C(t)$；

应用非一致性变异算子对 $P(t)$ 实施变异操作以产生子代 $C(t)$；

计算适应度函数 eval(C)；

应用轮盘赌选择方法从 $P(t)$ 和 $C(t)$ 中选择出 $P(t+1)$；

$t \leftarrow t+1$；

end

输出最优解；

end

Taguchi、Ida 和 Gen 提出了具有区间系数的遗传算法，用于解决非线性目标规划问题。

对于一个给定的个体 $\boldsymbol{x}$，适应度函数具有如下权重和的形式：

$$\text{eval}(\boldsymbol{x}) = \sum_{k=1}^{q} \sum_{i=1}^{m_0} P_k(w_{ki}^+ d_i^+ + w_{ki}^- d_i^-) \tag{2.95}$$

其中，P_k 按照如下方式计算抢先优先级：

$$P_k = 10^{2*(q-k)}, \quad k = 1, 2, \cdots, q \tag{2.96}$$

由于求解的是最小化问题，因此上述适应度函数应该按照适应度函数转换准则进行转换。

2.9.7 区间规划问题

在过去的十年中，对于区间优化问题提出了两种不同的方法，它们是区间分析和区间规划。其中，区间分析包括区间变量和正太系数，区间规划包括区间系数和正太变量。在使用数学规划方法解决实际问题时，对于决策者来说决定模型的合适参数并不容易，这种不确定性可以粗略地表示为置信区间，这也是区间规划方法发展的动因。对于区间规划问题，解决的基本思想是，将区间优化模型转换为一个等价的双目标规划模型，然后根据遗传算法找到双目标规划问题的解。

1. 区间规划问题介绍

一个区间可以定义为一个有序实数对：

$$A = [a^L, a^R] = \{x \mid a^L \leqslant x \leqslant a^R; x \in R^1\} \tag{2.97}$$

其中，a^L 和 a^R 分别为区间 A 的左边界和右边界。

区间也可以定义为如下的形式：

$$A = <a^c, a^W> = \{x \mid a^c - a^W \leqslant x \leqslant a^c + a^W; x \in R^1\} \tag{2.98}$$

其中，a^c 和 a^W 分别为区间 A 的中心和半宽度。它们按照如下的方式来计算：

$$a^C = \frac{1}{2}(a^R + a^L)$$
$$a^W = \frac{1}{2}(a^R - a^L)$$
(2.99)

图 2-38　区间示意图

为了有一个直观的认识，图 2-38 给出了区间的示意图。

对于给定的两个区间，$A = [a^L, a^R]$ 和 $B = [b^L, b^R]$，涉及的基本区间运算如下：

$$A + B = [a^L + b^L, a^R + b^R]$$

$$A - B = [a^L - b^R, a^R - b^L]$$

$$kA = \begin{cases} [ka^L, ka^R], & \text{if } k \geqslant 0 \\ [ka^R, ka^L], & \text{if } k < 0 \end{cases}$$

$$A \times B = [a^L \times b^L, a^R \times b^R], \text{if } a^L \geqslant 0, b^L \geqslant 0$$

$$\frac{A}{B} = \left[\frac{a^L}{b^R}, \frac{a^R}{b^L}\right], \text{if } a^L \geqslant 0, b^L \geqslant 0$$

$$\log(AB) = \log(A) + \log(B), \text{if } a^L \geqslant 0, b^L \geqslant 0$$

2. 区间不等式

考虑如下具有区间系数的约束问题：

$$\sum_{j=1}^{n} A_j x_j \leqslant B$$
(2.100)

其中，$B = [b^L, b^R]$，$A_j = [a_j^L, a_j^R]$，$x_j \geqslant 0$，$j = 1, 2, \cdots, n$。

如何确定约束的可行域是区间规划的一个基本问题。在过去的几年，已经有人提出了可行域的几种定义。Ishibuchi 和 Tanaka 基于两个区间不等式保真程度的概念给出了可行域的一种定义，其中不等式保真程度如图 2-39 所示。

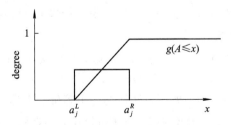

图 2-39　不等式保真程度图示

定义 2.9.3 对于一个区间 A 和一个实数 x，不等式 $A \leqslant x$ 保真程度定义如下：

$$g(A \leqslant x) = \max\left\{0, \min\left\{1, \frac{x - a^L}{a^R - a^L}\right\}\right\}$$
(2.101)

定义 2.9.4 对于区间 A 和 B，不等式 $A \leqslant B$ 保真程度由以下公式给出：

$$q(A \leqslant B) = \max \left\{ 0, \min \left\{ 1, \frac{b^R - a^L}{a^R - b^L + b^R - a^L} \right\} \right\} \tag{2.102}$$

根据定义 2.9.4，上述区间约束的可行域可由如下理论来确定。

理论 2.9.1 对于一个给定的不等式保真程度 q，区间不等式约束可以等价转换为如下清晰的不等式约束：

$$\sum_{j=1}^{n} (q a_j^R x_j + (1-q) a_j^L x_j) \leqslant (1-q) b^R + q b^L \tag{2.103}$$

3. 区间顺序关系

区间顺序关系由 Okada，S. 和 M. Gen 提出。下面以一个区间规划问题来对区间顺序关系作出解释，问题描述如下：

$$\max \left\{ Z(\boldsymbol{x}) = \sum_{j=1}^{n} C_j x_j \mid \boldsymbol{x} \in S \subset R_+^n \right\} \tag{2.104}$$

其中，S 是 $\boldsymbol{x}$ 的可行域，C_j 是一个表示来自 x_j 的不确定单位利润的区间系数。对于一个给定的 $\boldsymbol{x}$，总的利润 $Z(\boldsymbol{x})$ 是一个区间。我们需要基于此区间利润做一个决策。

区间顺序关系可以帮助我们完成决策，它表示了在区间利润上决策者的偏好。

下列区间顺序关系的定义用于最大化问题。

定义 2.9.5 对于两个区间 A 和 B，顺序关系 $\leqslant_{LR}$ 定义如下：

$$A \leqslant_{LR} B, \ a^L \leqslant b^L \ \text{且} \ a^R \leqslant b^R \tag{2.105}$$

定义 2.9.6 对于两个区间 A 和 B，顺序关系 $\leqslant_{CW}$ 定义如下：

$$A \leqslant_{CW} B, \ a^C \leqslant b^C \ \text{且} \ a^W \leqslant b^W \tag{2.106}$$

区间顺序关系表示了决策者对于高期望值和低不确定性的偏好。

定义 2.9.7 对于两个区间 A 和 B，顺序关系 $\leqslant_{LC}$ 定义如下：

$$A \leqslant_{LC} B, \ a^L \leqslant b^L \ \text{且} \ a^C \leqslant b^C \tag{2.107}$$

请注意，上面给出的顺序是部分顺序，它们是可传递的、反身的和反对称的。

4. 区间规划问题的转换

定义 2.9.8 一个向量 $\boldsymbol{x} \in S$ 是一个问题的解，当且仅当不存在 $\boldsymbol{x}' \in S$，使得满足

$$Z(\boldsymbol{x}) \leqslant_{LC} Z(\boldsymbol{x}') \tag{2.108}$$

根据定义 2.9.8，区间规划问题可以转换为一个等价清晰的双目标规划问题。

理论 2.9.2 由定义 2.9.7 定义问题的解集可以作为如下双目标规划问题的 Pareto 解。

$$\max \{ z^L(\boldsymbol{x}), z^C(\boldsymbol{x}') \mid \boldsymbol{x} \in S \subset R_+^N \} \tag{2.109}$$

现在考虑如下的非线性区间规划问题：

$$\max \left\{ Z(\boldsymbol{x}) = \prod_{j=1}^{n} C_j x_j \mid \boldsymbol{x} \in S \subset R_+^n \right\} \tag{2.110}$$

其中，目标函数是一个乘积的形式。

通过以下理论，这种非线性区间规划问题可以转换成一个等价的线性区间规划问题。

理论 2.9.3 对于给定的顺序 $\leqslant_{cw}$ 和两个正的区间 A 和 B，如下的状态保持是真的：

$$A \leqslant_{LC} B \Leftrightarrow \log(A) \leqslant_{LC} \log(B) \tag{2.111}$$

推论 2.9.1 对于上述提到的非线性区间规划问题，它等价于如下的线性区间规划问题：

$$\max \left\{ Z(\boldsymbol{x}) = \sum_{j=1}^{n} \log(C_j x_j) \mid \boldsymbol{x} \in S \subset R_+^n \right\} \tag{2.112}$$

对于最大化问题，有两个关键步骤将区间规划问题转换成双目标线性规划问题。其一，可以根据对两个区间不等式保真程度的定义，把区间优化问题转换为等价的清晰约束优化问题。其二，根据区间顺序关系的定义，将区间目标转换成两个等价的清晰目标。

让我们考虑如下的最大化区间规划问题：

$$\max Z(x) = \sum_{j=1}^{n} C_j x_j$$

$$\text{s. t. } G_i(x) = \sum_{j=1}^{n} A_{ij} x_j \leqslant B_i, \ i = 1, 2, \cdots, m$$

$$x_j^L \leqslant x_j \leqslant x_j^U : \text{整数}, \ j = 1, 2, \cdots, n$$

其中，$C_j = [c_j^L, c_j^R]$，$A_{ij} = [a_{ij}^L, a_{ij}^R]$，$B = [b^L, b^R]$，$x_j^L$ 和 x_j^U 分别是 x_j 的上界和下界。

上述问题可以转换为如下问题：

$$\max z^L(\boldsymbol{x}) = \sum_{j=1}^{n} c_j^L x_j$$

$$\max z^C(\boldsymbol{x}) = \sum_{j=1}^{n} \frac{1}{2}(c_j^L + c_j^R) x_j$$

$$\text{s. t. } g_i(\boldsymbol{x}) = \sum_{j=1}^{n} a_{ij} x_j \leqslant b_i, \ i = 1, 2, \cdots, m$$

$$x_j^L \leqslant x_j \leqslant x_j^R : \text{整数}, \ j = 1, 2, \cdots, n$$

其中，$a_{ij} = q a_{ij}^R + (1-q) a_{ij}^L$，$b_j = q b_i^R + (1-q) b_i^L$。

5. 区间规划问题的 Pareto 解

定义 2.9.9 令 F 是可行解的集合，一个可行解 $y \in F$ 是一个非支配解，当且仅当

$$\forall \boldsymbol{x} \in F, z(\boldsymbol{x}) \leqslant z(\boldsymbol{y}) \Rightarrow z(\boldsymbol{x}) = z(\boldsymbol{y}) \tag{2.113}$$

其中，$z(\boldsymbol{x}) = (z_1(\boldsymbol{x}), z_2(\boldsymbol{x}), \cdots, z_q(\boldsymbol{x}))$。

定义 2.9.10 正的理想解(PIS)由所有可获得的最好目标值组成，它可以表示为

$$z^+ = \{z_1^+, z_2^+, \cdots, z_n^+\}$$

其中，z_q^+ 是不考虑其他目标时对于第 q 个目标的最好的值。

定义 2.9.11 负的理想解(NIS)由所有可获得的最差目标值组成，它可以表示为

$$z^- = \{z_1^-, z_2^-, \cdots, z_n^-\}$$

其中，z_q^- 是不考虑其他目标时对于第 q 个目标的最差的值。

现阶段主要有三种方法构成了多目标优化方法的基础，分别是：权重或效应函数方法、等级或优先级排序方法和有效解决方案或生成方法。

权重或效应函数方法企图用一种度量表达所有的目标，从严格的计算角度来看，它很有吸引力。然而，在实际中寻找真正可信的权重是非常困难的。等级或优先级排序方法企图绕过上述提到的一些难以解决的问题，并根据目标的重要性为每个目标分配优先级，大多数的决策者都可以完成这一过程。有效解决方案或生成方法避免了寻找权重和满足等级的问题，它产生了非支配解的全集或这一集合的近似集，并允许决策者在所有目标中选择出最好的表示它们折中的非支配解。

下面给出应用遗传算法求解区间规划问题的过程：

---

procedure：遗传算法用于求解区间规划问题

input：区间规划问题数据集，遗传算法参数

output：Pareto 最优解 $E(P, C)$

begin

    $t \leftarrow 0$；

    通过整数向量初始化 $P(t)$；

    计算目标函数 $f_1(P)$，$f_2(P)$；

    产生 Pareto 解 $E(P)$；

    计算适应度函数 eval(P)；

    while（终止条件未满足）**do**

        应用均匀交叉对 $P(t)$ 实施交叉操作以产生 $C(t)$；

        应用随机扰动变异对 $P(t)$ 实施变异操作以产生子代 $C(t)$；

        计算目标函数 $f_1(C)$，$f_2(C)$；

        更新 Pareto 解 $E(P, C)$；

        计算适应度函数 eval(P)；

        应用最优种群选择从 $P(t)$ 和 $C(t)$ 中选择出 $P(t+1)$；

        $t \leftarrow t+1$；

    end

    输出 Pareto 最优解 $E(P, C)$；

end

---

6. 区间规划问题实例

下面是一个具有区间目标函数的例子。

例 2.9.9 区间规划实例 1：

$$\max z(\boldsymbol{x}) = [15, 17]x_1 + [15, 20]x_2 + [10, 30]x_3$$

$$\text{s. t. } g_1(\boldsymbol{x}) = x_1 + x_2 + x_3 \leqslant 30$$

$$g_2(\boldsymbol{x}) = x_1 + 2x_2 + x_3 \leqslant 40$$

$$g_3(\boldsymbol{x}) = x_1 + 4x_3 \leqslant 60$$

$$x_j \geqslant 0, j = 1, 2, 3: \text{整数}$$

这个问题可以变换为如下的双目标线性规划问题：

$$\max z^L(\boldsymbol{x}) = 15x_1 + 15x_2 + 10x_3$$

$$\max z^C(\boldsymbol{x}) = 16x_1 + 17.5x_2 + 20x_3$$

$$\text{s. t. } g_1(\boldsymbol{x}) = x_1 + x_2 + x_3 \leqslant 30$$

$$g_2(\boldsymbol{x}) = x_1 + 2x_2 + x_3 \leqslant 40$$

$$g_3(\boldsymbol{x}) = x_1 + 4x_3 \leqslant 60$$

$$x_j \geqslant 0, j = 1, 2, 3: \text{整数}$$

由提出的方法找到的 Pareto 解如图 2-40 所示。

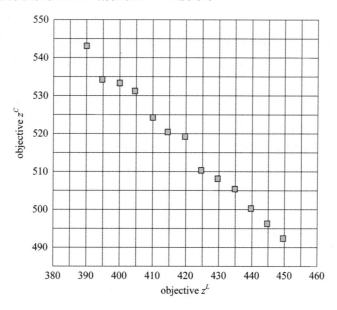

图 2-40 数值例子的 Pareto 解

对于最小化问题，实际应用中的许多目标函数，我们可以找到一个全局最小解和几个局部最小解，在这种情况下寻找能够确切找到全局最小解的方法是很困难的。

2.10 基于进化计算的组合优化问题

2.10.1 组合优化问题的基本概念

组合优化问题一般是指在一个有限的集合中寻找最优解的一类问题。在多数组合优化问题中，枚举与穷举搜索是不可行的，该问题解的集合是离散的或者可以简化到离散，目标就是寻求问题的最优解。常见的组合优化问题有背包问题、二次分配问题、最小生成树问题、集合覆盖问题、一维装箱问题和 TSP 问题等。这些问题的描述简单，且具有很强的工程代表性，但因求解时需要很长的运算时间与很大的存储空间，因此在计算机上难以实现，求解最优解非常困难，即所谓的"组合爆炸"。同时，正是这些问题的复杂性和代表性激发了人们对组合优化问题的广泛研究兴趣。

限于篇幅，后续两节主要介绍应用遗传算法求解背包问题和 TSP 问题，给出较为详细的问题求解过程，从而使读者对组合优化问题及其求解方法有较深刻的认识与掌握。

2.10.2 背包问题

背包问题历史悠久，已引起了理论研究人员和实际工作者的广泛关注。由于该问题结构简单，因此可以深入探索许多组合特性，并通过解决一系列背包子问题来完成更复杂优化问题的求解。这一问题可用于许多工业建模场合的应用，最典型的应用包括资本运算、货物装卸和存储分配等。

0-1 背包问题，就是给定一个背包和许多物品，然后从这些物体中选出一些物品放入背包，假设此时有 n 种不同的可用物品，每种物品都有一个权重 w_j 和利润 c_j，该问题的目标就是在满足背包承重限制的条件下，从所有的物品中选出一些物品组成最优子集以使得总利润最大。它是一类具有单约束的纯整数规划问题，且具有非常重要的研究意义。

下面介绍背包问题中一些常见的符号。

(1) 索引符号。

j：物品的索引，其中 $j=1, 2, \cdots, n$。

(2) 参数。

n：物品的数量；W：背包容量；c_j：第 j 个物品的利润；w_j：第 j 个物品的重量。

(3) 决策变量。

x_j：0，1 决策变量，且满足：$x_j = \begin{cases} 1, & \text{若选择第 } j \text{ 个物品} \\ 0, & \text{否则} \end{cases}$。

0-1 背包问题的数学公式如下：

$$\max f(x) = \sum_{j=1}^{n} c_j x_j$$

$$\text{s.t. } g(x) = \sum_{j=1}^{n} w_j x_j \leqslant W$$

$$x_j = 0 \text{ or } 1, j = 1, 2, \cdots, n$$

$$\text{where } x_j = \begin{cases} 1, \text{若选择第 } j \text{ 个物品} \\ 0, \text{否则} \end{cases}$$

现阶段,用于解决 0-1 背包问题的方法大体分为三种,分别是二进制表示法、序列表示法和可变长度表示法,下面分别对这三种方法作介绍。

1. 二进制表示法求解 0-1 背包问题

二进制字符串是 0-1 背包问题解的很自然的表示方式,比如对于物品总数为 7 个的 0-1 背包问题,决策变量取值如下:

$$x = [0\ 1\ 0\ 1\ 0\ 0\ 0]$$

它表示选出物品 2 和 4 并放入背包。物品的利润和重量如表 2-4 所示。

表 2-4　物品的利润重量表

j	c_j	w_j	j	c_j	w_j
1	40	40	5	3	10
2	60	50	6	20	40
3	10	30	7	60	30
4	10	10			

其中,总的重量 W 为 100。

总的利润,$f(x) = 40x_1 + 60x_2 + 10x_3 + 10x_4 + 3x_5 + 20x_6 + 60x_7 = 70$

总的重量,$g(x) = 40x_1 + 50x_2 + 30x_3 + 10x_4 + 10x_5 + 40x_6 + 30x_7 = 60 \leqslant W$

在二进制表示方式中,可能产生不可行解,因此现阶段已提出了两种用于处理不可行解的方法,它们分别是罚函数法和解码方法。

Gordon 和 Whitney 提出了罚函数法,将染色体的惩罚值设置为超出背包容量的总量。

对于最大值问题,罚函数可设计为图 2-41 的形式。

图 2-41　罚函数示意图

其中，

$$\delta = \min\Big\{W, \ \Big|\sum_{j=1}^{n} w_j - W\Big|\Big\} \tag{2.114}$$

$$p(x) = 1 - \frac{\Big|\sum_{j=1}^{n} w_j x_j - W\Big|}{\delta} \tag{2.115}$$

给出 $p(x)$ 的定义后，就可以得到如下的适应度函数：

$$\text{eval}(x) = f(x)p(x) \tag{2.116}$$

可以看出，只有当选择物品重量恰为背包容量时才不会产生惩罚，其他情况都会产生不同程度的惩罚。

对于解码方法，它的输入是所有物品、物品数量、每个物品重量、每个物品利润，输出是放入背包中的物品。

对于解码方法，它的运算步骤为：首先根据利润重量比将 $x_j=1$ 的物品按降序排列；之后使用第一拟合启发式算法选择物品，直到背包不能再放入物品；最后输出选择的物品并停止运算。

下面给出应用解码方法求解 0-1 背包问题的一个示例。

假设输入数据如表 2-5 所示。

表 2-5　输入数据集

物品编号 j	1	2	3	4	5	6	7
利润 c_j	40	60	10	10	3	20	60
重量 w_j	40	50	30	10	10	40	30
c_j/w_j 的比率	1.0	1.2	0.33	1.0	0.3	0.5	2.0

背包容量 $W=100$。下面给出求解该背包问题的具体过程。

假设给定的染色体如下：

此时按照下述步骤完成背包问题求解。

(1) 首先根据利润重量比将 $x_j=1$ 的物品按降序排列，排序后对应的染色体如下：

其中，7 号、2 号和 3 号基因的 c_j/w_j 分别为 2.0、1.2 和 0.33。

（2）使用第一拟合启发式算法选择物品，直到背包内不能再放入物品。选择过程如下：

首先选择出 7 号基因，对于重量 $g(x)=30 \leqslant W$，$f(x)=60$，符合要求；

其次，选择出 2 号基因，此时 $g(x)=80 \leqslant W$，$f(x)=120$，符合要求；

最后，再判断 3 号基因，此时 $g(x)=110 > W$，$f(x)=130$，此时总重量超出背包最大容量，不再符合要求。

（3）从而符合背包容量要求的物品为 7 号和 2 号物体，此时总重量和相应的利润为 $g(x)=80 \leqslant W$，$f(x)=120$。

2. 序列表示法求解 0−1 背包问题

Hinterding，R 提出采用序列表示法求解 0−1 背包问题。对于含有 n 个物品的 0−1 背包问题，一个染色体包含 n 个基因，在每个基因位上用一个明确的整数数字来表示相应的物品，对于序列表示中物品的排列顺序可以视为它们放入背包中的先后顺序。此时，对应的适应度函数为

$$\mathrm{eval}(v) = \frac{f(x)}{\displaystyle\sum_{j=1}^{n} c_j} \tag{2.117}$$

下面给出应用序列表示法求解 0−1 背包问题的示例。

输入数据如表 2−6 所示。

表 2−6　输入数据集

物品编号 j	1	2	3	4	5	6	7
利润 c_j	40	60	10	10	3	20	60
重量 w_j	40	50	30	10	10	40	30

对于背包容量 $W=100$。

如果此时给定染色体 [1 6 4 7 3 2 5]，通过分析可知，满足背包容量要求的物品分别是 [1 6 4 5]，此时有

$$x_1 = x_6 = x_4 = x_5 = 1$$

此时物品总重量为 $g(x)=100 \leqslant W$，总利润 $f(x)=73$。

3. 可变长度表示法求解 0−1 背包问题

可变长度表示法属于直接编码方法，它不同于序列表示法，在该方法中，染色体中物品的排列顺序没有任何含义。由于所选物品数量是不固定的，因此染色体的编码长度也是不固定的。

下面仍采用表 2−5 中的数据，之后给出三个可变长度的染色体，并选出最优解。

三个染色体分别为

$$\boxed{7}$$

$$\boxed{7}\ \boxed{2}$$

$$\boxed{7}\ \boxed{2}\ \boxed{3}$$

对于第一条染色体，其 $g(x)=30{\leqslant}W$，$f(x)=60$；

对于第二条染色体，其 $g(x)=80{\leqslant}W$，$f(x)=120$；

对于第三条染色体，其 $g(x)=110{>}W$，$f(x)=130$。

显然，第三条染色体中物品总重量已超过背包最大容量 W，因此对于给定的染色体，第二条染色体可使问题获得最优，即此时将物品 7 和物品 2 放入背包。

应用可变长度表示法的初始化方式，可给出遗传算法求解背包问题的一般过程。

---

procedure：遗传算法求解 0-1 背包问题

input：背包问题数据集，遗传算法参数

output：最优物品集

begin

    $t{\leftarrow}0$

    通过可变长度表示法初始化 $P(t)$；

    计算适应度 eval(P)；

    while（终止条件未满足）**do**

        对 $P(t)$实施交叉操作以产生 $C(t)$；

        对 $P(t)$实施变异操作以产生子代 $C(t)$；

        计算适应度 eval(C)；

        从 $P(t)$和 $C(t)$中选择出 $P(t+1)$；

        $t{\leftarrow}t+1$；

    end

    输出最优物品集；

end

---

4. 多选择背包问题

多选择背包问题由 M M Akbar、E G Manning、G C Shoja、S Khan 及 A E Mohr 提出。该问题是带有互不相关的多选择约束的背包问题。具体地，多选择背包问题可描述如下：

给定一个承重有限的背包，并将待放入的物品分为互斥的类，每个类中有若干不同的

物品。问题求解目标就是从每个类中选择出一个物品，在总重量满足承重约束的前提下，使得费用最小。

这里给出多选择背包问题的数学公式：

$$\min f(\boldsymbol{x}) = \sum_{i=1}^{m} \sum_{j=1}^{n_i} c_{ij} x_{ij}$$

$$\text{s.t. } g_W(\boldsymbol{x}) = \sum_{i=1}^{m} \sum_{j=1}^{n_i} w_{ij} x_{ij} \leqslant W$$

$$g_i(\boldsymbol{x}) = \sum_{j=1}^{n_i} x_{ij} = 1, \ \forall i$$

$$x_{ij} \in \{0, 1\}, \ \forall i, j$$

式中，i：类别索引，j：每类中物品的索引，n_i：第 i 类中物品的总数，c_{ij}：在类别 i 中物品 j 的费用，m：类别总数，w_{ij}：在类别 i 中物品 j 的重量，W：背包容量。

其中，x_{ij} 的取值如下：

$$x_{ij} = \begin{cases} 1, \text{若选中类别索引 } i \text{ 中的物品索引 } j \\ 0, \text{否则} \end{cases}$$

介绍了多选择背包问题的概念后，下面给出应用遗传算法求解多选择背包问题的一般过程。

（1）基因表示。从互斥集 N_i 中选择一个整数，作为染色体的第 i 个基因，其中 N_i 是第 i 个类别中物品的集合，且 $N_i = \{1, 2, \cdots, n_i\}$，$i = 1, 2, \cdots, m$，从而基因的位置就表示了相应的类别，而基因中的值就表示从该类别中选择出的物品。

指示变量 $\boldsymbol{v} = [v_1, v_2, v_3, \cdots, v_n]$ 的定义如下：

$$v_i = j, \text{若 } x_{ij} = 1, j = 1, 2, \cdots, n_i$$

按照上述叙述得到染色体 $\boldsymbol{v}$ 的序列编码形式如下：

染色体 $\boldsymbol{v}$：

1	2	3	4	⋯	m
v_1	v_2	v_3	v_4	⋯	v_m

对于问题：

$\min f(\boldsymbol{x}) = x_{11} + 4x_{12} + 5x_{13} + 7x_{14} + 7x_{21} + 9x_{22} + 10x_{23} + 5x_{31} + 6x_{32} + 11x_{33}$

$\text{s.t. } g_W(\boldsymbol{x}) = 10x_{11} + 8x_{12} + 5x_{13} + 4x_{14} + 6x_{21} + 5x_{22} + 3x_{23} + 8x_{31} + 6x_{32} + 4x_{33} \leqslant 16$

$\qquad g_1(\boldsymbol{x}) = x_{11} + x_{12} + x_{13} + x_{14} = 1$

$\qquad g_2(\boldsymbol{x}) = x_{21} + x_{22} + x_{23} = 1$

$\qquad g_3(\boldsymbol{x}) = x_{31} + x_{32} + x_{33} = 1$

此时，解 $x_{12} = 1$，$x_{23} = 1$，$x_{33} = 1$ 对于上述问题是可行解，因为此时

$$g_1(\boldsymbol{x}) = 1, \quad g_2(\boldsymbol{x}) = 1, \quad g_3(\boldsymbol{x}) = 1$$
$$g_w(\boldsymbol{x}) = 15 \leqslant 16, \quad f(\boldsymbol{x}) = 25$$

此时，对应的编码染色体 v 是：

1	2	3
2	3	3

（2）交叉和变异。遗传算子可以选择均匀交叉算子和随机扰动变异算子。随机扰动变异是指，选择的基因 y_i 可以由集合 N_i 中的一个随机整数来替代，交叉变异的运算过程如图 2-42 所示。

(a) 均匀交叉   (b) 随机扰动

图 2-42 均匀交叉和随机扰动变异示意图

（3）评价函数。评价函数由两项组成，分别是总费用项和对不可行解的惩罚项。总费用项具有如下形式：

$$f(\boldsymbol{v}_k) = \sum_{i=1}^{m} \sum_{j \in N_i} c_{ij} x_{ij}^k, \quad k \text{ 表示第 } k \text{ 条染色体} \tag{2.118}$$

不可行解的惩项具有如下形式：

$$p_k = \begin{cases} 0, & \text{若条件 } g_w(\boldsymbol{x}) \leqslant W \text{ 满足} \\ \alpha_0 (g_w(\boldsymbol{x}^k) - W), & \text{否则} \end{cases} \tag{2.119}$$

其中，α_0 是一个大的正惩罚值。

从而得到的评价函数具有如下形式：

$$\text{eval}(\boldsymbol{v}_k) = \frac{1}{f(\boldsymbol{v}_k) + p_k}, \quad k = 1, 2, \cdots, \text{popsize} \tag{2.120}$$

介绍完编码、交叉和变异以及评价函数之后，下面给出应用遗传算法求解多选择背包问题的一般过程。

---

procedure：遗传算法求解多选择背包问题

---

input：多选择背包问题数据集，遗传算法参数

output：最优物品集

begin

  $t \leftarrow 0$；

  通过序列编码初始化 $P(t)$；

  计算适应度 eval(P)；

  while（终止条件未满足）**do**

    应用均匀交叉对 $P(t)$ 实施交叉操作以产生 $C(t)$；

    应用随机扰动变异对 $P(t)$ 实施变异操作以产生子代 $C(t)$；

    计算适应度 eval(C)；

    从 $P(t)$ 和 $C(t)$ 中选择出 $P(t+1)$；

    $t \leftarrow t+1$；

  end

  输出最优物品集；

end

2.10.3　TSP 问题

  旅行商(TSP)问题是一类受到广泛研究的组合优化问题。TSP 问题描述很简单，即旅行商要访问 n 个城市，那他要以怎样的访问顺序来访问这 n 个城市才能使得行走路径最短。

  研究人员对 TSP 问题进行了广泛的研究，Dagtzig G、D Fulkerson 与 S Johnson 提出了包含 49 个城市的 TSP 问题的解决方案，随后，Grötschel M、Crowder H 与 M Padberg、Grötschel M 及 O Holland 分别提出了包含 120 个城市、318 个城市和 666 个城市的 TSP 问题的解决方案，Padberg M 与 G Rinaldi 提出了 532 个城市和 2392 个城市的 TSP 问题的解决方案。Grefenstette J 提出采用遗传算法来解决 TSP 问题。

  下面介绍 TSP 问题中常用的符号。

  (1) 索引。

  i, j：城市索引，其中 i, $j = 1, 2, \cdots, n$。

  (2) 参数。

  n：城市总数，d_{ij}：城市 i 到城市 j 的距离，由 d_{ij} 构成的矩阵是对称矩阵。

  (3) 决策变量。

  x_{ij}：0，1 决策变量，若选择路线 (i, j)，则 x_{ij} 取值为 1，否则取值为 0。

对于含有 4 个城市的 TSP 问题，若按照 Z→X→W→Y 的顺序来访问，我们将 4 个城市的访问顺序反映在表 2-7 中。

表 2-7 城市访问顺序标示

城市名	访问顺序标示			
	1	2	3	4
X	0	1	0	0
Y	0	0	0	1
Z	1	0	0	0
W	0	0	1	0

从上面表格中可以清楚地看到，每个城市只被访问一次，且每次只访问一个城市。下面给出 TSP 问题的一般数学模型。TSP 问题一般可以表述为如下形式：

$$\min z = \sum_{i=1}^{n}\sum_{j=1}^{n}(d_{ij}x_{ij} + d_{n1}x_{n1})$$

$$\text{s. t.} \sum_{i=1}^{n}x_{ij} = 1,\ j = 1, 2, 3, \cdots, n$$

$$\sum_{j=1}^{n}x_{ij} = 1,\ i = 1, 2, 3, \cdots, n$$

其中，

$$x_{ij} = \begin{cases} 1, & \text{若选中 route}(i, j) \\ 0, & \text{否则} \end{cases}$$

下面介绍遗传算法求解 TSP 问题的步骤。

1. 表示方式

（1）直接表示法。直接表示法是 TSP 问题最自然的表示方式，在这种表示方式下城市按照它们被访问的顺序列出。我们给出如下的染色体：

	1	2	3	4	5	6	7	8	9
染色体	3	2	5	4	7	1	6	9	8

它表示访问城市的列表为 3—2—5—4—7—1—6—9—8。

下面给出序列编码和解码的一般过程：

procedure：序列编码	**procedure**：序列解码
input：城市集合，城市总数 N	**input**：染色体 v，城市总数 N
output：染色体 v	**output**：访问列表 L

```
begin
    for j=1 to N
        v[j]←j;
    for i=1 to ⌈N/2⌉
        重复如下操作
        j←random[1，N];
        l←random[1，N];
        直到 l≠j
        交换 v[j]和 v[l];
    output 染色体 v;
end
```

```
begin
    L←φ;
    for i=1 to N
        L←L∪v[i];
    output 访问列表 L;
end
```

（2）随机数表示法。随机数表示法从（0，1）间选取随机数来编码一个解，之后将产生的若干随机数从小到大排序，其排序顺序就是相应城市的访问顺序。

具体地，我们给出如下染色体：

	1	2	3	4	5	6	7	8	9
染色体	0.23	0.82	0.45	0.74	0.87	0.11	0.56	0.69	0.78

其中，染色体中基因的位置 i 就代表了城市 i，将上述染色体中的随机数按照从小到大排序后，可以得到城市的访问列表为 6—1—3—7—8—4—9—2—5。

下面给出随机数编码和解码的一般过程：

procedure：随机数编码	procedure：随机数解码
input：城市集合，城市总数 N **output**：染色体 v begin 　for $i=1$ to N 　　$v[i]$←random$[0,1]$; 　output 染色体 v; end	**input**：染色体 v，城市总数 N **output**：访问列表 L begin 　L←ϕ 　for $i=1$ to N 　　L←$L∪i$; 　根据 $v[i]$ 对 L 排序; 　output 访问列表 L; end

2. 交叉算子

过去十年已经提出了一些交叉算子用于序列表示，常见的交叉算子有部分映射交叉

（PMX）、顺序交叉（OX）、循环交叉（CX）、基于位置的交叉（PBX）和启发式的交叉。

这些算子可以分为两类：规范方法，其可以看作达特茅斯二进制字符串的两点或多点交叉到序列表示的扩展；启发式方法，其在交叉中的应用旨在产生性能提升的子代。

下面对常见的交叉算子作详细的介绍。

（1）部分映射交叉 PMX。首先给出 PMX 交叉算子的运算过程。

---

procedure：PMX 交叉

---

input：染色体 v_1，v_2，染色体长度 l

output：子代染色体 $v_1{}'$，$v_2{}'$

begin

    $R \leftarrow \phi$

    $s \leftarrow \text{random}[1:l-1]$；

    $t \leftarrow \text{random}[s+1:l]$；

    $v_1{}' \leftarrow v_1[1:s-1]//v_2[s:t]//v_1[t+1, l]$；

    $v_2{}' \leftarrow v_2[1:s-1]//v_1[s:t]//v_2[t+1, l]$；

    $R \leftarrow \text{relation}(v_1[s:t], v_2[s:t])$；

    $\text{legalize}(v_1{}', v_2{}', R)$；

    output 子代 $v_1{}'$，$v_2{}'$；

  end

其中，v_1 是父代染色体 1，v_2 是父代染色体 2，l 是染色体的长度，v_1' 是子代染色体 1，v_2' 是子代染色体 2，R 为两个父代染色体之间的映射关系，s 为涉及交叉操作的子字符串的起始位置，t 为涉及交叉操作的子字符串的终止位置，其中 $\text{relation}(v_1, v_2)$ 用于搜索 v_1 和 v_2 之间的关系，$\text{legalize}(v_1, v_2, R)$ 则基于映射关系 R 改变 v_1 和 v_2 的基因值。

PMX 交叉算子运算时主要涉及 4 个运算步骤：

① 从给定的染色体中随机选取两个位置。给定如下的两个父代染色体，选取的交叉位置如下：

此时染色体的长度为 9，交叉位置有 8 个，上图选取的交叉位置为 2 和 6。

② 交换两个子字符串。选取交叉位置后，交换两个父代染色体交叉位置之间的子字符串，得到如下子代染色体：

proto-child1 | 1 | 2 | 6 | 9 | 2 | 1 | 7 | 8 | 9

proto-child2 | 5 | 4 | 3 | 4 | 5 | 6 | 7 | 8 | 3

此时，两个父代染色体位置 2 和 6 之间的子字符串交换后得到上述两个子代染色体。

③ 产生映射关系。上述交叉操作产生的子代染色体并不是合法的，因此需要产生映射关系以使子代染色体合法化，具体如下：

6	9	2	1
3	4	5	6

我们由此可以得到如下的映射关系：

$$1 \longleftrightarrow 6 \longleftrightarrow 3$$
$$2 \longleftrightarrow 5$$
$$9 \longleftrightarrow 4$$

其中，基因 1 和 3 相互映射，2 和 5 相互映射，9 和 4 相互映射。

④ 根据映射关系使子代合法化。将交叉得到的子代染色体中未涉及交叉操作的基因按照映射关系进行映射，从而得到合法的子代染色体，如下：

proto-child1 | 3 | 5 | 6 | 9 | 2 | 1 | 7 | 8 | 4

proto-child2 | 2 | 9 | 3 | 4 | 5 | 6 | 7 | 8 | 1

可以看到，按照映射关系映射后得到的子代染色体已经合法，从而可以作为最终输出。

（2）顺序交叉 OX。首先给出 OX 交叉算子的运算过程。

procedure：OX 交叉

input：染色体 v_1，v_2，染色体长度 l

output：子代染色体 v'

begin

$w \leftarrow 1$

$s \leftarrow \text{random}[1:l-1]$;

$t \leftarrow \text{random}[s+1:l]$;

$v' \leftarrow v_1[s:t]$;

for $i=1$ **to** $s-1$

```
        for j=w to l
          f_g←0；
          for k=s to t
            if v₂[j]=v₁[k] then
              f_g←1；break；
          if f_g=0 then
            v'[i]←v₂[j]
            w←j+1；break；
      for i=t+1 to l
        for j=w to l
          f_g←0；
          for k=s to t
            if v₂[j]=v₁[k] then
              f_g←1；break；
          if f_g=0 then
            v'[i]←v₂[j]；
            w←j+1；break；
      output 子代染色体 v'；
  end
```

其中，v_1 是父代染色体 1，v_2 是父代染色体 2，l 是染色体的长度，v' 是子代染色体，w 为工作数据，f_g 为标签，s 为子字符串的起始位置，t 为子字符串的终止位置。

OX 交叉算子运算时主要涉及 3 个运算步骤：

① 从父代染色体中选择一个子字符串。给定如下的两个父代染色体：

选择父代染色体 1 位置 s 和 t 之间的字符串，也就是选择了子字符串 3 4 5 6。

② 通过拷贝子字符串产生子代 v'。

proto-child			3	4	5	6			

③ 用 parent2 中非子字符串基因填充 proto-child 以产生子代个体：

proto-child | 7 | 9 | 3 | 4 | 5 | 6 | 1 | 2 | 8 |

parent2 | 5 | 7 | 4 | 9 | 1 | 3 | 6 | 2 | 8 |

此时，用 parent2 中的 7 9 1 2 8 基因依次填充了 proto-child 中的空白处，从而产生了子代染色体。

（3）循环交叉 CX。首先给出 CX 交叉算子的运算过程。

procedure：CX 交叉

input：染色体 v_1，v_2，染色体长度 l

output：子代染色体 v'

begin

$S \leftarrow \phi$，$T \leftarrow \phi$，$w \leftarrow 1$；

$C \leftarrow cy(v_1, v_2)$；

for $i = 1$ **to** l

  for $j = 1$ **to** $N-1$

    if $v_1[i] = c[j]$ **then**

      $v'[i] \leftarrow v_1[i]$；

        $T \leftarrow T \cup i$；

        $S \leftarrow S \cup v_1[i]$；

for $i = 1$ **to** l

  $f_{g1} \leftarrow 0$；

  for $n = 1$ **to** $|T|$

    if $i = t[n]$ **then** $f_{g1} \leftarrow 1$；

  if $f_{g1} = 1$ **then** continue；

  for $j = w$ **to** l

    $f_{g2} \leftarrow 0$；

    for $k = 1$ **to** $|S|$

      if $v_2[j] = s[k]$ **then**

        $f_{g2} \leftarrow 1$；break；

    if $f_{g2} = 0$ **then**

$$v'[i] \leftarrow v_2[j];$$

$$w \leftarrow j+1; \text{ break};$$

output 子代染色体 v'；

end

其中，v_1 是父代染色体 1，v_2 是父代染色体 2，l 是染色体的长度，v' 是子代染色体，N 为循环内值的数量，$T = \{t[n]\}$，$n = 1, 2, \cdots, N-1$ 为 proto-child 中 S 的位置集合，$S = \{s[k]\}$，$k = 1, 2, \cdots, N-1$ 为循环内 proto-child 基因值的集合，$C = \{c[j]\}$，$j = 1, 2, \cdots, N-1$ 为循环内值集合。f_{g1} 为标签 1，f_{g2} 为标签 2，w 为工作数据，$\text{cycle}(v_1, v_2)$ 用于搜索 v_1 和 v_2 之间的循环。

CX 交叉算子运算时主要涉及 3 个运算步骤：

① 寻找父代个体之间的循环。给定如下的两个父代染色体：

根据上面两个染色体可找到如下的循环关系：

$$1 \rightarrow 5 \rightarrow 2 \rightarrow 4 \rightarrow 9 \rightarrow 1$$

② 从 parent1 中将循环中的基因拷贝出来以产生 proto-child：

proto-child	1	2		4	5				9

③ 用 parent2 填充 proto-child 的空白区域以产生子代：

parent2	5	4	6	9	2	3	7	8	1
offspring	1	2	6	4	5	3	7	8	9

（4）基于位置的交叉 PBX。首先给出 PBX 交叉的一般过程。

---

procedure：PBX 交叉

input：染色体 v_1，v_2，染色体长度 l

output：子代染色体 v'

begin

$\quad S \leftarrow \phi$，$T \leftarrow \phi$，$w \leftarrow 1$；

$\quad N \leftarrow \text{random}[1:l]$；

$\quad$ **for** $i = 1$ **to** N

$\quad\quad j \leftarrow \text{random}[1:l]$；

$$v'[j] \leftarrow v_1[j];$$
$$T \leftarrow T \cup j;$$
$$S \leftarrow S \cup v_1[j];$$

    for $i=1$ **to** l

      $f_{g1} \leftarrow 0;$

      for $j=1$ **to** N

        if $i=t[j]$ **then** $f_{g1} \leftarrow 1;$

      if $f_{g1}=1$ **then** continue;

      for $k=w$ **to** l

        $f_{g2} \leftarrow 0;$

        for $m=1$ **to** N

          if $v_2[k]=s[m]$ **then**

           $f_{g2} \leftarrow 1;$ break;

        if $f_{g2}=0$ **then**

          $v'[i] \leftarrow v_2[k];$

          $w \leftarrow k+1;$ break;

    output 子代染色体 $v';$

end

其中，v_1 是父代染色体 1，v_2 是父代染色体 2，l 是染色体的长度，v' 是子代染色体，N 为选择的位置总数，$T=\{t[j]\}$，$j=1,2,\cdots,N$ 为选择的位置集合，$S=\{s[m]\}$，$m=1,2,\cdots,N$ 为选择位置的基因值集合，f_{g1} 为标签 1，f_{g2} 为标签 2，w 为工作数据。

PBX 交叉算子运算时主要涉及 3 个运算步骤：

① 从父代染色体 parent1 中随机选择一些位置如下：

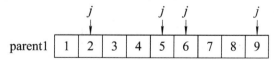

图中有 j 标注的位置即为选择的位置集合。

② 通过拷贝选择位置的基因值来产生 proto-child：

proto-child		2			5	6			9

③ 使用父代染色体 parent2 填充 proto-child 的空白区域以产生子代个体：

3. 变异算子

现阶段已经提出一些用于序列表示的变异算子，常见的变异算子有相反变异 (Inversion Mutation)、插入变异(Insertion Mutation)、交换变异(Swap Mutation)和启发式变异(Heuristic Operators)，下面分别介绍这些变异算子。

（1）相反变异(Inversion Mutation)。首先给出相反变异的运算过程。

---

procedure：Inversion Mutation

---

input：染色体 v 染色体长度 l

output：子代染色体 v'

begin

    $s \leftarrow \mathrm{random}[1:l-1]$;

    $t \leftarrow \mathrm{random}[s+1:l]$;

    $S \leftarrow \mathrm{invert}(v[s:t])$;

    $v' \leftarrow v[1:s-1] // S // v[t+1:l]$;

    output 子代染色体 v' ;

end

其中，v 是父代染色体，l 是染色体的长度，v' 是子代染色体，s 为子字符串的起始位置，t 为子字符串的终止位置，S 为子字符串的反向排序字符串，$\mathrm{invert}(\mathrm{string})$ 表示取 string 的相反顺序。

相反变异主要涉及 2 个运算步骤：

① 随机选取一个子字符串，如下：

其中，s 和 t 之间的基因构成了选择的子字符串。

② 将选择的子字符串顺序取反来产生子代，如下：

offspring	1	2	6	5	4	3	7	8	9

（2）插入变异(Insertion Mutation)。首先给出插入变异的运算过程。

procedure：插入变异

input：染色体 v，染色体长度 l

output：子代染色体 v'

begin

    $i \leftarrow \mathrm{random}[1:l]$；

    $j \leftarrow \mathrm{random}[1:l-1]$；

    $W \leftarrow v[1:i-1] \,//\, v[i+1:l]$；

    $v' \leftarrow W[1:j-1] \,//\, v[i] \,//\, W[j:l-1]$；

    output 子代染色体 v'；

end

其中，v 是父代染色体，l 是染色体的长度，v' 是子代染色体，i 是在父代个体中选择的位置 1，j 是在父代个体中选择的位置 2，W 为工作数据集。

插入变异主要涉及 2 个运算步骤：

① 在父代个体中随机选择一个基因位置，如下：

② 将选择的基因值插入到父代个体中另外随机选择的位置的前方。

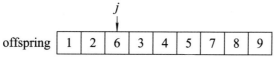

由于另外随机选择的位置为 3，因此将基因值 6 放置在基因值 3 的前面。

（3）交换变异（Swap Mutation）。首先给出交换变异的运算过程。

procedure：Swap Mutation

input：染色体 v 染色体长度 l

output：子代染色体 v'

begin

    $i \leftarrow \mathrm{random}[1:l-1]$；

    $j \leftarrow \mathrm{random}[i+1:l]$；

    $v' \leftarrow v[1:i-1] \,//\, v[j] \,//\, v[i+1:j-1] \,//\, v[i] \,//\, v[j+1:l]$；

    output 子代染色体 v'；

end

其中，v 是父代染色体，l 是染色体的长度，v' 是子代染色体，i、j 是随机选择的两个位置。

交换变异主要涉及 2 个运算步骤：

① 从父代个体中随机选择两个位置。

② 通过交换父代个体中两个已选位置的基因值来产生子代。

（4）启发式变异（Heuristic Mutation）。下面给出启发式变异的一般过程。

procedure：Heuristic Mutation

input：染色体 v，染色体长度 l

output：子代染色体 v'

begin

    $P \leftarrow \phi$;

    for $i=1$ **to** m {

      $r \leftarrow \text{random}[1:l]$;

      $P \leftarrow P \cup nb(v[r])$; }

    $w \leftarrow F(p[1])$;

    for $i=2$ **to** $|P|$

      if $w > F(p[i])$ **then**

        $w \leftarrow F(p[i])$, $n \leftarrow i$;

    $v' \leftarrow p[n]$;

    output 子代染色体 v';

end

其中，v 是父代染色体，l 是染色体的长度，v' 是子代染色体，m 为选择位置的总数，r 为选择的位置，N 是邻域染色体的总数，w 为工作数据，n 是 P 中具有最好适应度值的染色体的位置，$P\{p[i]\}$，$i=1, 2, \cdots, N$ 是邻域染色体的集合，$nb(v[r])$ 用于搜索第 r 个基因的邻域，$F(p[i])$ 为 $p[i]$ 的适应度值。

启发式变异主要涉及 2 个运算步骤：

① 选择位置并产生邻域。给定如下的父代染色体，从而产生 5 个邻域染色体：

	1	2	3 (r)	4	5	6 (r)	7	8 (r)	9	$F[p(i)]$
parent	1	2	3	4	5	6	7	8	9	32
proto-child 1	1	2	3	4	5	8	7	6	9	27
proto-child 2	1	2	8	4	5	3	7	6	9	54
proto-child 3	1	2	8	4	5	6	7	3	9	45
proto-child 4	1	2	6	4	5	8	7	3	9	23
proto-child 5	1	2	6	4	5	3	7	8	9	56

可以看到，父代染色体选择了 3、6、8 基因值，将这些基因值按不同的顺序排列，就产生了 5 个邻域染色体。

② 通过计算邻域来产生子代。

offspring	1	2	6	4	5	8	7	3	9

在此例中，由于适应值数值越小，表示当前个体越好，因此选出的染色体为邻域中第 4 条染色体。

4. 遗传算法用于求解 TSP 问题

介绍完基因表示、交叉算子和变异算子之后，下面给出遗传算法求解 TSP 问题的一般过程。

---

procedure：GA 用于 TSP 问题

---

input：TSP 问题数据集，GA 参数

output：最优旅行路线

begin

 $t \leftarrow 0$；

 通过序列编码或随机数编码产生 $P(t)$；

 通过序列解码或随机数解码计算适应度 eval(P)；

 while（终止条件未满足）**do**

  应用部分映射交叉算子对 $P(t)$ 实施交叉操作以产生 $C(t)$；

  应用交换变异算子对 $P(t)$ 实施变异操作以产生 $C(t)$；

  应用序列解码或随机数解码计算适应度 eval(C)；

　　　　　从 $P(t)$ 与 $C(t)$ 中选出 $P(t+1)$；

　　　　　$t \leftarrow t+1$；

　　　end

　　　output 最优旅行路线；

end

　　组合优化问题的特点是存在有限数量的可行解，并广泛存在于日常生活中尤其是大量的工业设计中。

　　组合优化最大的挑战就是如何高效地处理组合爆炸的问题，而解决这一问题的一种有效方式就是使用遗传算法。

　　本节主要讨论了采用遗传算法求解背包问题和 TSP 问题，并给出了较为详细的过程，同时也表明遗传算法在求解组合优化问题时具有很大的优势。

2.11　基于进化计算的多目标优化问题

2.11.1　多目标优化的基本思想

1. 多目标优化问题(MOP)

　　所谓优化就是在某种规则下，求解个体性能最优的一种解决方案。多目标优化问题(MOP)存在于许多复杂的实际系统的设计、建模和规划中。几乎每一个重要的现实世界的决策问题都涉及多个相互冲突的目标，而我们需要在符合各种约束的情况下解决问题，这便导致了问题的复杂性。前述的遗传算法作为一种解决多目标优化问题的优秀方法，受到了极大关注。

　　多目标优化问题描述为 q 个目标函数，m 个非线性约束，可以表示为如下的数学形式：

$$\max \{z_1 = f_1(\boldsymbol{x}), z_2 = f_2(\boldsymbol{x}), \cdots, z_q = f_q(\boldsymbol{x})\}$$

$$\text{s.t. } g_i(\boldsymbol{x}) \leqslant 0, i = 1, 2, \cdots, m \quad (2.121)$$

决策空间中的可行域被定义为 S，表示如下：

$$S = \{\boldsymbol{x} \in \mathbf{R}^n \mid g_i(\boldsymbol{x}) \leqslant 0, i = 1, 2, \cdots, m\} \quad (2.122)$$

目标空间中的可行域被定义为 Z，表示如下：

$$Z = \{\boldsymbol{z} \in \mathbf{R}^q \mid z_1 = f_1(\boldsymbol{x}), z_2 = f_2(\boldsymbol{x}); \cdots, z_q = f_q(\boldsymbol{x}), \boldsymbol{x} \in S\} \quad (2.123)$$

个体空间、决策空间与目标空间可以形象地理解为图 2-43 的形式。

图 2-43 个体空间、决策空间与目标空间关系示意图

例 2.11.1 决策空间与目标空间的映射关系有以下多目标优化问题，根据决策空间可行域画出目标空间可行域。

$$\max z_1 = f_1(\boldsymbol{x}) = -2x_1 + 3x_2$$
$$\max z_2 = f_2(\boldsymbol{x}) = 4x_1 + x_2$$
$$\text{s. t. } g_1(\boldsymbol{x}) = x_1 + 2x_2 - 3 \leqslant 0, \ g_2(\boldsymbol{x}) = 2x_1 + x_2 - 3 \leqslant 0$$
$$x_1, x_2 \geqslant 0$$

决策空间与目标空间可行域如图 2-44 所示。

(a) 决策空间可行域　　　　(b) 目标空间可行域

图 2-44 决策空间可行域与目标空间可行域示意图

2. Pareto 最优解

在单目标优化中，最优解的性能相对于其他解的性能是更好的，称为最优解相对于其他解绝对占优。然而在多目标优化中，各个目标之间可能是相互冲突的，针对不同的目标，同一解的性能可能存在较大差距，所以一般情况下很难找到一个类似单目标优化中绝对占优的最优解，而只能找到一组不可比较的相对占优解，称为帕累托最优解（Pareto Optimal Solutions）或非支配解（Nondominated Solutions）。这些解在目标空间的映射称为帕累托前端（Pareto Front），在决策空间称为帕累托最优解。

这里给出 Pareto 最优解的数学定义。

定义 2.11.1 求解最大化问题，对于给定的点 $z^0 \in \boldsymbol{Z}$，当且仅当不存在其他的点 $z \in \boldsymbol{Z}$

满足

$$z_k \geqslant z_k^0,\text{对于任意的 } k$$
$$z_k > z_k^0,\text{至少存在一个 } k \tag{2.124}$$

时，则称点 z^0 是目标空间中的一个非支配解。

定义 2.11.2 求解最大化问题，对于给定的点 $x^0 \in S$，当且仅当不存在其他的点 $x \in S$ 满足

$$f_k(x) \geqslant f_k(x^0),\text{对于任意的 } k$$
$$f_k(x) > f_k(x^0),\text{至少存在一个 } k \tag{2.125}$$

时，则称点 x^0 是决策空间中的一个 Pareto 最优解。

Pareto 最优解也称为非劣解、有效解，相应的目标向量称为非占优解。所有的 Pareto 最优解在目标空间的像组成了 Pareto 前端。

例 2.11.2 非支配解示例。

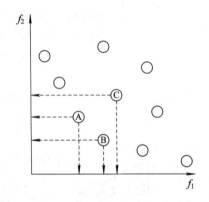

图 2-45　非支配解与支配解关系示意图

如图 2-45 所示有 A、B、C 三个解，对于最小化问题，无论是 f_1 方向还是 f_2 方向，点 A 的值均小于点 C，因此称点 A 支配点 C 或点 C 被点 A 所支配，又或者说点 A 对于点 C 占优。点 B 对于点 C 而言亦然。然而对于点 A 和点 B 而言，两者在不同方向上具有不同的大小关系，f_1 方向上点 A 占优，f_2 方向上点 B 占优，因此点 A 与点 B 二者相互不支配，是一组非支配解。

对于更多目标的问题，支配关系仍然成立，例如表 2-8 所示的四目标最小化问题。

表 2-8　多目标最小化问题

目标函数	f_1	f_2	f_3	f_4
解 1	3	6	4	11
解 2	2	6	4	11
解 3	3	4	1	14
解 4	3	6	1	11
解 5	2	4		7

解 1 被解 2、4、5 所支配，解 2 被解 5 所支配，解 3、4、5 相互为非支配解。

对于多目标优化，存在一些特殊点，详述如下。

正极值点定义如下：

$$z^+ = [z_1^+, z_2^+, \cdots, z_q^+] \tag{2.126}$$

这里的 $z_k^+ = \sup\{f_k(\boldsymbol{x}) \mid \boldsymbol{x} \in S\}$，$k = 1, 2, \cdots, q$。

同理，负极值点定义如下：

$$\boldsymbol{z}^- = [z_1^-, z_2^-, \cdots, z_q^-] \tag{2.127}$$

这里的 $z_k^- = \inf\{f_k(\boldsymbol{x}) \mid \boldsymbol{x} \in S\}$，$k = 1, 2, \cdots, q$。

在此运用实例给出 Pareto 前端以及相关定义的解释。

以例 2.11.1 的实际问题为例，对于两个目标的最大化问题：

$$\max z_1 = f_1(\boldsymbol{x}) = -2x_1 + 3x_2$$
$$\max z_2 = f_2(\boldsymbol{x}) = 4x_1 + x_2$$
$$\text{s. t.} \quad g_1(\boldsymbol{x}) = x_1 + 2x_2 - 3 \leqslant 0, \ g_2(\boldsymbol{x}) = 2x_1 + x_2 - 3 \leqslant 0$$
$$x_1, x_2 \geqslant 0$$

求出决策空间与目标空间的相应图像，如图 2-46 所示。

(a) 决策空间可行域   (b) 目标空间可行域

图 2-46　决策空间可行域与目标空间可行域示意图

根据正、负极值点的定义，该问题的最优解与 Pareto 前端分别是图 2-46(a) 的线段 $\overline{\boldsymbol{x}_4 \boldsymbol{x}_3}$ 与线段 $\overline{\boldsymbol{x}_3 \boldsymbol{x}_2}$ 部分和图 2-46(b) 的线段 $\overline{z_2 z_3}$ 和线段 $\overline{z_3 z_4}$ 部分，正极值点为黑色星状位置，坐标为 $(9, 12)$，负极值点为白色星状位置，坐标为 $(-6, 0)$。

当问题为凸问题时，目标空间的极点为决策空间极点的影像。上述问题是一个凸问题，因此，在决策空间中，四个极值点分别为 $\boldsymbol{x}_1$、$\boldsymbol{x}_2$、$\boldsymbol{x}_3$、$\boldsymbol{x}_4$，对应在目标空间中的相应极值点为 z_1、z_2、z_3、z_4。

在此作出几点说明：

(1) 在大多数情况下，类似于单目标优化问题的最优解在多目标优化问题中是不存在的，只存在 Pareto 最优解。多目标优化问题的 Pareto 最优解仅仅是一个可以接受的“不坏”的解，并且多目标优化问题大都具有多个 Pareto 最优解。

(2) 所谓多目标优化问题的最优解是指 Pareto 最优解，且不再包含其他最优解，故所有的 Pareto 最优解构成了多目标优化问题的合理的解集合。

（3）由于多目标优化问题的最优解集是一个集合，对实际问题而言，必须根据对问题的了解程度及决策者的偏好，从多目标优化问题的最优解集中挑选一些合适的解作为问题的最优解，因此求解多目标优化问题的首要问题及关键是求出尽可能多的、分布较均匀的Pareto 最优解。

3. 偏好结构

相对于单目标优化，多目标优化的特征之一是存在一组不能比较的有效解，而实际决策过程中，往往需要从这些有效解中选取一个用于决策，选择过程取决于决策者的偏好。从概念上讲，偏好反映了某人根据问题的先验知识对有效集合中无法通过目标函数进行比较的解进行排序，它反映了人们根据事先掌握的知识对所有目标进行折中或者对某个目标进行强调。通过偏好进行折中，最终的解称为折中解。

在解决问题之前对偏好一无所知，即无偏好的情况下，设计多目标进化算法的任务大致如下：

（1）希望算法找到的 Pareto 前端与实际的 Pareto 前端的距离应尽可能接近；

（2）希望找到的 Pareto 最优解具有较好的分布（如均匀分布、正态分布）；

（3）希望找到的 Pareto 前端的分布范围尽可能宽广，即尽可能地覆盖每个子目标函数的可能取值范围（这一特性也常用找到的 Pareto 最优解的数目来度量）。

为此，这里给出两种无偏好的求解方法。

（1）权重和方法。权重和方法的数学表示如下：

$$\max z(\boldsymbol{x}) = \sum_{k=1}^{q} w_k f_k(\boldsymbol{x})$$
$$\text{s.t. } \boldsymbol{x} \in S \tag{2.128}$$

权重可以理解为目标之间的相对重要性或价值，或者对目标的偏好。由于权重和方法采用数值次序，任意两点只会出现三种情况：

$$z(\boldsymbol{x}_1) > z(\boldsymbol{x}_2)$$
$$z(\boldsymbol{x}_1) < z(\boldsymbol{x}_2) \tag{2.129}$$
$$z(\boldsymbol{x}_1) = z(\boldsymbol{x}_2)$$

这种方法的优点很明显，针对权重和方法的全局最优解对应于 MO 问题的 Pareto 最优解，局部最优解对应于局部 Pareto 最优解，通过设置不同权重，可以找到不同的 Pareto 最优解。然而其劣势也很明显，它不能处理非凸问题，并且很难找到分布均匀的 Pareto 解。

（2）效用函数法。效用函数是一种偏好结果的数学表示方法，它将目标空间的点映射为实数，数越大表明对该点的偏好程度越高，其定义为

$$U(f_1(\boldsymbol{x}), \cdots, f_q(\boldsymbol{x})) : z \to R \tag{2.130}$$

使用这样的定义后，多目标优化问题就转化为

$$\max \{U(f_1, \cdots, f_q) \mid f_1 = f_1(\boldsymbol{x}), \cdots, f_q = f_q(\boldsymbol{x})\}, \boldsymbol{x} \in S\} \tag{2.131}$$

2.11.2　遗传算法求解多目标优化问题

遗传算法的内在特征说明了为何遗传搜索适合用于多目标优化问题。遗传算法的基本特征是通过维持代与代之间由潜在解组成的种群来实现多样性和全局搜索，这种从种群到种群的方法在搜索 Pareto 解时是非常有用的。

遗传算法不需要许多数学上的必备条件，可以处理所有类型的目标函数和约束。由于算法的进化本质，遗传算法可以在不考虑问题特定内部工作方式的前提下搜索解，因此能够用遗传算法求解的复杂问题的数量可能比应用传统算法求解的复杂问题的数量大得多。

遗传算法作为一种超启发式算法，可以灵活地将传统方法融合进其主框架，因此可以利用遗传算法和传统方法两方面的优势来建立对问题更有效的求解方法。不断增长的对遗传算法在多目标优化问题中应用的研究兴趣给数学界提出了巨大的理论上和实践上的挑战。

1. 基因搜索的特点与适应度分配机制

遗传算法非常适合多目标优化，其作为一种多目标优化问题的新方法，受到了相当大的关注。遗传算法不需要很多的数学要求，可以处理所有类型的目标函数和约束条件。

解决多目标优化问题时一个十分重要的问题是，如何根据多个目标确定染色体的适应度值。在此给出 4 种适应度分配机制：矢量评估法、Pareto 等级法、权重和法和贪婪保护法，几种分配机制将在后续章节详细介绍。

2. 适应度共享和种群多样性

适应度共享是一种用于维持种群多样性的技术，它可以用于求解多模态函数优化问题，也可用于多峰搜索。共享函数的作用是根据个体邻域内个体的分布情况对个体的适应度进行惩罚。两个染色体之间的距离的度量可以在两个不同的空间中定义，从而产生两种类型的共享：基因型共享与表现型共享。

基因型共享的个体之间的距离是用编码空间来衡量的，其度量表示如下：

$$d_{ij} = d(s_i, s_j) \tag{2.132}$$

其中，s_i 表示一种编码形式的字符串或染色体。

表现型共享的个体之间的距离是在解码空间的基础上测量的，其度量表示如下：

$$d_{ij} = d(x_i, x_j) \tag{2.133}$$

其中，x_i 表示一个解或一条染色体解码的形式。

共享函数 $\mathrm{Sh}(d_{ij})$ 作为一种度量值函数表示为如下幂律函数的形式：

$$\mathrm{Sh}(d_{ij}) = \begin{cases} 1 - \left(\dfrac{d_{ij}}{\sigma_{\mathrm{share}}}\right)^{\alpha}, & \text{当 } d_{ij} < \sigma_{\mathrm{share}} \text{ 时} \\ 0, & \text{其他} \end{cases} \tag{2.134}$$

其中，α 是一个常量，σ_{share} 是定义的一个小生境半径。

一旦确定了一个度量和共享函数，一个染色体的共享适合度 f_i' 就被定义为如下形式：

$$f_i' = \frac{f_i}{m_i} \tag{2.135}$$

对于一个给定的染色体 i 来说，小生境数 m_i 是整个种群上共享函数值的总和除以整个种群数量，表示如下：

$$m_i = \sum_{j=1}^{\text{popsize}} \text{Sh}(d_{ij}) \tag{2.136}$$

3. Pareto 解的保护机制

对于一个多目标优化问题，一个点当且仅当它是一个对于目标空间中全部点的非支配解时，它就是一个 Pareto 解。事实上，在搜索过程中只包含目标空间的有限个点，如何用有限的资源来保存可能无限多的 Pareto 解是多目标进化算法必须面对的问题。在进化过程中如何维持一组非支配的染色体是多目标优化的关键，通常的做法是将 Pareto 解与种群分离，或添加保护机制。

4. 多目标函数解的性能比较

多目标函数的解往往可以求得很多组，如何评价多组解的性能好坏需要用到多目标函数解的性能比较方法。解的性能比较方法通常有三种，分别是直接比较测度、间接比较测度和独立比较测度。

(1) 直接比较测度是指，通过比较两组非支配解 A 和 B，直接使用一个标量度量 $R(A, B)$ 来描述 A 比 B 好多少。

(2) 间接比较测度是指，通过选择一个参考集，分别将两个非支配解集的每一组进行比较，分别比较结果。

(3) 独立比较测度是衡量每个不依赖于另一个集合的属性，并比较这两个度量的结果。

下面介绍部分性能比较的测度标准。

(1) S 测度。S 测度是用来评价支配空间大小的测度。为了实现这一目标，它计算了由目标空间中非支配解所主导的区域的大小，是一个独立的度量。

S 测度的优点是，不需要知道 Pareto 解集合或其他的相关参考点，同时其意义是直观明了的。然而它需要一个非常大的计算复杂度，对于目标函数或最优集集合较大的多目标优化问题不适应。

(2) 错误率。错误率的计算方法为

$$\sum_{i=1}^{N} e_i / N \tag{2.137}$$

其中，N 是非支配解集中个体的数目。当个体 i 是一个 Pareto 最优解时 $e_i = 0$，否则 $e_i = 1$。错误率越低表示非支配解集越好。

错误率的概念容易理解，但计算错误率需要事先知道真实的 Pareto 解，否则无法计算。这是一种间接比较的方法。

（3）世代距离。世代距离的计算方法如下：

$$\frac{\left(\sum_{i=1}^{N} d_i^2\right)^{\frac{1}{2}}}{N} \tag{2.138}$$

其中，d_i 是目标空间中个体 i 与最近的 Pareto 前端上点之间的距离，N 是获得的非支配集合中的个体数量。世代距离的数值越低表示性能越好。

世代距离的优点是计算复杂度低，缺点是必须知道通常不易求解的 Pareto 前端，并且仅使用此测度不能表示非支配解集的质量。这是一种间接比较方法。

（4）C 测度。如果令 A 和 B 为两个已经获得的非支配解集，那么 C 测度被定义为有序数对 (A,B) 在 $[0,1]$ 上的一个映射，计算为

$$C(A,B) = \frac{|\{b \in B \mid \exists a \in A, a \text{ covers } b\}|}{|B|} \tag{2.139}$$

当 $C(A,B)=1$ 时，表示 B 中的所有解被 A 支配，$C(A,B)=0$ 表示 B 中没有任何一个解被 A 支配。值得注意的是，$C(A,B)$ 并不一定等于 $1-C(B,A)$。

C 测度与 S 测度相比，计算复杂度明显降低，并且不需要任何关于 Pareto 解的相关信息。然而其缺点在于，如果两个集合有不同的基数和，或集合的分布是非均匀的，那么 C 测度就会给出不可靠的结果。这是一种直接比较方法。

（5）均匀性。均匀性的计算方法是：

$$\Delta = \frac{\sum_{i=1}^{N} |d_i - \bar{d}|}{N} \tag{2.140}$$

其中，$N = |\text{PF}_{\text{known}}|$，$N$ 为已求得的 Pareto 前端上解的个数，d_i 是 Pareto 前端上两个连续点之间的距离，$\bar{d}$ 是这些距离的平均值。

均匀性提供了在目标空间中获得的解的分布信息，但是只适合两个目标的优化问题。这是一种独立比较方法。

2.11.3　适应度分配机制

前文提到了适应度分配机制，本节将对适应度分配机制进行详细解释。

1. 矢量评估法

矢量评估法（VEGA）是第一个解决多目标优化问题的著名方法，它使用了矢量适应度测量的方法来生成下一代个体。每一代的选择步骤变成了一个循环，每一次通过循环，在每个目标的基础上选择下一代或子群体的适应部分。为了达到不同群体之间个体的交叉，整个种群被彻底打乱。

根据以上思想，将矢量评估法归结为以下几点主要内容：

（1）对于一个多目标优化问题，含有 p 个目标函数 $f_1(x), \cdots, f_p(x)$，每个目标函数 $f_k(x)(k=1, \cdots, p)$ 被看作达特茅斯一个适应度函数，即采用了多个适应度函数。

（2）在选择过程中，每一个适应度函数都被用来选择一个大小为 N/p 的子种群，因此产生了 p 个子群体，其中 N 是种群大小。这等价于采用 p 的权重向量 $w^k = (0, \cdots, 1, \cdots, 0)$，并定义 p 个适应度函数。

（3）这些子群体将被重组以获得一个新的大小为 N 的种群。在这个过程中，GA 将以通常的方式应用交叉和变异算子。

矢量评估法属于聚合函数方法类。为了找到多种解决方案，它采用了多种适应度函数。当需要一个适应度函数来选择时，目标函数的加权和是由随机生成权重的适应度函数组成的，即通过随机权进行加权求和来计算个体的适应度。因此，矢量评估法的优缺点如下：① 它是高效的，且在计算上是简便的；② 它适用于产生非支配解；③ 它可以在凸 Pareto 前端随机产生多个解；④ 它不能在非凸的 Pareto 前端生成解。

2. Pareto 等级法

Pareto 等级法是指，首先找出全部非支配解，将它们分配等级 1，然后将它们从种群中移除，之后再在剩下的染色体中找出非支配解，分配等级 2，以此类推，直到标记完所有染色体为止。

Pareto 等级法给所有非支配解分配一个相同的适应度，以使它们具有相同的被选择概率。用图形表示 Pareto 等级法的适应度分配方式如图 2-47 所示。

对于最小化问题，图中等级 1 是全部解中的非支配解，等级 2 是除了等级 1 之外的非支配解，等级 3 是除了等级 1 与等级 2 之外的非支配解。

这种分配方式具有一定的缺点，比如，图中点 A 与点 B 所分配的等级均为 2，但点 A 被两个点支配，而点 B 仅被一个点支配，所以将两者划为一个等级显然不妥。为此，一个改进的 Pareto 等级法被提出。

多目标遗传算法（MOGA）于 1993 年由 Fonseca 和 Fleming 提出，其算法思路在于，等级 1 与原先的 Pareto 等级法一样，取全部非支配解为等级 1，其他解的等级计算为支配它的所有解的等级数值之和再加 1。用图形表示 MOGA 的等级分配方法如图 2-48 所示。

图 2-47　Pareto 等级法适应度分配方式示意图

图 2-48　MOGA 等级分配示意图

除此之外，还有改进后的非支配排序法，将在下一节介绍其思路。

3. 权重和法

（1）随机权重法（RWGA）。Murata、Ishibuchi 和 Tanaka 于 1998 年提出了一种随机权重遗传算法（RWGA），以获得对 Pareto 前端的变量搜索方向。固定权重遗传算法使遗传算法在解空间中寻找一个固定的点。随机权重遗传算法使遗传算法倾向于寻找一个可变的搜索方向，因此，它具有在整个边界上均匀采样该区域的能力。已经证明，对于任意一个 Pareto 解总可找到一个合适的权值使得在该权值下，个体的加权和适应度最大。

对于一个最大化问题，目标函数有 q 个，权重和目标函数的形式如下：

$$z = \sum_{k=1}^{q} w_k f_k(\boldsymbol{x}) \tag{2.141}$$

随机权重 w_k 的计算方式为

$$w_k = \frac{r_k}{\sum\limits_{j=1}^{q} r_j}, \quad k = 1, 2, \cdots, q \tag{2.142}$$

其中，r_j 是一个 $[0, 1]$ 中的随机数。

在选择一对父本进行交叉操作之前，会指定一组新的随机权重，然后用下面的线性比例函数来定义个体 i 的选择概率 p_i：

$$p_i = \frac{z_i - z_{\min}}{\sum\limits_{j=1}^{\text{popsize}} (z_j - z_{\min})} \tag{2.143}$$

其中，$z_{\min}$ 是当前代中适应度最差的值，z_i 为随机权重下的个体适应度。

（2）自适应权重法（AWGA）。Gen 和 Cheng 于 2000 年提出了一种自适应权重遗传算法（AWGA），它利用来自当前种群的一些有用信息来重新调整权重，以获得对理想结果的适应度。对于每一代的结果，他们定义了两个极点 $\boldsymbol{Z}^+$ 和 $\boldsymbol{Z}^-$，表示为

$$\boldsymbol{Z}^+ = [z_1^{\max}, z_2^{\max}, \cdots, z_q^{\max}]$$
$$\boldsymbol{Z}^- = [z_1^{\min}, z_2^{\min}, \cdots, z_q^{\min}] \tag{2.144}$$

其中，$z_k^{\max}$ 和 $z_k^{\min}$ 分别是第 k 个目标的最大值和最小值，表示为

$$z_k^{\max} = \max\{f_k(\boldsymbol{x}) \mid \boldsymbol{x} \in P\}, \quad k = 1, 2, \cdots, q$$
$$z_k^{\min} = \min\{f_k(\boldsymbol{x}) \mid \boldsymbol{x} \in P\}, \quad k = 1, 2, \cdots, q \tag{2.145}$$

其中，P 为候选解集。

对于一个染色体 x，其权重和目标函数定义为

$$z(\boldsymbol{x}) = \sum_{k=1}^{q} w_k(z_k - z_k^{\min}) = \sum_{k=1}^{q} \frac{z_k - z_k^{\min}}{z_k^{\max} - z_k^{\min}} = \sum_{k=1}^{q} \frac{f_k(\boldsymbol{x}) - z_k^{\min}}{z_k^{\max} - z_k^{\min}} \tag{2.146}$$

其中，w_k 是目标 k 的自适应权重，表示如下：

$$w_k = \frac{1}{z_k^{\max} - z_k^{\min}}, \ k = 1, 2, \cdots, q \tag{2.147}$$

上面的方程式是由在当前解中以下极点定义的超平面：

$$\begin{bmatrix} z_1^{\max} & z_2^{\min} & \cdots & z_k^{\min} & \cdots & z_q^{\min} \\ z_1^{\min} & z_2^{\max} & \cdots & z_k^{\min} & \cdots & z_q^{\min} \\ & \vdots & & & & \\ z_1^{\min} & z_2^{\min} & \cdots & z_k^{\max} & \cdots & z_q^{\min} \\ & \vdots & & & & \\ z_1^{\min} & z_2^{\min} & \cdots & z_k^{\min} & \cdots & z_q^{\max} \end{bmatrix} \tag{2.148}$$

4. 贪婪保护法

Zitzler 和 Thiele 于 1999 年提出了一种新的多准则优化的进化方法，即 Pareto 强度进化算法(SPEA)，它结合了以前多目标进化算法的几个特征，大致如下：

(1) 该方法在外部种群中对占优解进行排序；

(2) 评估一个个体的适应度取决于支配它的外部非支配点的数量；

(3) 该方法利用 Pareto 支配关系保护种群多样性；

(4) 结合聚类过程以减少非支配集而不破坏其特征。

SPEA 的适应度分配过程有两个阶段。

首先，对外部非支配集 P' 中的个体进行排序，即 Pareto 强度，其方式为

$$s_i = \frac{n}{N+1} \tag{2.149}$$

其中，s_i 与种群规模 $j \in P$ 成正比，并且 $i \succ j$。n 是 P 中被 i 支配的个体数，N 是 P 的大小。

然后，对种群 P 中的个体进行评价，评价方式为

$$f_j = 1 + \sum_{i \in \{i \succ j\}} s_i, \ f_j \in [1, N] \tag{2.150}$$

其中，个体 $j \in P$ 的适应度通过计算所有外部非支配解 $i \in P'$ 支配 j 的个体的 Pareto 强度之和加 1 求得。

该方法的优势在于它可以处理任何数量的目标，并生成令测试者满意的分布解，并且它不需要任何参数，如小生境半径，但是它需要保持一个外部非支配解的集合，因此计算成本十分昂贵。

2.11.4 多目标优化的主要算法

多目标问题最早开始于 1967 年，Rosenberg 最早提出了利用进化算法求解多目标优化问题，但仅存在于想法，并未实现。之后在 1975 年，John Holland 正式提出了最早的遗传算法。1985 年，Schaffer 提出矢量评价的遗传算法，这是第一次实现了将遗传算法用于多

目标优化问题。1989 年后，Goldberg 通过借鉴经济学中 Pareto 理论，成功将进化算法与多目标优化问题进行了结合，使得对进化多目标优化问题的研究打开了一扇大门。下面对两代进化多目标优化算法作一个总体的概述。

1. 第一代进化多目标优化算法

第一代进化多目标算法最早是基于 Goldberg 的建议衍生出来的。1989 年，通过借鉴经济学 Pareto 理论与小生境技术，他提出了一种解决多目标优化问题的方法：利用 Pareto 理论进行个体等级分配，用小生境技术维持种群的多样性，防止早熟。根据这种思想，之后的研究发展出了几种具有优秀表现的算法。

（1）MOGA。MOGA 于 1993 年由 Fonseca 和 Fleming 提出，旨在对每个个体进行等级的划分。具有相同等级的个体利用适应度共享方式进行选择。MOGA 对共享函数的选择十分依赖，其选择压力也很大，极易导致早熟。

（2）NSGA。NSGA 也是基于 Goldberg 提出的理论而产生的算法，其旨在先分配非支配解以大的适应度，再进行适应度共享，再逐层对更低等级的个体进行适应度分配。这种算法采用比例选择的方式复制出新的个体。NSGA 算法的计算复杂度较高，需要提前预设共享参数。

（3）NPGA。NPGA 是一种锦标赛选择算法，它以 Pareto 支配关系为基础，小生境技术为适应度共享机制的进化选择方法。这种方法对于小生境半径的设置较为困难，并且需要选择一个合适的比较集规模。

以上三种算法是第一代进化多目标算法，它们均基于 Pareto 排序的选择和适应度共享的多样性保护机制而计算。这其中包含了一些问题，例如确定共享半径的先验信息不易获得等。

2. 第二代进化多目标优化算法

20 世纪末，进化多目标算法的研究方向发生了很大变化，其中，以精英保留策略为标志。1999 年，SPEA 算法最先被提出，这是一种利用精英保留策略的进化多目标算法。2000 年提出 PAES 算法，随后改进为 PESA 和 PESA - Ⅱ。2001 年，SPEA 算法被改进为 SPEA2。之后，NSGA 算法改进为 NSGA - Ⅱ，NPDA 改进为 NPDA2。下面介绍几种经典的第二代多目标优化算法。

（1）SPEA 和 SPEA2。1999 年，SPEA 算法由 Zitzler 和 Thiele 提出。这是一种将适应度称为 Pareto 强度的算法，意在计算非支配点在个体总数中所占的比重，支配点适应度由支配其个体适应度之和加 1，其定义适应度越低则概率越高，同时设置外部种群保证种群数量恒定。这种算法的计算复杂度十分高，大约为种群大小的立方。

2001 年，Zitzler 和 Thiele 改进了 SPEA 算法，称为 SPEA2。SPEA2 算法在适应度分配机制、个体分布性评价、非支配解集更新三个方面都存在一定程度的改进。SPEA2 引入了基于最近邻规则的环境选择方法，简化了之前 SPEA 算法基于聚类的更新方法。同 SPEA 一样，SPEA2 的计算复杂度也十分高，但其在解的均匀性分布上具有十分卓越的表现。

（2）PAES、PESA 和 PESA－II。PAES 算法是一种 $1+1$ 策略的算法，即对当代解进行操作，再对操作后的解进行评价，比较两者的支配关系，并用精英保留策略进行选择。该方法引入了空间超格的机制以维持多样性，其空间超格的策略被广泛延用。基于这种思想，有人提出了 PESA 算法。该算法分别设置了内外部种群，非支配个体置入外部种群，新个体进入外部种群时，其中的一个个体会被淘汰。之后在此基础上引入了区域选择的概念，改进为 PESA－II 算法，提高了算法效率。

（3）NSGA－II。2002 年，NSGA 算法改进为 NSGA－II 算法，并成为目前表现最突出的进化多目标优化算法之一。改进后的算法在计算复杂度上产生了明显的下降，并在解的分布上十分均匀。同时，改进后的算法使用了拥挤距离比较的方式，优化了 NSGA 中适应度共享的方式。作为第二代进化多目标优化算法的杰出代表，NSGA－II 引入了精英保留策略，保持了优良个体，提高了种群进化水平。

以上三种算法是第二代进化多目标优化算法的代表。同时期类似的算法还有很多。第二代进化多目标优化算法均以精英保留策略为标志，不以第一代的适应度共享的小生境机制为维持种群多样性的手段。在此之后更多的基于各种方式的算法不断被提出。

2.12　群智能算法

群智能是一种基于生物群体行为规律的计算技术，它受社会昆虫，例如蚂蚁、蜜蜂和群居脊椎动物，又如鸟群、鱼群和兽群等的启发，来解决分布式问题。群智能中的群体指的是"一组相互之间可以进行直接通信或者间接通信（通过改变局部环境）的主体（agent），这些主体能够通过合作进行分布式问题的求解"。如蜜蜂采蜜和蚂蚁觅食等，都需要依靠集体的力量。这种自然系统解决问题的能力，要优于彼此分离的个体所组成的系统。

目前，群智能的应用领域已扩展到多目标优化、数据分类、数据聚类、模式识别、生物系统建模、流程规划、信号处理、机器人控制、决策支持以及仿真和系统辨识等领域。

与大多数基于梯度优化算法不同，群智能是一种概率搜索算法。群智能的特点和优点如下：

（1）群体中相互合作的个体是分布的（distributed），这样能够更适应当前网络环境下的工作状态，即无中心性。

（2）没有中心的控制与数据，这样的系统更具有鲁棒性（robust），不会由于某一个或者某几个个体的故障而影响整个问题的求解。

（3）它可以不通过个体之间直接通信，而通过非直接通信进行合作，这样的系统具有更好的可扩充性（scalability）。

（4）由于系统中个体的增加而增加的系统通信开销十分小，系统中每个个体的能力十分简单，这样每个个体的执行时间比较短，并且实现也比较简单，具有简单性（simplicity）。

受群智能的启发，人们发现了一些基于各种群智能的性能优异的优化算法。下面我们将对蚁群算法和粒子群智能方法进行介绍。

2.12.1 蚁群算法

1. 蚂蚁觅食模型

蚂蚁是自然界的一种群居生物。设想蚂蚁觅食的情景，假设蚁巢到食物是一条直线，如图 2-49 所示。

图 2-49 蚂蚁觅食路径示意图

蚂蚁将在这条直线上来回移动搬运食物，假设此时这条直线路径上出现了一个障碍，那么蚂蚁将会产生如图 2-50 所示的移动轨迹。

图 2-50 放置障碍后蚂蚁觅食路径示意图

Deneubourg 等人在 1989 年就进行过这样一个试验，将蚁巢和食物置于两端，中间设置不同长度的路径或障碍，来观察蚁群的行为路线。实验结果表明，在经过长时间的移动之后，蚁群会在最短的路径上持续进行食物的搬运，而较长的路径将不会有蚂蚁移动，大致情形如图 2-51 所示。

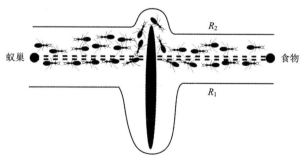

图 2-51 一段时间后蚂蚁觅食路径示意图

我们知道，两点间直线距离最短，但蚂蚁们显然不具备这样的视力和智慧，它们无法从远处看到食物源，也无法计划一个合适的路径来搬运食物。蚂蚁们采用的方法是全体在蚁巢的周围区域进行地毯式搜索，而它们之间的联系方式是通过在爬过的路径上分泌化学物质而获得信息，这种化学物质叫信息素。刚开始离开蚁巢的时候，蚂蚁们有 R_1 和 R_2 两条路径可以选择，蚂蚁选择这两条路径的机会相当。蚂蚁们在爬过 R_1 和 R_2 的时候都留下了信息素，但是，由于 R_2 的距离短，所需要的时间就少，而信息素会挥发，所以蚂蚁们留在 R_2 上的信息素浓度就高。于是，越来越多的蚂蚁选择 R_2 作为最佳路径，即使它们是从 R_1 来到食物源，也将选择 R_2 返回巢。而从蚁巢里出发的蚂蚁们也越来越倾向于 R_2，在这样的趋势下，R_1 渐渐无蚁问津了。

2. 蚁群算法

根据蚂蚁觅食的模型，我们便引出了蚁群算法的原理。蚁群算法，又称蚂蚁算法，其基本原理来自昆虫学家们的观察，生物界中的蚂蚁在搜索食物源的过程中，能在其走过的路径上释放一种蚂蚁特有的分泌物——信息素，使得一定范围内的其他蚂蚁能够察觉并影响其行为。当某条路径上走过的蚂蚁越来越多时，留下的这种信息素也就相应增多，以至于后来的蚂蚁选择该路径的概率也会增加，从而增加了该路径的吸引强度，蚂蚁群体就靠着这种内部的生物协同机制逐渐形成了一条它们自己事先都未意识到的最短路径。

用流程图来表示上述蚁群算法，可以表示为图 2-52 的形式。

图 2-52 蚁群算法流程图

关于蚁群算法的介绍往往要结合具体问题进行，通常选择的问题是 TSP 问题。该问题可以描述如下：

设有 n 个城市集 $C=(1,2,\cdots,n)$，任意两个城市 i、j 之间的距离为 d_{ij}，求一条经过每个城市仅一次的路径 $\pi=(\pi(1),\pi(2),\cdots,\pi(n))$，使得 $\sum\limits_{i=1}^{n}d_{\pi(i)\pi(i+1)}+d_{\pi(n)\pi(1)}$ 最小。

$b_i(t)$ 表示 t 时刻位于城市 i 的蚂蚁的个数，$m=\sum\limits_{i=1}^{n}b_i(t)$ 为蚂蚁的总数。$\tau_{ij}(t)$ 表示 t 时刻边 ij 上的信息素量，$\tau_{ij}(0)=\tau_0$（τ_0 为常数）。随着时间的推移，新的信息素加进来，旧的信息素要挥发，$1-\rho$ 表示信息素挥发的快慢。当所有蚂蚁完成一次周游后，各条边上的信息素按下式调整：

$$\tau_{ij}(t+n)=\rho\tau_{ij}(t)+\Delta\tau_{ij} \tag{2.151}$$

$$\Delta\tau_{ij}=\sum_{k=1}^{m}\Delta\tau_{ij}^{k} \tag{2.152}$$

其中，$\Delta\tau_{ij}$ 表示本次周游中路径 ij 上的信息素增量，初始时刻，$\Delta\tau_{ij}=0$。$\Delta\tau_{ij}^{k}$ 表示第 k 只蚂蚁在周游过程中释放在边 ij 上的信息素。

$$\Delta\tau_{ij}=\begin{cases}\dfrac{Q}{L_k}, & \text{若第 } k \text{ 只蚂蚁在本次周游中经过边 } ij\\ 0, & \text{否则}\end{cases} \tag{2.153}$$

其中，Q 为常数，L_k 表示本次周游第 k 只蚂蚁所形成的回路的长度。蚂蚁在周游时，向哪个城市转移由转移概率 p_{ij}^{k} 决定。

$$p_{ij}^{k}=\begin{cases}\dfrac{\tau_{ij}^{\alpha}\eta_{ij}^{\beta}}{\sum\limits_{s\in\text{allowed}_k}\tau_{is}^{\alpha}\eta_{is}^{\beta}}, & \text{若 } j\in\text{allowed}_k\\ 0, & \text{其他}\end{cases} \tag{2.154}$$

其中，$\text{allowed}_k=\{0,1,\cdots,n-1\}-\text{tabu}_k$ 表示蚂蚁 k 当前能选择的城市集合，tabu_k 为禁忌表，它记录蚂蚁 k 已路过的城市，用来说明人工蚂蚁的记忆性。η_{ij} 是某种启发信息。在 TSP 问题中，$\eta_{ij}=d(c_i,c_j)^{-1}$。$\alpha$、$\beta$ 体现了信息素和启发信息对蚂蚁决策的影响。

蚁群算法的基本运行过程是这样的：m 只蚂蚁同时从某个城市出发，根据式(2.154)选择下一次旅行的城市，已去过的城市放入 tabu_k 中，一次循环完成后，由式(2.151)、式(2.152)和式(2.153)更新每条边上的信息素，反复重复上述过程，直到终止条件成立。

3. 蚁群算法示例

1) TSP 问题

前面提到，蚁群算法十分适合求解 TSP 问题，这里以 4 个城市的 TSP 问题为例介绍使用蚁群算法求解 TSP 问题的方法。

假设 4 个城市分别为 A、B、C、D，首先初始化每两个城市之间路径的信息素强度以及一只蚂蚁初始的城市位置，如图 2-53 所示。

图 2-53　信息素强度和蚂蚁位置初始化示意图

假设初始信息素强度如图中矩阵框内的数值所示，一只蚂蚁从 B 城出发，从这一节点，蚂蚁基于信息素强度与城市间距离两方面因素决定下一个点去往哪个方向。我们假设下一个点去了 C 城市，这时生成了旅行序列{B，C}。接下来，蚂蚁用相同的方式，基于信息素强度与城市间距离选出下一个目的地，其中 B 城市已经经过所以不能再被选中。假设这一次蚂蚁选择了 D 城市，此时旅行序列变为了{B，C，D}。再一次选择时，蚂蚁不能选择已经去过的 B 城市与 C 城市，则只能选择 A 城市，并最终回到起点。最终它完成了旅行，通过的完整路线为 BC—CD—DA—AB。现在，将信息素更新。旅行路径上的信息素强度将会增加，其他未被选中路径上的信息素将减少。一次迭代之后，令另一只新蚂蚁重复以上过程，最终信息素将不断地被更新。随着时间的推移，信息素的强度将会得到一个相对稳定的状态。根据信息素最终的状态，我们就可以找出 4 个城市的 TSP 问题的最优解。

2）群聚类

群聚类的思想在于，把待聚类的数据随机散布在一个平面上，放置若干只虚拟蚂蚁使其在平面上随机运动。当一只蚂蚁遇到一个数据时即拾起并继续行走，在行走过程中，如果遇到附近的数据与背负的数据相似性高于设置的标准时则将数据放置在该位置，然后继续移动。重复以上过程即可实现数据聚类。

从生物学机理上，蚂蚁能够将蚂蚁巢穴中的尸体聚集成几堆。如果一个地方已经有一些尸体的聚集，那么它将吸引蚂蚁将其余的尸体放在这里，越聚越多，最终形成几个较大的尸体聚集堆。Deneubourg 等人对上述现象提出了解释，并提出了基本模型（Basic Model，BM），这种模型主要是基于单只蚂蚁拾起、放下物体的行为方式进行建模。一只随机移动的无负载蚂蚁在遇到一个物体时，周围与这个物体相同的物体越少，则拾起这个物体的概率越大；一只随机移动的有负载蚂蚁如果周围与其所背负物体相同的物体越多，则其放下

计算智能导论

这个物体的概率越大，这样可以保证不破坏大堆的物体，并且能够收集小堆的物体。实验表明，这种方法可以将相同种类的物体聚集在一起。如图 2-54 所示，图 2-54(a)为散布的蚁群，图 2-54(b)为蚁群中死去蚂蚁的尸体群集。

(a) 散布的蚁群　　　　　　　　　　　(b) 聚类后的蚁群

图 2-54　蚁群聚类示意图

如果一只蚂蚁发现了一具尸体，它就会把它捡起来，并在整个区域里游荡，直到找到另一个尸体。蚂蚁捡起尸体的概率与区域内蚂蚁尸体的数量成反比，放下的概率与之成正比。

这种聚类模型可以转化为数学算法。

假设蚂蚁不捡起尸体的概率定义为 $p_{\text{pick-up}}$，放下尸体的概率定义为 p_{drop}，则定义两个概率的计算方式为

$$
\begin{aligned}
p_{\text{pick-up}} &= \left(\frac{k_1}{k_1 + f}\right)^2 \\
p_{\text{drop}} &= \left(\frac{f}{k_2 + f}\right)^2
\end{aligned}
\tag{2.155}
$$

其中，f 为被同一类型的物体所占据的邻近区域的一小部分，k_1、k_2 分别是定义的两个阈值常数。

2.12.2　粒子群算法

当我们看到鸟儿成群结队地涌向天空时，最自然的假设是鸟儿跟随一个领头鸟，大致情况如图 2-55 所示，最左侧的第一只即为领头鸟。

然而人们发现，实际上鸟群中并不存在这样一只领头鸟。不存在一个全局规则来模拟鸟群的模型，但可能存在一些局部的或个体的规则来模拟鸟群的真实行为。

为了构建鸟群飞行过程中的模型，构建具有合作行为的群集人工生命系统，人们提出

图 2-55　鸟群飞行示意图

了五条基本原则：

（1）邻近原则（Proximity Principle）：群体应该能够执行简单的空间和时间运算。

（2）质量原则（Quality Principle）：群体应该能感受到周围环境中质量因素的变化，并对其产生响应。

（3）反应多样性原则（Principle of Diverse Response）：群体不应将自己获取资源的途径限制在狭窄的范围之内。

（4）稳定性原则（Principle of Stability）：群体不应随着环境的每一次变化而改变自己的行为模式。

（5）适应性原则（Principle of Adaptability）：当改变行为模式带来的回报是值得的时候，群体应该改变其行为模式。

其中(4)、(5)两条原则是同一个问题的两面。微粒群系统满足以上五条原则。

与此同时，块系统还必须满足雷诺规则：

（1）要求微粒群系统具有分离性，即避免相邻的块发生碰撞，对系统进行位置控制。

（2）要求系统具有结盟性，即要求粒子与周围的微粒的速度与方向相匹配，对系统进行速度控制。

（3）要求系统具有内聚性，即要求微粒与附近的微粒距离很近，以控制系统的整体位置。

Kennedy 与 Eberhart 在 Boids 中加入了一个特定点，将其定义为食物，鸟群根据周围鸟的觅食行为来寻找食物。他们的初衷是希望通过这种模型来模拟鸟群寻找食源的现象，然而结果却揭示了这个仿真模型中蕴含了很强的优化能力，尤其是在多维空间寻优中。由于最初的仿真系统中每个鸟在计算机屏幕上表示为一个点，而"点（Point）"这个词在数学领域具有很多意义，因此用"粒子（Particle）"来表示每一个个体，就得到了基本的粒子群算法（PSO）。

在 PSO 系统初始化为一群粒子(随机解),然后通过迭代找到最优解。在每次迭代中,粒子通过跟踪两个"极值"来更新自己,同时也通过跟踪它们实现粒子间的信息交互。第一个极值就是粒子本身所找到的最优解,这个解叫作个体极值 pBest("自身经验")。另一个极值是整个群体目前找到的最优解,这个极值是群体极值 gBest(群体的"社会经验")。1998年,Shi 和 Eberhart 正式给出了标准 PSO 算法的数学描述,如下:

对于每一个粒子 d,在每一次改变状态 t 时,其速率的更新原则是:

$$v_d(t+1) = \alpha v_d(t) + c_1 \, \mathrm{rand}(0, \phi_1)(p_{i,d} - x_d(t)) + c_2 \, \mathrm{rand}(0, \phi_2)(p_{g,d} - x_d(t))$$

$$(2.156)$$

则 $t+1$ 时刻移动的位置为

$$x(t+1) = x(t) + v(t+1)$$

其中,上式的第一项为微粒前进的速度乘以一个权值进行加速,表示微粒对当前自身运动状态的信任,依据自身的速度进行惯性运动;第二项为"认识"部分,表示微粒本身的思考,即一个得到加强的随机行为在将来出现的几率增大,这里的行为即"认识",并假设获得正确的认识是得到加强的,从而实现一个增强学习过程;第三项为"社会"部分,表示微粒间的信息共享与相互合作,这部分可以通过 Bandura 的代理概念来理解,即当观察者观察到某一行为被加强时,将增加它实行该行为的几率,即微粒本身的认识将被其他微粒所模仿。

粒子群算法的这些心理学假设是无争议的,在寻求一致认识的过程中,个体往往记住它们的信念,同时考虑同伴的信念,当个体察觉同伴信念较好的时候,它将进行适应性的调整。

与遗传算法相比,PSO 的信息共享机制很不同。在遗传算法中,染色体(chromosomes)互相共享信息,所以整个种群的移动是比较均匀地向最优区域移动。而在 PSO 中,只有 gBest(or lBest)把信息传递给其他的粒子,这是单向的信息流动,整个搜索更新过程是跟随当前最优解的过程。与遗传算法相比,在大多数情况下,所有的粒子可能更快地收敛于最优解。

2.13 免疫克隆算法

2.13.1 从生物免疫到人工免疫系统

1. 生物免疫系统

生物体是一个由众多子系统共同协调而成的庞大的复杂系统,其中,免疫系统作为生物体的一个重要的防御机制而存在。免疫系统既可以保护机体抵抗外来致病源,同时也维持了机体自身的稳态平衡。在过去的几十年里,随着医学水平的不断进步,人类对生物免疫的认识不断深入，已经逐渐形成了一门相对独立的学科。与此同时，来自生物免疫的灵感，人工免疫系统的研究也悄然而生，类似免疫计算克隆选择等方法也已经有了十分广泛的应用。

生物学上的免疫，是指机体识别本体与外来物质的一种机制，通过免疫应答来抵抗外物入侵，并维持机体的平衡与稳态，进而保持生物体的健康。

在生物学上，免疫系统包括免疫器官、免疫细胞以及免疫分子三大部分。

生物体的免疫器官分为中枢免疫器官和外周免疫器官。中枢免疫器官是免疫细胞发生分化与成长的地方，如骨髓、胸腺等部位。外周免疫器官包括淋巴结、脾脏、皮肤免疫系统等，它不仅是成熟淋巴细胞和 B 淋巴细胞的存在位置，也是发生免疫应答的位置。

生物体的免疫细胞是指所有参与免疫应答或与之相关的细胞，主要包含两部分：淋巴细胞与单核巨噬细胞。淋巴细胞又有淋巴 T 细胞和淋巴 B 细胞，它们是主要的免疫细胞。单核巨噬细胞包括红细胞、血小板等，是对抗原进行摄取并做后续处理的细胞，属于免疫应答的起始细胞。

免疫分子分为免疫细胞膜分子与分泌型分子。免疫细胞膜分子，如抗原识别受体分子、分化抗原分子等。分泌型分子常见的有免疫球蛋白分子。免疫分子在诱导和调节免疫时发挥着十分重要的作用。

在此对抗原与抗体作以介绍。抗原指任何能够诱发免疫反应的物质。抗体是一类与抗原进行特异性结合的物质。根据概念，抗原不属于免疫系统的组成部分，它是免疫发生的原因。抗体是一种分泌型的免疫分子，其会通过亲和力与抗原进行结合，形成一种特异性识别的过程。

生物体的免疫分为两种不同的免疫机制。一种是非特异性免疫，这是一种先天性免疫。这种免疫在病原体侵入机体之前就存在，如机体皮肤或黏膜产生的脂肪酸等成分的杀菌作用。另一种是特异性免疫，它是在机体受到外来病原体的接触后获得的免疫。接种疫苗获得的免疫或受病毒感染后获得的免疫均属于特异性免疫。

免疫系统的功能是通过众多免疫部分的协调合作而共同实现的。生物学上一般认为免疫系统的功能可以分为三个部分：免疫防御、免疫自稳和免疫监视。免疫防御表现为免疫系统抵抗和清理外来入侵物质或其他抗原的袭击。免疫自稳表现为清除损伤或者衰老的细胞、免疫网络调节以及免疫应答。免疫监视包括防止、清除突变或畸形的恶性细胞及持续病毒感染。

2. 人工免疫系统相关概念

类比生物免疫系统，人工智能领域提出了人工免疫系统。人工免疫系统主要借鉴了生物免疫系统的处理方式，构建了一种新的算法，因此生物免疫系统的许多名词可以映射到人工免疫系统中。在此对一些生物学术语在人工免疫系统中的含义作出解释。

（1）抗原：人工免疫系统算法的目标函数、启动因子或度量标准。

（2）抗体：人工免疫系统中的候选解。抗体的全部称为抗体群。

（3）抗体抗原亲和力：抗体与抗原相结合的力度，表示抗体不同位置对目标函数的影响。

（4）抗体抗原亲合力：候选解对于问题的适应性度量。

（5）抗体抗体亲合度：候选解之间的距离，二进制编码为汉明距离，实数编码为欧式距离。

（6）疫苗：根据先验知识得到的对最佳个体基因的估计。

（7）免疫优势点：利用先验知识获取关于个体的信息。

（8）记忆单元：具有特定意义的抗体群，用以维持种群多样性。

（9）克隆：结合了选择、扩展、变异与交叉的算子。

（10）单克隆抗体：无交叉操作的克隆算子。

（11）多克隆抗体：有交叉操作的克隆算子。

3. 人工免疫系统发展及其研究领域

20世纪末人工免疫系统的概念被提出，并开始了深入的研究，随后人工免疫系统进入了蓬勃发展的阶段。目前对于人工免疫系统的研究主要集中在人工免疫系统模型、人工免疫系统的算法以及人工免疫系统的应用等方面。

人工免疫系统模型的研究相对较少，对应于生物免疫系统，一般人工免疫系统应当具有以下几种与生物免疫相类似的关键机制：

（1）人工免疫系统需要具有记忆学习的机制，类似于生物体免疫，受到感染后第二次再被感染则不会致病。

（2）人工免疫系统需要具有反馈机制，利用反馈机制可以使进化算法的局部搜索能力更强，提升个体适应环境的能力。

（3）人工免疫系统需要具有多样性遗传机制，这便于搜索的优化，能够处理不同抗原的抗体。

（4）人工免疫系统需要具有克隆选择机制，需要对克隆的子代进行选择。

（5）除此之外，还需要一些其他机制共同建立人工免疫系统。

人工免疫算法大致分为基于免疫网络学说的人工免疫网络模型、基于免疫特异性的否定选择算法、克隆算法以及免疫进化算法。接下来的章节将对免疫进化算法以及克隆选择计算进行讲解。

人工免疫系统的应用十分广泛，很多领域都利用了人工免疫系统的方法。在电力工程领域，人工免疫算法应用于电网的规划，同时免疫神经控制也可以用来控制电压器的调节。人工免疫系统较多地应用于优化问题与图像处理领域。对于优化问题，免疫克隆算法十分适合 TSP 问题，还可以解决 CDMA 中的多用户检测问题。在图像处理领域，人工神经网络

第 2 章 进化计算

被用于图像分割等技术，使图像分割准确性更高。人工免疫同样运用在数据处理与数据挖掘当中，被认为是一种十分适合数据分析的工具。除此之外，人工免疫系统还广泛应用于通信、机器人、网络安全等重要科技领域。

2.13.2 免疫进化算法

遗传算法是一种"生成＋检测"的进化算法，它以交叉变异算子完成群体搜索与信息交换，并通过优胜劣汰的方式保证种群进化方向。然而交叉变异算子都是随机实现的，缺乏一定指导，因此在种群搜索过程中可能导致退化现象。另一方面，对于待求解的问题都具有一些显而易见的特征与先验知识，而遗传算法中的交叉变异过程却忽略了这一部分信息。

考虑到上述遗传算法的不足，本节利用先验知识构造免疫算子，并形成了免疫进化算法，它包括免疫算法、免疫策略和免疫规划三部分，算法中也给出免疫疫苗的选取策略与免疫算子的构造方法。

1. 免疫算法

1）免疫算法

人工免疫算法通过在进化算法的理论框架上引入免疫算子而形成免疫进化算法。生物学中，完成免疫功能的免疫细胞可以分为两类：一类是淋巴细胞，主要完成特异性免疫；另一类细胞可摄取抗原、处理抗原，既可以参与非特异性免疫，也可以参与特异性免疫。

受生物学启发，本节讨论的免疫算法也分为两类，分别是全免疫(Full Immunity)和目标免疫(Target Immunity)，它们分别对应于生物学中的非特异性免疫和特异性免疫。全免疫指群体中的个体首先完成变异操作，之后在每一环节都实施一次免疫操作；目标免疫则指个体实施变异后，仅在作用点处发生免疫反应。前者用于个体初始化，后者将伴随群体进化的全过程。

免疫进化算法在解决实际问题时，首先需要具体分析问题并提取问题特征信息，之后将特征信息转换为求解问题的方案，随后方案就可以以一定形式转换为免疫算子，进而完成免疫操作。由于问题特征信息往往较多，因此针对特定问题提取的疫苗也可能不止一种。本节提出的免疫思想也是建立在提取疫苗的基础上，包括接种疫苗和免疫选择两个步骤。接种疫苗可提高种群适应度，免疫选择可防止群体退化。

具体地，对于给定的个体 a，接种疫苗是指根据先验知识修改 a 上的某些基因位置的基因或者其分量，从而提高个体具有更大适应度的概率。操作时，一般从群体中随机抽取比例 α 的个体来完成接种疫苗的操作。疫苗信息的准确与否对算法性能影响很大。

免疫选择由免疫检测与退火选择组成。对于接种疫苗后的个体，若其适应度低于父代个体，则说明交叉变异算子使得个体性能退化，此时用父代个体替代子代个体，这就是免疫检测的过程。退火选择是指以一定概率选择子代个体以生成父代群体，个体被选择的概率正比于其适应度函数。免疫算法的一般步骤如下：

---

procedure：Immune Algorithm-IA

---

input：父代种群

output：最佳个体

begin

    随机产生父代种群 A_l；

    根据先验知识抽取疫苗；

    while（终止条件未达到）**do**

        对于目前的第 k 代父代种群 A_k 进行交叉操作，得到种群 B_k；

        对 B_k 进行变异操作，得到种群 C_k；

        对 C_k 进行接种疫苗操作，得到种群 D_k；

        对 D_k 进行免疫选择操作，得到新一代父本 A_{k+1}；

        $k \leftarrow k+1$；

    end

    output 最佳个体；

end

2）免疫疫苗

免疫疫苗是一种利用局部特征信息求解问题全局最优解的方法，通过局部信息干预全局搜索，避免了进化算法中交叉变异算子搜索的盲目性，有效抑制种群退化，提高了种群适应度。

免疫进化算法可用于求解 NP 问题。这些问题的特点是规模较小时易于求解，而当问题规模扩大时求解难度迅速增大。对于这一类问题，可以根据问题的特征信息制作疫苗，也可以将问题简化后的求解规律作为选取疫苗的途径。实际上，一般针对具体问题采用一些迭代优化算法来提取疫苗。

在 TSP 问题中，旅行者从当前城市前往下一个城市时，他会优先考虑距当前城市最近的城市，如果最近的城市已经访问，那么他就会考虑次近的城市，以此类推。对于 TSP 问题，最短路径的选取在很大程度上包含了相邻城市间最短距离的路径，因此 TSP 问题的这一先验知识可以作为提取疫苗的一种途径。

3）免疫算子

（1）免疫算子的机理。免疫算子由接种疫苗和免疫选择两部分组成，疫苗是从待求问题中提取出的基本特征信息，用于估计待求最佳个体所含的匹配模式。抗体是注射疫苗后得出的一类解，是匹配模式所形成的样本。疫苗如同遗传算法中的编码，是免疫操作得以有效发挥作用的基础与保障，而免疫选择用于保证免疫算法的收敛性。

（2）免疫算子的执行。免疫算子的执行过程如下：

① 首先收集问题的特征信息，估计问题基因位上的模式。

② 判断是否更新疫苗，更新条件成立则进行更新操作。

③ 以一定概率对种群中所有个体接种疫苗，之后对个体实施免疫检验，防止种群退化。

④ 通过退火选择操作生成下一代父代抗体种群。

⑤ 若未达到最大迭代次数则不断执行第②步至第④步，直到达到最大迭代次数。

2. 免疫规划

1）算法介绍

Fogel、Owens 和 Walsh 等借鉴进化理论中的原理与概念，将其成功应用于工程领域，并由此形成了进化规划算法。进化规划基于高斯变异进行研究，并解决如下优化问题：

$$\max\{F(x) \mid x \in \Omega \subset R^n\} \tag{2.157}$$

其中，$F(x)$ 为适应度函数，同时上式可以表述如下：

若 $\Omega \subset R^n$ 为紧集，适应度函数在 Ω 上连续且大于零。求准最大值点时，其满足预先设定的误差要求。免疫规划不同于免疫算法的地方是，选择子代群体进入父代群体概率的计算方式不同。

免疫规划算法运算过程如下所示：

---

procedure：免疫规划算法

---

input：父代种群

output：最佳个体

begin

    根据要求确定解的精度，并由此初始化父代种群 A_0；

    根据先验知识抽取疫苗 H；

    while（终止条件未达到）**do**

        计算父代种群中第 k 代所有个体的适应度函数 $f(A_k)$；

        对父代群体 A_k 实施高斯变异操作，生成子代群体 B_k，此时群体中个体都变异；

        对群体 B_k 实施接种疫苗操作，生成种群 C_k；

        对群体 C_k 实施免疫选择操作，得到新一代父代样本 A_{k+1}；

        $k \leftarrow k+1$；

    end

```
      output 最佳个体；
  end
```

2）自适应提取免疫疫苗

对于 TSP 问题，可以通过分析提取问题的特征信息，随后用这些特征信息制作疫苗。需要额外说明的是，对于难以获得先验知识的问题，提取特征信息会变得困难，因此也难以获得有效的免疫疫苗，另外为了获得有效的局部策略会使计算成本显著增加，因此考虑自适应的免疫疫苗制作方法将会开辟一条新的疫苗制作途径。

疫苗自适应提取与接种的步骤如下：

① 从父代个体中获得最佳个体。

② 分解最佳个体，并从最佳个体中获得免疫基因。

③ 对父代种群中的个体实施高斯变异操作。

④ 按照一定概率对所有个体接种疫苗。随机选取最佳个体的一个模式修改当前个体的基因以接种疫苗，之后对个体实施免疫检验，防止种群退化。

⑤ 对种群实施退火选择从而选择出新一代父代个体。

⑥ 若未达到终止条件，则不断执行①至⑤，直到达到终止条件。

3．免疫策略

1）免疫策略算法

20 世纪 60 年代，Rechenberg 和 Schwefel 等通过总结与借鉴生物进化理论，针对弯管形态优化问题，提出了一种进化策略算法，取得了优良的效果。该算法处理的优化问题具有如下形式：

$$f^* = f(\boldsymbol{x}^*) = \min\{f(\boldsymbol{x}) \mid \boldsymbol{x} \in \varOmega \subseteq R^n\} \tag{2.158}$$

其中，$\varOmega$ 为所有可行点的集合，$f(\boldsymbol{a})$ 为个体 $\boldsymbol{a}$ 的代价函数。

上述问题可以表述为适应度最大化的另一种形式。若 $\varOmega \subseteq R^n$ 为紧集，适应度函数在 $\varOmega$ 上连续且大于零。求准最大值点时，其满足预先设定的误差要求，从而可以获得如下的免疫策略算法执行过程。

```
procedure：免疫策略算法
input：父代种群
output：最佳个体
begin
      根据要求确定解的精度；
```

随机产生 μ 个个体来作为父代群体,其中每个个体由一个点对构成,第一个点即为问题近似解,第二个点用于表示 x 下一步寻优的方向和步长;

    while(终止条件未达到) **do**

        通过交叉产生规模为 2μ 的中间群体;

        对个体实施变异操作生成新的个体,其中对群体中每个个体都实施变异操作;

        对个体实施接种疫苗操作,从而完成对个体中某些分量的修改;

        对种群进行免疫检测,防止种群退化;

        对种群进行免疫选择,从规模为 2μ 的群体中按照适应度的大小选择出 μ 个个体以组成新一代父代群体;

        $k \leftarrow k+1$;

    end

    output 最佳个体;

end

2)进化规划算法获取疫苗

针对 TSP 问题,我们采用进化规划算法来提取免疫疫苗。对于一个具有 n 个城市的 TSP 问题,确定一个城市的最近城市的方法是,计算该城市与所有其他城市之间的距离,之后根据最小距离获得该城市的最近城市,对于其他城市也采用类似的方法。对于一个城市,它需要计算 $n-1$ 个距离并进行 $n-2$ 次比较,因此对于所有城市,总的计算量为 $n(2n-3)$,当 n 增大时,显然就不能按照这种方式计算了。另外,我们所求的最短路径是对全局路径包含子路径的一种估计,不必要求子路径绝对精确。根据这一点,我们可以基于进化规划算法提取疫苗。因此,提取疫苗的进化规划算法如下所示:

---

procedure:提取疫苗的进化规划算法

input:所有城市的邻域城市;

output:每个城市的最短子路径;

begin

    随机获取所有城市的邻域城市;

    初始化每个城市的最短子路径;

    while(终止条件未达到) **do**

        对于每个城市采用高斯变异的方式更新邻域城市;

        重新计算当前城市与邻域城市的距离,若距离减小,则更新最小距离,更新最小子路径中包含的城市;

$$k \leftarrow k+1;$$

end

    output 每个城市的最短子路径；

end

进化算法是借鉴生物界进化机制发展起来的一种自适应搜索算法,可用于处理许多复杂和非线性问题。由于进化算法只是复杂生物进化机制的一个简单模拟,因此其存在缺陷是在所难免的,但相比于传统算法,它在解决复杂问题上仍然具有巨大的潜力。进化算法较大的缺陷在于忽略了问题的先验知识,缺乏局部搜索能力,只是简单模拟达尔文进化,强调了基因的重要性,却忽略了个体学习与种群整体进化的关系。

因此本节针对进化算法存在的问题,将免疫机制融入进化机制中,形成了免疫进化算法,它包含免疫算法、免疫规划和免疫策略。免疫进化算法可以通过对环境的学习,有效地抑制进化算法中遗传算子操作导致的种群退化现象。与通常的进化算法相比,免疫进化算法高效可行,能显著提高收敛速度。

对于免疫进化算法,还有许多需要改进的地方。在理论研究中,算法的可解释性和有效性还没有明确的证明,尤其重要的是算法的收敛速度,只有明确了算法的收敛速度和收敛程度的关系,其在实际应用中的可靠性才能保证。其次,对于免疫进化算法的并行实现还有待研究,尤其与其他一些并行分布式算法的关系的研究还不够深入,加深与这些算法的研究有利于免疫进化算法的应用与推广。再者就是对免疫进化算法的改进,对于疫苗的获取策略,因为免疫疫苗与问题密切相关,所以会削弱算法的适应程度,而且从复杂问题中提取疫苗也是很困难的。若将免疫进化算法与其他智能策略相融合,将有望为疫苗的提取提供新的途径。

2.13.3 克隆选择计算

克隆选择是指通过无性繁殖的方式生成群体,是生物免疫系统理论的重要组成部分,它应用广泛,并引起了研究人员广泛的研究兴趣。由于采用编码机制,人工免疫算法在搜索过程中与问题本身无关,因此能够较好地解决一些复杂问题。本节主要介绍克隆选择算子的构造及相关免疫克隆选择计算算法,这些算法包括免疫克隆选择算法、免疫克隆选择规划和免疫克隆选择策略;随后介绍单克隆算子和多克隆算子,并讨论免疫克隆选择计算与进化计算的区别和联系。

1. 克隆选择算子

克隆选择算子包含三种操作,分别是克隆操作 T_c^C、免疫基因操作 T_g^C 和克隆选择操作 T_s^C。

1）克隆操作 T_c^C

对于给定的种群 $\boldsymbol{A}(k)$，对其实施克隆操作的过程如下：

$$\boldsymbol{Y}(k) = T_c^C(\boldsymbol{A}(k))$$
$$= \left[T_c^C(A_1(k)), T_c^C(A_2(k)), \cdots, T_c^C(A_n(k)) \right]^{\mathrm{T}} \qquad (2.159)$$

$\boldsymbol{Y}(k)$ 向量中的第 i 个分量 $\boldsymbol{Y}_i(k)$，它表示对原抗体种群中的第 i 个抗体 $\boldsymbol{A}_i(k)$ 克隆后的结果，其中克隆规模为 q_i，称为对抗体 $\boldsymbol{A}_i(k)$ 的 q_i 克隆，其中 k 为迭代次数。

对于克隆规模 q_i，它与抗体-抗体亲和力、抗体-抗原亲合度以及与克隆规模有关的设定值 n_c 有关。对于抗体-抗体亲和力，它反映了当前抗体与其他抗体的亲合力，定义为当前抗体与其他抗体最小距离的函数；采用二进制编码时，距离度量采用海明距离，采用十进制编码时，多采用欧式距离度量。一般地，克隆规模 q_i 具有如下形式：

$$q_i(k) = \mathrm{Int}\left\{ n_c * \frac{f(A_i(k))}{\sum_{j=1}^{n} f(A_j(k))} * \Theta_i \right\} \quad i = 1, 2, \cdots, n \qquad (2.160)$$

$$\Theta_i = \min\{\exp(\| A_i - A_j \|)\} \quad i \neq j; \ i、j = 1, 2, \cdots, n \qquad (2.161)$$

上述 n_c 是与克隆规模有关的设定值，$\mathrm{Int}(x)$ 表示大于 x 的最小整数，n_c 右侧一项为抗体-抗原亲合度，Θ_i 表示抗体-抗体亲和力。由上述表达式可以看出，当抗体间的抑制作用小，而抗原刺激大时，此时对应的克隆规模也比较大，反之克隆规模就比较小。

克隆之后的种群可以记为如下形式：

$$\boldsymbol{Y}(k) = \{\boldsymbol{Y}_1(k), \boldsymbol{Y}_2(k), \cdots, \boldsymbol{Y}_n(k)\} \qquad (2.162)$$
$$\boldsymbol{Y}_i(k) = \{Y_{ij}(k)\} = \{A_{i1}(k), A_{i2}(k), \cdots, A_{iq_i}(k)\}$$

且

$$Y_{ij}(k) = A_{ij}(k) = A_i(k), \ j = 1, 2, \cdots, q_i \qquad (2.163)$$

2）免疫基因操作 T_g^C

免疫基因操作主要涉及交叉和变异。基于生物学的描述，若克隆选择算子仅采用变异算子则为单克隆选择算子，若交叉变异都采用则为多克隆选择算子。单克隆选择算子也可以产生多种抗体，且相比于多克隆选择算子能保留更多的父代特征。在克隆选择算法中，高频变异的实施是亲合度成熟和抗体多样性产生的关键。

按照概率 p_m^i 对克隆后的群体实施变异，即 $\boldsymbol{Z}(k) = T_g^C(\boldsymbol{Y}(k))$，则对于每个抗体 $Y_{ij}(k)$ 转换为抗体 $Z_{ij}(k)$ 的概率为

$$p_g(Y_{ij}(k) \to Z_{ij}(k)) = (p_m^i)^{d(Z_{ij}(k), Y_{ij}(k))} (1 - p_m^i)^{l - d(Z_{ij}(k), Y_{ij}(k))} \qquad (2.164)$$

其中，$d(*)$ 为海明距离。

3）克隆选择操作 T_s^C

$\forall i = 1, 2, \cdots, n$，记：

$$B_i(k) = \max\{\boldsymbol{Z}_i(k)\} = \{z_{ij}(k) \mid \max f(z_{ij}) \quad j = 1, 2, \cdots, q_i\} \qquad (2.165)$$

其中，$Z_i(k)$ 由免疫基因操作后得到，它是部分抗体种群变异后的结果。对于 $B_i(k)$，它是抗体种群 $Z_i(k)$ 中使得抗体－抗原亲合度 $f(*)$ 取到局部最大值的抗体集合。

在克隆选择操作中为产生父代抗体，根据 $A_i(k)$ 与 $B_i(k)$ 抗体-抗原亲合度大小的不同情况，分为以下两种产生父代抗体群的方式：

$$p_s^k(A_i(k+1) = B_i(k))$$

$$= \begin{cases} 1 & f(A_i(k)) < f(B_i(k)) \\ \exp\left(-\dfrac{f(A_i(k)) - f(B_i(k))}{a}\right) & f(A_i(k)) \geqslant f(B_i(k)) \text{ 且 } A_i(k) \text{ 不是目前种群的最优抗体} \\ 0 & f(A_i(k)) \geqslant f(B) \text{ 且 } A_i(k) \text{ 是目前种群的最优抗体} \end{cases} \quad (2.166)$$

$$p_s^k(A_i(k+1) = A_i(k))$$

$$= \begin{cases} 0 & f(A_i(k)) < f(B_i(k)) \\ 1 - \exp\left(-\dfrac{f(A_i(k)) - f(B_i(k))}{a}\right) & f(A_i(k)) \geqslant f(B_i(k)) \text{ 且 } A_i(k) \text{ 不是目前种群的最优抗体} \\ 1 & f(A_i(k)) \geqslant f(B) \text{ 且 } A_i(k) \text{ 是目前种群的最优抗体} \end{cases}$$

$$(2.167)$$

2. 免疫克隆选择框架

免疫克隆选择算法是指采用克隆选择算子的算法，它以进化算法框架为依托，在不考虑编码与免疫基因操作时，免疫克隆选择算法的统一框架如下：

procedure：免疫克隆选择框架

input：初始父代抗体种群 $A(0)$；

output：满足终止条件的抗体种群；

begin

　　计算抗体抗原亲和力；

　　while(终止条件未达到) **do**

　　　　　对父代抗体 $A(k)$ 实施克隆操作生成 $A'(k)$，其中 k 为迭代次数；

　　　　　对 $A'(k)$ 实施免疫基因操作生成 $A''(k)$；

　　　　　计算抗体种群 $A''(k)$ 的抗体-抗原亲和力；

　　　　　对 $A''(k)$ 与原父代抗体 $A(k)$ 实施克隆选择操作生成新的父代抗体 $A(k+1)$；

　　　　　$k \leftarrow k+1$；

　　end

　　output 满足终止条件的抗体种群；

end

第 2 章　进化计算

3. 免疫克隆选择算法

免疫克隆选择计算按照进化计算的框架，大体上可以分为免疫克隆选择算法、免疫克隆选择规划和免疫克隆选择策略，这里主要介绍免疫克隆选择算法。

1）免疫克隆选择算法运算过程

免疫克隆选择算法是指抗体采用二进制方式来编码，而且仅采用克隆操作、免疫基因操作和克隆选择操作这些克隆选择算子的算法。免疫克隆选择算法的一般运算过程如下：

---

procedure：免疫克隆选择算法（ICSA）

input：初始父代抗体种群 $A(0)$，算法初始参数；

output：满足终止条件的抗体种群；

begin

    计算初始父代种群的抗体-抗原亲和力；

    while（终止条件未达到）**do**

        对父代抗体 $A(k)$ 实施克隆操作 T_c^c，免疫基因操作 T_g^c，克隆选择操作 T_s^c，获得新的抗体种群 $A(k+1)$；

        计算抗体种群 $A(k+1)$ 的抗体-抗原亲和力；

        $k \leftarrow k+1$；

    end

    output 满足终止条件的抗体种群；

end

对于算法的终止条件，一般设置为固定的迭代次数，或者是连续几次迭代中记忆单元的最好解都无法改善的，或者采用上述两种方式混合的判断条件来作为终止条件。

2）克隆选择算子的性质

最优抗体种群空间是指至少含有一个最优抗体的抗体种群所组成的抗体种群空间。

（1）克隆操作。在免疫克隆选择算法中，克隆操作实现种群的扩张。在进化算法中，种群规模一般固定保持不变，而克隆操作通过抗体－抗原亲合度加速了个体间的竞争，而且也抑制了个体间的过度竞争，从而保持了抗体种群的多样性，而对每个抗体的克隆操作，也为同一抗体采用多种变异和重组策略创造了机会。

（2）免疫基因操作。免疫克隆选择算法的核心是利用免疫基因操作（主要是变异操作），在同一抗体周围产生一个变异的解的群体，这种局部搜索增加了抗体－抗原亲合度成熟的可能性。免疫基因操作是抗体亲和力成熟的原动力。

（3）克隆选择操作。克隆选择操作是种群寻优的过程，可实现种群规模的缩减，克隆选择过程中种群的解不会变差。

4. 免疫克隆选择规划

根据前述内容，将抗原定义为目标函数和各种约束条件，抗体定义为优化过程中的解，抗原和抗体的亲合性定义为解与目标函数的结合程度。免疫克隆选择规划是将解空间中的一个抗体分解为 q_i 个相同的个体，之后应用克隆变异操作与克隆选择操作生成新的抗体种群。

免疫克隆选择规划采用和标准进化规划中一样的设置，首先采用交叉算子，其次克隆变异采用高斯变异，高斯变异作用在每一个抗体的分量上。免疫克隆选择规划的一般运算过程如下：

---

procedure：免疫克隆选择规划（ICSP）

input：初始父代抗体种群 $A(0)$，算法初始参数；

output：最优个体；

begin

    计算初始父代种群的抗体-抗原亲和力；

    while（终止条件未达到）**do**

        对父代抗体 $A(k)$ 实施克隆操作生成 $A'(k)$，其中 k 为迭代次数；

        对 $A'(k)$ 实施克隆变异操作生成 $A''(k)$；

        计算抗体种群 $A''(k)$ 的抗体-抗原亲和力；

        对 $A''(k)$ 与原父代抗体 $A(k)$ 实施克隆选择操作生成新的父代抗体 $A(k+1)$；

        计算父代抗体种群 $A(k+1)$ 的抗体-抗原亲和力；

        $k \leftarrow k+1$；

    end

    output 最优个体；

end

免疫克隆选择规划具有与免疫克隆选择算法相同的终止条件。

5. 免疫克隆选择策略

免疫克隆选择策略算法是采用单克隆算子代替标准进化策略算法中的变异算子，其一般运算过程如下：

---

procedure：免疫克隆选择规划（ICSS）

input：初始父代抗体种群 $A(0)$，算法初始参数；

output：最优个体；

begin

计算初始父代种群的抗体-抗原亲和力；

while（终止条件未达到） **do**

对父代抗体 $A(k)$ 实施克隆操作生成 $B(k)$，其中 k 为迭代次数；

对 $B(k)$ 实施克隆变异操作生成 $C(k)$；

计算抗体种群 $C(k)$ 的抗体-抗原亲和力；

对 $C(k)$ 与原父代抗体 $A(k)$ 实施克隆选择操作生成新的父代抗体 $A(k+1)$；

计算父代抗体种群 $A(k+1)$ 的抗体-抗原亲和力；

$k=k+1$；

end

output 最优个体；

end

免疫克隆选择策略具有与免疫克隆选择算法相同的终止条件。

6. 进化计算与免疫克隆选择计算

进化计算与免疫克隆选择计算有很多相似之处。在运算过程上，它们首先都产生初始种群，之后计算种群的评价标准，随后种群中个体完成信息交换，最终生成新的种群，并且在很大程度上可以获得问题的最优解。在特性上，两者都可以并行且随机搜索，可以与其他的智能策略相结合，对于免疫进化算法，一般都是在进化算法的基础上进行改进，已成为免疫算法研究中一个成功的典范。

两类算法的运算对象都作用在编码空间，因此应用范围都比较广。

免疫选择算法是一种新的人工免疫系统方法。免疫算法是基于免疫系统提出的，是基于细胞水平的交叉变异。免疫选择算法不仅强调全局搜索，而且进行局部搜索，可以更好地保持种群的多样性。免疫选择算法不仅考虑适应度函数，也通过抗体-抗体亲合度将种群多样性变化考虑其中。在基因操作上，免疫选择算法更强调变异算子的作用，认为变异算子是抗体-抗原亲和力成熟的原动力。

进化算法的进化方向总是受最优个体的影响，而免疫克隆选择算法抗体群中的个体一般都有自己的进化方向，很少受到最优抗体特征的影响。免疫克隆选择算法同时进行全局与局部搜索，因此更容易找到最优解。

最后，我们对免疫克隆选择算法作一总结。免疫克隆选择算法是一种新的智能计算方法，尽管与进化算法有很多相似之处，但它并不是进化算法的简单改进，它有着与进化算法不同的机理。

免疫克隆选择算法具有较强的非达尔文效应。基于一个事实，即子代会从父代进化中获得适应环境的经验，但这种经验不一定通过 DNA 的方式来遗传，而是通过一些其他方式来传达，因此生物的进化不仅是一种基于 DNA 的进化，更是一种基于社会文化学习的经验进化。若将免疫克隆视为一种进化过程，即免疫克隆选择进化，便可知免疫克隆选择计算中存在拉马克进化。因为免疫克隆选择计算中存在局部搜索过程，而基于局部搜索的进化与拉马克进化是等价的，因此拉马克进化显而易见。免疫克隆选择算法中的免疫基因操作扩大了搜索范围，具体地，对于解空间中的一个解，克隆算子与免疫基因算子实际是在该解的 r 邻域内提供了 q 个不同的局部搜索方向，并由克隆选择来完成局部择优，其中 r 的大小由免疫基因操作决定。同时，免疫克隆选择计算中存在 Baldwin 效应，因为免疫克隆选择算法(ICSA)保证了抗体的生存能力，产生更优解时才替代，否则保持。同时 ICSA 可以保持抗体的遗传多样性，使得不同抗体适应新环境的机会增加，即 ICSA 中存在着明显的 Baldwin 效应。

习　题

一、填空题

1. 计算智能属于人工智能(Artificial Intelligence，AI)的一个分支，主流学派把人工智能分成_____、_____和_____三大学派。

2. 计算智能算法主要包括_____、_____和_____三个分支，计算智能的主要特征表现在_____、_____和_____。

3. 遗传算法借用生物遗传学的观点，是一种全局优化算法，_____、_____和_____被认为是遗传算法的三种基本操作算子。

4. 对遗传算法的改进主要集中在_____、_____、_____和_____等方向上。

5. 遗传算法的实现主要包括 7 个方面，_____、_____、_____、_____、_____、_____和_____。

6. 染色体编码常用方法有_____、_____和_____，常见的简单编码有_____和_____。

7. 遗传算法中的种群选择操作使用轮盘赌选择算法，其基本思想是_____。

8. 遗传算法中，为了体现染色体的适应能力，引入了对问题中每个染色体都能进行度量的函数，称为_____。

9. 遗传算法中，将问题结构变换为位串形式表示的过程是_____。

10. 遗传算法是一种基于空间搜索的算法，它通过_____等遗传操作以及达尔文的适者生存理论，模拟自然界进化的过程来寻求问题的最优解。

11. 根据个体适应度函数值所度量的优劣程度决定其在下一代是被淘汰还是遗传的操作是_____。

12. PSO 算法在迭代过程中维护两个向量，分别是_____与_____。

二、判断题

1. 遗传算法是由美国的 J. Holland 教授于 1975 年在他的专著《自然界和人工系统的适应性》中首先提出的，它是一类借鉴生物界自然选择和自然遗传机制的随机化搜索算法。

（　　）

2. 模式定理和积木块假设是保证遗传算法可以快速、有效获得最优解的数学基础。

（　　）

3. 目前混合遗传算法实现方法一般体现在引入全局搜索过程和增加编码变换操作过程两个方面。（　　）

三、简答题

1. 叙述遗传算法的特点，写出遗传算法的五个基本要素，画出遗传算法的基本流程图。

2. 给出粒子群算法的基本流程。

3. 给出免疫算法的基本流程。

4. 写出适应度比例选择(赌轮选择)的计算机实现步骤。

5. 现有一连续空间的非凸优化问题，决策变量的维数为 2，两个决策变量的取值区间均为 $[0,1]$。现要求用遗传算法求解该问题，且求解精度要求为小数点后五位。

(1) 如果采用二进制编码，请计算需要的个体编码长度至少为多少？请给出计算过程。

(2) 如何避免出现搜索过程中寻找到的最优解变差的现象？

6. 设拟用遗传算法求函数 $f(x) = x^2$ 的最小值，x 取 $[0,31]$ 内的整数。回答下列问题：

(1) 写出适应度函数的表达式。

(2) 对于初始群体(A)和(B)，若仅用选择和交叉操作，是否可能找到最优解？给出相应的分析结论。

$$
A \quad \begin{matrix} 0 & 1 & 1 & 0 & 1 \\ 1 & 0 & 1 & 0 & 0 \\ 0 & 0 & 1 & 0 & 0 \\ 0 & 0 & 1 & 1 & 0 \end{matrix} \qquad B \quad \begin{matrix} 0 & 0 & 1 & 0 & 1 \\ 1 & 0 & 1 & 0 & 0 \\ 0 & 0 & 1 & 0 & 0 \\ 1 & 0 & 0 & 1 & 1 \end{matrix}
$$

7. 自行设计一个用遗传算法求解 TSP 问题的交叉操作方案，并做出解释性说明。

8. 现有一连续空间的非凸优化问题，决策变量的维数为 3，x_1 的取值区间均为 $[-1,1]$，x_2 的取值区间均为 $[-1.2,2.3]$，x_3 的取值区间均为 $[2,5.1]$。现要求用遗传算法求解该问题，且求解精度要求为小数点后三位。如果采用二进制编码，请计算需要的个体编码长度至少为多少？请给出计算过程。

9. 一个变量 x 的取值范围为 $-1.1 \leqslant x \leqslant 2.8$，其二进制编码如下：

01101010

请对该编码进行解码。

10. （1）什么是模式阶？什么是模式定义长度？

（2）给出如下模式阶和模式定义长度：

　　（i）0 * 11 * 11 * *

　　（ii）0 * * * 1 * * *

（3）给出模式定理的内容。

11. 将下列两个父代染色体进行交叉操作，要求使用多种交叉方式并描述交叉原理。

parent1	1	2	3	4	5	6	7	8	9

parent2	5	7	9	1	6	8	4	3	2

12. 求解以下多目标优化问题，画出目标空间与决策空间的函数图像，标出 Pareto 前端，并写出极值点与正负极值点。

$$\max z_1 = f_1(\boldsymbol{x}) = -2x_1 + x_2$$
$$\max z_2 = f_2(\boldsymbol{x}) = 3x_1 - x_2$$
$$\text{s.t.} \ g_1(\boldsymbol{x}) = 3x_1 + 2x_2 - 6 \leqslant 0$$
$$g_2(\boldsymbol{x}) = 2x_1 + 3x_2 - 6 \leqslant 0$$
$$x_1, x_2 \geqslant 0$$

13. 对于最小化问题，利用多目标优化问题解的评价指标说明以下两组解的优劣程度。

图题 13

● 第一组解

✸ 第二组解

14. 对于最大化问题，利用 Pareto 强度进化算法设计如图所示解的适应度。

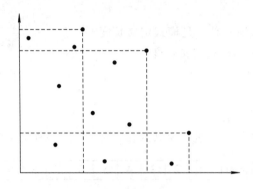

图题 14

15. 描述利用蚁群算法求解 TSP 问题的思路。

16. 简述免疫进化算法与遗传算法的不同。

17. 画出克隆选择算法的结构流程图并说明每一步完成的主要操作。

四、设计题

1. 利用程序求解下面的问题：

$$\max f(x_1, x_2) = 20 + x_1 \cdot \sin(5\pi x_1) + x_2 \cdot \sin(15\pi x_2)$$

$$\text{s. t.} \begin{cases} -9, & 0 \leqslant x_1 \leqslant 6.1 \\ 6, & 1 \leqslant x_2 \leqslant 7.8 \end{cases}$$

2. 给定 8 个物品，其重量和价值如表题四中所示，现从这些物品中挑出总重量不超过 100 的物品，编写程序求解所有方案中价值总和的最大值。

表题四

物品	1	2	3	4	5	6	7	8
重量	30	40	20	5	15	60	25	10
价值	47	30	9	8	15	66	12	11

参 考 文 献

[1] Gabriele G A, Ragsdell K M. Large scale nonlinear programming using the generalized reduced gradient method. Journal of Mechanical Design, 1980, 102(3): 566 - 573.

[2] Homaifar A, Qi C X, Lai S H. Constrained optimization via genetic algorithms. Simulation, 1994, 62(4): 242 - 253.

[3] Himmelblau D M. Applied Nonlinear Programming. New York: McGraw-Hill, 1972.

[4] Gen M, Liu B, Ida K. Evolution program for deterministic and stochastic optimizations. European Journal of Operational Research, 1996, 94(3): 618 – 625.

[5] Michalewicz Z. Genetic Algorithm + Data Structure = Evolution Programs. 2nd ed. New York: Springer-Verlag, 1994.

[6] Gen M, Cheng R. Genetic Algorithms and Engineering Design. New York: John Wiley & Sons, 1997.

[7] Gen M, Liu B. A Genetic Algorithm for Nonlinear Goal Programming. Evolutionary Optimization, 1999, 1(1): 65 – 76.

[8] Taguchi T, Ida K, Gen M. Method for solving nonlinear goal programming with interval coefficients using genetic algorithms. Computer & Industrial Eng. , 1997, 33(1 – 4): 579 – 600.

[9] Ishibuchi H. Formulation and analysis of linear programming problem with interval coefficients. J. of Japan Industrial Management Assoc. , 1989(in Japanese), 40(5): 320 – 329.

[10] Okada S, Gen M. Order Relation Between Intervals and Its Application to Shortest Path Problem. Computers & Industrial Eng. , 1993, 25(1 – 4): 147 – 150.

[11] Hinterding R. Serial and parallel genetic algorithms as functions optimizers. in Forrest, S. , editor, Proc. of the 5th International Conference on Genetic Algorithms. CA San Mateo: Morgan Kaufmann Publisher, 1993: 177 – 183.

[12] Hinterding R. Mapping, order-independent genes and the knapsack problem. in Fogel, D. , editor, Proc. of the First IEEE Conference on Evolutionary Computation, FL Orlando: IEEE Press, 1994: 13 – 17.

[13] Akbar M M, Manning E G, Shoja G C, et al. Heuristic solutions for the multiple-choice multi-dimension knapsack problem. International Conference on Computational Science, Berlin Heidelberg: Springer, 2001: 659 – 668.

[14] Mohr A E. Bit allocation in sub-linear time and the multiple-choice knapsack problem. Proc. of Data Compression Conference, IEEE, 2002: 352 – 361.

[15] Dantzig G, Fulkerson R, Johnson S. Solution of a large-scale traveling-salesman problem. Journal of the operations research society of America, 1954, 2(4): 393 – 410.

[16] Grötschel M. On the symmetric travelling salesman problem: solution of a 120-city problem. Combinatorial Optimization, BerlinHeidelberg: Springer, 1980: 61 – 77.

[17] Crowder H, Padberg M W. Solving large-scale symmetric travelling salesman problems to optimality. Management Science, 1980, 26(5): 495 – 509.

[18] Padberg M, Rinaldi G. Optimization of a 532-city symmetric traveling salesman problem by branch and cut. Operations Research Letters, 1987, 6(1): 1 – 7.

[19] Grötschel M, Holland O. Solution of large-scale symmetric travelling salesman problems. Mathematical Programming, 1991, 51(1 – 3): 141 – 202.

[20] Padberg M, Rinaldi G. A branch-and-cut algorithm for the resolution of large-scale symmetric traveling salesman problems. SIAM review, 1991, 33(1): 60 – 100.

第 2 章 进化计算

[21] Grefenstette J. Proceedings of the First International Conference on Genetic Algorithms. NJ Hillsdale: Lawrence Erlbaum Associates, 1985.

[22] Schaffer J D. Multiple objective optimization with vector evaluated genetic algorithms. Proc. of 1st Inter. Conf. on GAs and Their Applic. , 1985: 93 – 100.

[23] Fonseca C M, Fleming P J. Genetic Algorithms for Multiobjective Optimization: FormulationDiscussion and Generalization. Icga, 1993, 93(July): 416 – 423.

[24] Ishibuchi H, Murata T. A multi-objective genetic local search algorithm and its application to flowshop scheduling. IEEE Transactions on Systems, Man, and Cybernetics, Part C (Applications and Reviews), 1998, 28(3): 392 – 403.

[25] Gen M, Cheng R. Genetic Algorithms and Engineering Optimization. New York: John Wiley & Sons, 2000.

[26] Zitzler E, Thiele L. Multiobjective evolutionary algorithms: a comparative case study and the strength Pareto approach. IEEE transactions on Evolutionary Computation, 1999, 3(4): 257 – 271.

[27] Rosenberg R S. Stimulation of genetic populations with biochemical properties: I. the model. Mathematical Biosciences, 1970, 7(3 – 4): 223 – 257.

[28] Goldberg D E. Genetic algorithm for search, optimization, and machine learning. MA: Addison-Wesley, 1989.

[29] Deb K, Pratap A, Agarwal S, et al. A fast and elitist multi-objective genetic algorithm: NSGA-II. IEEE Transactions on Evolutionary Computation, 2002, 6(2): 182 – 197.

[30] Zitzler E, Thiele L. Multi-objective evolutionary algorithms: a comparative case study and the strength Pareto approach. IEEE Trans on Evolutionary Computation, 1999, 3(4): 257 – 271.

[31] Coello Coello C A. An updated survey of evolutionary multi-objective optimization techniques: state of the art and future trends. In: Proceedings of the IEEE Congress on Evolutionary Computation, CEC 1999: IEEE Service Center, 1999: 3 – 13.

[32] Coello C A C. Evolutionary multiobjective optimization: current and future challenges. Advances in soft computing, London: Springer, 2003: 243 – 256.

[33] Coello Coello C A. Recent trends in evolutionary multi-objective optimization. In: Evolutionary Multi-objective Optimization: Theoretical Advances and Applications, Verlag: Springer, 2004: 7 – 32.

[34] Coello Coello C A. Evolutionary multi-objective optimization: a historical view of the field. IEEE Computational Intelligence Magazine, 2006, 1(1): 28 – 36.

[35] Knowles J D, Corne D W. Approximating the non-dominated front using the Pareto archived evolution strategy. Evolutionary Computation, 2000, 8(2): 149 – 172.

[36] Fonseca C M, Fleming P J. Genetic algorithm for multi-objective optimization: formulation, discussion and generation. In: Proceedings of the Fifth International Conference on Genetic Algorithms, San Mateo: Morgan Kauffman Publishers, 1993: 416 – 423.

[37] Srinivas N, Deb K. Multi-objective optimization using non-dominated sorting in genetic algorithms.

Evolutionary Computation, 1994, 2(3): 221 - 248.

[38] Horn J, Nafpliotis N, Goldberg D E. A niched Pareto genetic algorithm for multi-objective optimization. In: Proceeding of the First IEEE Congress on Evolutionary Computation, 1994: 82 - 87.

[39] Goldberg D E, Richardson J. Genetic algorithms with sharing for multimodal function optimization. Genetic algorithms and their applications: Proceedings of the Second International Conference on Genetic Algorithms, Hillsdale, NJ: Lawrence Erlbaum, 1987: 41 - 49.

[40] Corne D W, Knowles J D, Oates M J. The Pareto envelope-based selection algorithm for multiobjective optimization. International conference on parallel problem solving from nature, Berlin Heidelberg: Springer, 2000: 839 - 848.

[41] Corne D W, Jerram N R, Knowles J D, Oates M J. PESA-II: Region-based selection in evolutionary multi-objective optimization. In: Proceedings of the Genetic and Evolutionary Computation Conference, GECCO - 2001, California San Francisco: Morgan Kaufmann Publishers, 2001: 283 - 290.

[42] Zitzler E, Laumanns M, Thiele L. SPEA2: Improving the strength Pareto evolutionary algorithm. In: Evolutionary Methods for Design, Optimization and Control with Applications to Industrial Problems, Greece Athens: 2002: 95 - 100.

[43] Erickson M, Mayer A, Horn J. The niched pareto genetic algorithm 2 applied to the design of groundwater remediation systems. International Conference on Evolutionary Multi-Criterion Optimization, Berlin, Heidelberg: Springer, 2001: 681 - 695.

[44] Coello Coello C A, Pulido G T. Multi-objective optimization using a micro-genetic algorithm. In: Proceedings of Genetic and Evolutionary Computation Conference, GECCO 2001, California San Francisco: Morgan Kaufmann Publishers, 2001: 274 - 282.

[45] 王磊, 潘进, 焦李成. 免疫算法. 电子学报, 2000, 28(7): 74 - 78.

[46] 王磊, 潘进, 焦李成. 免疫规划. 计算机学报, 2000, 23(8): 806 - 812.

第3章 模糊逻辑

3.1 模糊理论基础

模糊理论起源于美国，但是它在美国却因为传统理论的束缚，发展并不顺利。同样，在欧洲，人们喜欢在精确问题上钻牛角尖，偏好亚里士多德的二元逻辑系统，因而在一定程度上也抵制了模糊理论。东方人擅长于兼蓄思维，西方人娴熟于分析推理，这种文化沉淀上的差异可以从对模糊逻辑的接受程度上反映出来。

模糊是相对于精确而言的。对于多因素的复杂状况，模糊往往显示出更大的精确。过分精确还可能导致过于刻板和缺乏灵活性。比如我们去见一个陌生的朋友，只需知道对方的几个主要特征，而不需要对他的高低胖瘦精确到几尺几寸；又如在作演讲时，只需按提纲讲要点、临场发挥即可。

模糊逻辑是一种使用隶属度代替布尔真值的逻辑，是模糊理论的重要内容，在人工智能领域具有重要意义。一提到数学，人们自然会想到它是精确的。精确数学是以精确集合论为基础的。根据集合论的要求，一个对象对应于一个集合，要么属于，要么不属于，二者必居其一，且仅居其一，这也就是我们熟知的布尔逻辑。在布尔逻辑中，一个可以分辨真假的句子称为命题。也就是说，一个命题非真即假，非假即真，两者必居其一。常用"0"来表示一个命题为假，用"1"来表示一个命题为真。然而精确数学却不能有效描述现实世界里普遍存在的模糊现象，如"好与坏"、"长与短"、"一大堆"、"一小撮"、"太冷"、"太热"、"物美价廉"……这些"量"在人们的头脑中都有一个普遍接受的标准，利用这些模糊量非但不会影响人们的信息交流，反倒更便于理解与记忆。为处理这些模糊量而进行的种种努力催生了模糊逻辑。

值得注意的是，模糊逻辑不是把精确数学变模糊，而是用精确的数学方法解决精确数学无法解决的模糊现象，也就是说，模糊逻辑是精确解决不精确、不完全信息的方法。在意识到二值逻辑无法解决生活中存在的大量模糊现象的不足后，20世纪二三十年代波兰逻辑学家 Lukasiewicz 逐步将二值逻辑从三值逻辑推广到多值逻辑，最终推广到无穷值逻辑，也就是将逻辑真值的值域从{0，1}推广到[0，1]间的有理数，并最终推广到[0，1]整个闭区间。之后美国控制论专家 L. A. Zadeh 教授也正视经典集合描述的"非此即彼"的清晰现象，提出现实生活中的绝大多数概念并非都是"非此即彼"那么简单，而概念的差异常以中介过渡的形式出现，表现为"亦此亦彼"的模糊现象。基于此，1965 年 L. A. Zadeh 教授在《Information and Control》杂志上发表了一篇开创性论文《Fuzzy Sets》，首次提出了模糊集合和隶属度函数的概念，并引入了部分属于的思想，标志着模糊逻辑的诞生。1966 年，量子哲学家 Max Black 通过为集合中的成员赋值构造了模糊集合的隶属度函数，提出了不明确集合。1978 年，Zadeh 教授又提出了可能性理论，阐述了随机性和可能性的区别，这个理论极大地促进了模糊逻辑的发展。Zadeh 教授的主要贡献在于将模糊和数学统一在了一起。

模糊逻辑的理论基础是模糊集合。模糊集合论的提出虽然较晚，但目前在各个领域的应用却十分广泛。模糊逻辑经常应用于聚类分析、模式识别和综合评判等方面。实践证明，在图像识别、天气预报、地质地震、交通运输、医疗诊断、信息控制、人工智能等诸多领域，模糊逻辑也已初见成效。从该学科的发展趋势来看，它具有极其强大的生命力和渗透力。

3.1.1 概率与模糊

是否不确定性就是随机性？概率的概念是否包含了所有的不确定性的概念？

Bayesian(贝叶斯)学派认为，概率是一种主观的先验知识，不是一种频率和客观测量值。以赌博为例，赌徒总认为他所认定的事件概率大。

Lindley 认为概率是对不确定性唯一有效并充分的描述，所有其他方法都是不充分的(直接指向模糊理论)。

下面将讨论概率与模糊的相似和区别。

相似之处如下：

(1) 都可以用来刻画不确定性。

(2) 都通过单位间隔 $[0,1]$ 中的数来表述不确定性，即映射的值域是相同的，均为$[0,1]$。

(3) 都兼有集合和命题的结合律、交换律、分配律。

区别如下：

(1) 经典集合论中，$A \cap A^c = \varnothing$，$P(A \cap A^c) = P(\varnothing) = 0$ 代表概率上不可能的事件；模糊集合建立在 $A \cap A^c \neq \varnothing$ 的基础上。

(2) 经典集合 A 中某个元素 x 的概率在 x 发生之后，就会变为 0 或 1；模糊集合 A 中某个元素 x 的隶属度不会发生变化。

(3) 概率是事件是否发生的不确定性；模糊是事件发生的程度。

例 3.1.1 概率与模糊。

(1) 有 20% 的可能会下雨(概率，客观)；

(2) 正在下小雨(模糊，主观)。

例 3.1.2 概率与模糊。

(1) 下一个图像将会出现一个椭圆或者一个圆，各自出现的机会均为 50%（概率，客观），如图 3-1(a)所示。

(2) 下一个图像将会出现一个不精确的椭圆（模糊，主观），如图 3-1(b)所示。

(a) 圆或椭圆　　　　　　　(b) 不精确的椭圆

图 3-1　概率与模糊的区别

图 3-1 显示了概率与模糊的区别，具体表现为：图(a)表明圆或椭圆出现的概率均为 50%，这是对圆或椭圆是否出现的客观描述，当事件发生后，它的概率就为 0 或 1；图(b)表明这是一个不精确的椭圆，但在精确和不精确间并没有清晰的界线，属于模糊范畴。

3.1.2　模糊集合的定义

1. 集合及其特征函数

1) 集合

在讨论集合前，先介绍以下几个相关概念。

论域：一般而言，我们将被讨论的全体对象称为论域，常用大写字母 U、E、X 等表示。

元素：论域中的每个对象称为元素，常用小写字母 u、e、x 等表示。

集合：论域中具有性质 P 的元素组成的总体称为集合，常用大写字母 A、B 等表示。

2) 集合的运算

集合的常用运算包括：交（$\bigcap$）、并（$\bigcup$）、补。

定义 3.1.1　集合的交、并、补运算：设 $A,B \in p(X)$，A 与 B 的交、并、补运算定义可分别表示为

$$A \bigcup B = \{x \mid x \in A \text{ 或 } x \in B\}$$
$$A \bigcap B = \{x \mid x \in A \text{ 且 } x \in B\} \tag{3.1}$$
$$A^c = \{x \mid x \notin A\}$$

定义 3.1.2　集合的差、对称差运算：设 $A,B \in p(X)$，A 与 B 的差、对称差运算定义可分别表示为

$$A - B = \{x \mid x \in A \text{ 且 } x \notin B\}$$
$$A \ominus B = (A - B) \bigcup (B - A) \tag{3.2}$$

3）特征函数

对于论域 E 上的集合 A 和元素 x，若有以下关系：

$$\mu_A(x) = \begin{cases} 1, & x \in A \\ 0, & x \notin A \end{cases}$$

则称 μ_A 为集合 A 的特征函数。

注意：特征函数表达了元素 x 对集合 A 的隶属程度。可以用集合来表达各种概念的精确数学定义和各种事物的性质。

2. 模糊集合

1）概念的模糊性

许多概念集合具有模糊性，例如：

成绩：好、差；

身高：高、矮；

年龄：年轻、年老；

头发：秃、不秃。

2）模糊集合的定义

论域 X 上的模糊集合 A 由隶属度函数 $\mu_A(x)$ 来表征，其中 $\mu_A(x)$ 在实轴的闭区间 $[0,1]$ 上取值，$\mu_A(x)$ 的值反映了 X 中的元素 x 对于 A 的隶属程度。

模糊集合完全由隶属函数所刻画。$\mu_A(x)$ 的值越接近于 1，表示 x 隶属于 A 的程度越高；$\mu_A(x)$ 的值越接近于 0，表示 x 隶属于 A 的程度越低；当 $\mu_A(x)$ 的值域为 $\{0,1\}$ 二值时，就演化为普通集合的特征函数 $\mu_A(x)$，A 也演化为普通的集合。

3.1.3 模糊集合和经典集合

在介绍模糊集合与经典集合的区别和联系前，我们先给出映射和函数的定义。

定义 设两个集合 X、Y，如果有对应关系 f 存在，即对于任一个 $x \in X$，有唯一的 $y \in Y$ 与之相对应，则 f 称为 X 到 Y 的映射，记作：

$$\begin{aligned} f&: X \to Y \\ x &\mapsto f(x) = y \end{aligned} \tag{3.3}$$

其中，y 称为 x 在 f 下的像，x 称为 y 在 f 下的原像。

当集合 X、Y 都是实数集的子集时，这种映射称为函数。

模糊集合和经典集合的区别如图 3-2 所示。

从图 3-2 可以看出，经典集合和模糊集合的主要区别在于隶属度的取值范围不同。其中，经典集合隶属度的值域为 $\{0,1\}$，模糊集合隶属度的值域为 $[0,1]$。

经典集合 | 模糊集合

定义：设 A 是论域 U 上的经典集合，若对任意 $x \in U$，给定一个由 U 到 $\{0, 1\}$ 的映射 μ_A，即

$$\mu_A: U \to \{0, 1\}$$

$$x \mapsto \mu_A(x) = \begin{cases} 1, & x \in A \\ 0, & x \notin A \end{cases}$$

则映射 μ_A 为 A 的特征函数

定义：设 A 是论域 U 上的模糊集合，若对任意 $x \in U$，给定一个由 U 到 $[0, 1]$ 的映射 μ_A，即

$$\mu_A: U \to [0, 1]$$

$$x \mapsto \mu_A(x)$$

则映射 μ_A 为 A 的特征函数

隶属度为 0 或 1 的特例

图 3-2　经典集合和模糊集合的区别

例 3.1.3　通过判别不同温度属于什么天气来解释经典集合和模糊集合的区别。

图 3-3 显示了温度与天气的对应关系，此处共列出了 4 种天气，分别是 Cold、Cool、Warm、Hot。图(a)对于任一种温度，只有一种天气与之对应，即对于一个温度要么属于某个天气，要么不属于该天气，属于经典集合；图(b)对于一个温度，其隶属的天气有重叠部分，即一个温度，它可能同时属于两种天气，只是隶属程度不同，属于模糊集合。

(a) 经典集合

(b) 模糊集合

图 3-3　不同温度对应的天气

例 3.1.4　通过经典集合和模糊集合的集合图示及隶属度函数图来区分经典集合和模糊集合。

图 3-4 通过经典集合和模糊集合的集合图示及对应的隶属度函数图显示了经典集合和模糊集合的区别。从两者的集合图示可以看出，经典集合的集合图示非黑即白，而模糊

集合的集合图示除了黑、白外，还有灰色地带；从两者的隶属度函数可以看出，经典集合的隶属度函数值只有 0、1 两个值，而模糊集合的隶属度函数值是位于[0，1]间的值。

图 3-4　经典集合和模糊集合的集合图示及隶属度函数

例 3.1.5　分别计算图 3-5 在经典集合和模糊集合下的隶属度函数，并绘制隶属度函数图。其中经典集合为 $A=\{$长度大于 3 cm 的线段$\}$，模糊集合为 $A=\{$长线段$\}$。

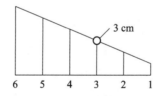

图 3-5　不同位置对应的线段长度

解　由题可知，经典集合为 $A=\{$长度大于 3 cm 的线段$\}$，即 $A=\{4,5,6\}$，其隶属度函数为

$$C_A(u) = \begin{cases} 1, u=\{4,5,6\} \\ 0, \text{其他} \end{cases}$$

隶属度函数图如图 3-6(a)所示。

模糊集合为 $A=\{$长线段$\}$。

根据线段越短属于长线段的隶属度越小，可将隶属度函数设为

$$C_A(u) = \frac{i-1}{6-1} = \frac{i-1}{5}$$

隶属度函数图如图 3-6(b)所示。

图 3-6 隶属度函数

3.1.4 模糊集合的表示方法

通常根据集合中元素的数目，可以将集合分为有限集合和无限集合。对于论域 U 上的模糊集合 A，常用的表示方式有几下三种。

1. 列举法

列举法只适用于有限集合。当论域 U 是离散域时，一般可以用扎德（Zadeh）表示法、序偶表示法和向量法表示法表示。这三种表示方法均属于列举法。

1）Zadeh 表示法

Zadeh 表示公式如下

$$A = \frac{A(x_1)}{x_1} + \frac{A(x_2)}{x_2} + \cdots + \frac{A(x_i)}{x_i} + \cdots + \frac{A(x_n)}{x_n} \tag{3.4}$$

其中，$A(x_i)$ 表示 x_i 对模糊集合 A 的隶属度；此处分数线不是代表分数，它只有符号意义；"＋"称为扎德记号，不是求和，而是表示模糊集合在论域上的整体关系。

当论域 U 是连续域，即论域中有无穷多个连续的点时，模糊集合可表示为

$$A = \int_{x \in U} \frac{A(x)}{x} \tag{3.5}$$

注意：这里的积分号不是通常的含义，该式只是表示对论域中每个元素都定义了相应的隶属函数。

2）序偶表示法

序偶表示法如下：

$$A = \{(x_1, A(x_1)), (x_2, A(x_2)), \cdots, (x_n, A(x_n))\} \tag{3.6}$$

该方法用模糊集合的元素与其对应的隶属度匹配组合的方式表示集合。

3）向量表示法

向量表示法如下：

$$\boldsymbol{A} = (A(x_1), A(x_2), \cdots, A(x_n)) \tag{3.7}$$

该方法用模糊集合中每个元素的隶属度来表示集合。

注意：(1) 集合中隶属度要按照元素的顺序进行排列。

(2) 用扎德表示法时，隶属度函数等于 0 的项可以省略；用向量表示法时，隶属度函数等于 0 的项不可以省略。

2. 描述法

对于无限集，也可使用描述法来表示集合，即

$$A = \{x \mid P(x)\} \tag{3.8}$$

其中，$P(x)$ 表示 x 满足性质 P。

3. 隶属度函数法

论域 E 上的模糊集合 A 是由隶属度函数确定的，所以可以用隶属度函数来表示模糊集合 A。模糊集合可表示为

$$\mu_A(x) = \begin{cases} 1, & \text{当 } x \in A \text{ 时} \\ 0 < \mu_A(x) < 1, & \text{当 } x \text{ 在一定程度上属于 } A \text{ 时} \\ 0, & \text{当 } x \notin A \text{ 时} \end{cases} \tag{3.9}$$

注意：隶属度函数用精确的数学方法描述了概念的模糊性。

例 3.1.6　假设以人的岁数作为论域 $U = [0, 120]$，单位是"岁"，那么"年轻"是 U 上的模糊子集。隶属度函数如下：

$$\mu_A(u) = \text{"年轻"}(u) = \begin{cases} 1, & 0 < u \leqslant 25 \\ \left[1 + \left(\dfrac{u-25}{5}\right)^2\right]^{-1}, & 25 < u < 120 \end{cases}$$

上式表示：不大于 25 岁的人，对子集"年轻"的隶属度函数值是 1，即一定属于这一子集；而大于 25 岁的人，对子集"年轻"的隶属度函数值按 $\left[1 + \left(\dfrac{u-25}{5}\right)^2\right]^{-1}$ 来计算，且随着年龄的增大，隶属度函数值逐渐减小。

例如对 40 岁的人，隶属度函数的值为

$$\mu_A(u = 40) = \left[1 + \left(\dfrac{40-25}{5}\right)^2\right]^{-1} = 0.1$$

3.1.5　模糊集合的几何图示

将论域 X 的所有模糊子集的集合——模糊幂集合 $F(2^X)$ 看成一个超立方体 $I^n = [0, 1]^n$，将一个模糊集合看成是立方体内的一个点。非模糊集对应立方体的顶点。中点离各顶点等距，具有最大模糊。以模糊集合 A 的集合图示为例进行说明，如图 3-7 所示。

从图 3-7 中可以看出，模糊集合 A 是单位"二维立方体"中的一个点，其坐标（匹配值）是 $\left(\dfrac{3}{7}, \dfrac{5}{7}\right)$。这表明第一个元素 x_1 属于 A 的程度是 $\dfrac{3}{7}$，第二个元素 x_2 的隶属度是 $\dfrac{5}{7}$。立

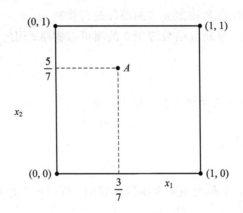

图 3-7 模糊集合 A 的几何图示

方体包含了两个元素 $\{x_1, x_2\}$ 所有可能的模糊子集。四个顶点代表 $\{x_1, x_2\}$ 的幂集 2^X。对角线连接了非模糊集合的补集。模糊集合 A、集合的补集 A^c 及其相应的运算 $A \bigcap A^c$、$A \bigcup A^c$ 如图 3-8 所示。

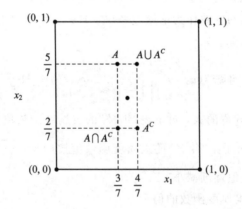

图 3-8 模糊集合 A、A^c、$A \bigcap A^c$ 及 $A \bigcup A^c$ 的几何图示

图 3-8 中各个集合的坐标值分别为

$$A = \left(\frac{3}{7}, \quad \frac{5}{7} \right), \quad A^c = \left(\frac{4}{7}, \frac{2}{7} \right), \quad A \bigcap A^c = \left(\frac{3}{7}, \quad \frac{2}{7} \right), \quad A \bigcup A^c = \left(\frac{4}{7}, \frac{5}{7} \right)$$

越靠近模糊立方体的中点，A 就越模糊。当 A 到达中点时，所有四个点汇聚到中点处（模糊黑洞）。越靠近最近的顶点，A 就越确定。当 A 到达顶点时，四个点全部发散到四个顶点，得到二值幂集合 2^X。模糊立方体将 Aristotelian 集合"流放"到顶点处。

1. 模糊集合的大小

模糊集合的大小通常用基数来表示，即

$$M(A) = \sum_{i=1}^{n} m_A(x_i) \qquad (3.10)$$

模糊集合 A 的大小的几何图示如图 3-9 所示。

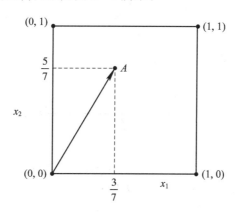

图 3-9　模糊集合 A 的大小的几何图示

图 3-9 中点 A 的坐标为 $A = \left(\dfrac{3}{7}, \dfrac{5}{7} \right)$，它的基数等于 $M(A) = \dfrac{3}{7} + \dfrac{5}{7} = \dfrac{8}{7}$。$(X, In, M)$ 定义了模糊理论的基本测量空间。$M(A)$ 等于从原点到 A 的矢量的模糊汉明范数(l_1 范数)。

2. 模糊集之间的距离

模糊集之间的距离公式如下：

$$l^p(A, B) = \sqrt[p]{\sum_{i=1}^{n} |m_A(x_i) - m_B(x_i)|^p} \qquad (3.11)$$

l^2 距离就是欧几里德距离。最简单的距离就是模糊汉明距离 l^1，它是坐标差值的绝对值之和。利用模糊汉明距离，基数 M 可以写成 l^1 距离的形式：

$$
\begin{aligned}
M(A) &= \sum_i^n m_A(x_i) \\
&= \sum_i |m_A(x_i) - 0| \\
&= \sum_i |m_A(x_i) - m_\varnothing(x_i)| \\
&= l^1(A, \varnothing) \qquad (3.12)
\end{aligned}
$$

3. 模糊集的模糊程度——模糊熵

A 的模糊熵 $E(A)$，对应单位超立方体 I_n 中的 $0 \sim 1$，其中 4 个顶点的熵为 0，即不模糊；中点的熵为 1，即最大熵。从顶点到中点，熵逐渐增大。A 分别与最近顶点和最远顶点连线，如图 3-10 所示。

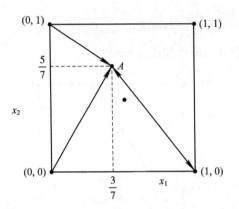

图 3-10 模糊集合 A 与最近顶点和最远顶点距离的几何图示

从图 3-10 中可以看出，A、距离 A 最近的顶点 A_{near}、距离 A 最远的顶点 A_{far} 的坐标依次为

$$A = \left(\frac{3}{7},\ \frac{5}{7} \right), \quad A_{near} = (0,\ 1), \quad A_{far} = (1,\ 0)$$

设 A 和 A_{near} 间的距离为 a，A 和 A_{far} 间的距离为 b，熵的比例形式 $E(A)$ 计算过程如下：

$$a = \frac{3}{7} + \frac{2}{7} = \frac{5}{7}, \quad b = \frac{4}{7} + \frac{5}{7} = \frac{9}{7}, \quad E(A) = \frac{a}{b} = \frac{5}{9}$$

3.1.6 模糊集合的运算

1. 模糊集合的基本运算

模糊集合之间还可以像经典集合一样进行集合之间的其他运算。

1）相关运算的定义

集合运算可以用特征函数的逐个元素运算来表示。如集合 A 和 B 的并、交、补、差、对称等运算可分别表示为

相等：$A = B \Leftrightarrow \mu_A(x) = \mu_B(x)$

包含：$A \subseteq B \Leftrightarrow \mu_A(x) \leqslant \mu_B(x)$

交集：$C = A \bigcap B \Leftrightarrow \mu_C(x) = \min(\mu_A(x),\ \mu_B(x)) = \mu_A(x) \bigwedge \mu_B(x)$

其中，"$\bigwedge$"为 Zadeh 算子，表示"取最小值"运算。

并集：$C = A \bigcup B \Leftrightarrow \mu_C(x) = \max(\mu_A(x),\ \mu_B(x)) = \mu_A(x) \bigvee \mu_B(x)$

其中，"$\bigvee$"为 Zadeh 算子，表示"取大"运算。

补集：$\overline{A} \Leftrightarrow \mu_A(x) = 1 - \mu_A(x)$

代数积：模糊集的代数积，记为 AB，其隶属度函数定义为

$$\mu_{AB} = \mu_A \mu_B$$

代数和：模糊集 A、B 的代数和，记为 $A \oplus B$，其隶属度函数定义为

$$\mu_{A \oplus B} = \mu_A + \mu_B - \mu_{AB}$$

绝对差：模糊集 A、B 的绝对差，以 $|A-B|$ 表示，其隶属度函数定义为

$$\mu_{|A-B|} = \mu_A - \mu_B$$

两个高斯隶属度函数及其绝对差的示意图如图 3-11 所示。

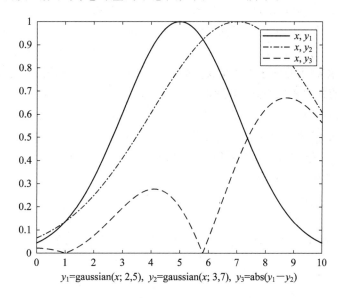

$y_1 = \text{gaussian}(x; 2,5)$, $y_2 = \text{gaussian}(x; 3,7)$, $y_3 = \text{abs}(y_1 - y_2)$

图 3-11　两个高斯隶属度函数及其绝对差

例 3.1.7　$S=\{a, b, c, d\}$，$A=\{a, b, c\}$，$B=\{b, c, d\}$，使用扎德表示法表示集合 A、B，并依次计算 $A \bigcup B$、$A \bigcap B$、AB、$A \oplus B$ 以及 $|A-B|$。

解　$A = \dfrac{1}{a} + \dfrac{1}{b} + \dfrac{1}{c} + \dfrac{0}{d}$

$B = \dfrac{0}{a} + \dfrac{1}{b} + \dfrac{1}{c} + \dfrac{1}{d}$

$A \bigcup B = \dfrac{\max(1, 0)}{a} + \dfrac{\max(1, 1)}{b} + \dfrac{\max(1, 1)}{c} + \dfrac{\max(0, 1)}{d} = \dfrac{1}{a} + \dfrac{1}{b} + \dfrac{1}{c} + \dfrac{1}{d}$

$A \bigcap B = \dfrac{\min(1, 0)}{a} + \dfrac{\min(1, 1)}{b} + \dfrac{\min(1, 1)}{c} + \dfrac{\min(0, 1)}{d} = \dfrac{0}{a} + \dfrac{1}{b} + \dfrac{1}{c} + \dfrac{0}{d}$

$AB = \dfrac{1 \times 0}{a} + \dfrac{1 \times 1}{b} + \dfrac{1 \times 1}{c} + \dfrac{0 \times 1}{d} = \dfrac{0}{a} + \dfrac{1}{b} + \dfrac{1}{c} + \dfrac{0}{d}$

$A \oplus B = \dfrac{1+0-0}{a} + \dfrac{1+1-1}{b} + \dfrac{1+1-1}{c} + \dfrac{0+1-0}{d} = \dfrac{1}{a} + \dfrac{1}{b} + \dfrac{1}{c} + \dfrac{1}{d}$

$$|A-B| = \frac{|1-0|}{a} + \frac{|1-1|}{b} + \frac{|1-1|}{c} + \frac{|0-1|}{d} = \frac{|1|}{a} + \frac{|0|}{b} + \frac{|0|}{c} + \frac{|1|}{d}$$

例 3.1.8 一个房地产商想将销售给客户的商品房进行分类。衡量房子舒适度的一个标准是其卧室的数量。设 $X=\{1,2,3,4,5,6\}$ 是房子卧室数集,模糊集"对三口之家的舒适型房子"可以描述为

$$A = \{(1,0.3),(2,0.8),(3,1),(4,0.7),(5,0.3)\}$$

模糊集"对三口之家的大面积型房子"可以描述为

$$B = \{(2,0.4),(3,0.6),(4,0.8),(5,1),(6,1)\}$$

试写出"大或者舒适的房子"、"又大又舒适的房子"和"不大的房子"的集合表示形式。

解 A 与 B 的并表示"大或者舒适的房子",即

$$A \bigcup B = \{(1,0.3),(2,0.8),(3,1),(4,0.8),(5,1),(6,1)\}$$

A 与 B 的交表示"又大又舒适的房子",即

$$A \bigcap B = \{(2,0.4),(3,0.6),(4,0.7),(5,0.3)\}$$

B 的补集表示"不大的房子",即

$$\overline{B} = \{(1,1),(2,0.6),(3,0.4),(4,0.2)\}$$

2) 基本定律

模糊集运算的基本定律:设 U 为论域,A、B、C 为 U 中的任意模糊子集,则下列等式成立。

(1) 幂等律:

$$A \bigcap A = A$$
$$A \bigcup A = A$$

(2) 结合律:

$$A \bigcap (B \bigcap C) = (A \bigcap B) \bigcap C$$
$$A \bigcup (B \bigcup C) = (A \bigcup B) \bigcup C$$

(3) 交换律:

$$A \bigcap B = B \bigcap A$$
$$A \bigcup B = B \bigcup A$$

(4) 分配律:

$$A \bigcap (B \bigcup C) = (A \bigcap B) \bigcup (A \bigcap C)$$
$$A \bigcup (B \bigcap C) = (A \bigcup B) \bigcap (A \bigcup C)$$

(5) 同一律:

$$A \bigcap U = A$$
$$A \bigcup \varnothing = A$$

（6）零一律：
$$A \bigcup U = U$$
$$A \bigcap \varnothing = \varnothing$$

（7）吸收律：
$$A \bigcap (A \bigcup B) = A$$
$$A \bigcup (A \bigcap B) = A$$

（8）德·摩根律：
$$\overline{A \bigcap B} = \overline{A} \bigcup \overline{B}$$
$$\overline{A \bigcup B} = \overline{A} \bigcap \overline{B}$$

（9）双重否认律：
$$\overline{\overline{A}} = A$$

2. 一些常用的算子

（1）Zadeh 算子（$\vee$，$\wedge$）：
$$a \vee b = \max\{a, b\}$$
$$a \wedge b = \min\{a, b\}$$

（2）取大、乘积算子（$\vee$，·）：
$$a \vee b = \max\{a, b\}$$
$$a \cdot b = ab$$

（3）环和、乘积算子（$\hat{+}$，·）：
$$a \hat{+} b = a + b - ab$$
$$a \cdot b = ab$$

（4）有界和、取小算子（$\oplus$，$\wedge$）：
$$a \oplus b = 1 \wedge (a + b)$$
$$a \wedge b = \min\{a, b\}$$

（5）有界和、乘积算子（$\oplus$，·）：
$$a \oplus b = 1 \wedge (a + b)$$
$$a \cdot b = ab$$

（6）Einstain 算子（$\overset{+}{\varepsilon}$，$\overline{\varepsilon}$）：
$$a \overset{+}{\varepsilon} b = \frac{a + b}{1 + ab}$$

$$a \overline{\varepsilon} b = \frac{ab}{1 + (1 - a)(1 - b)}$$

3.2 隶属度函数

3.2.1 隶属度函数的基本概念

1. 隶属度函数的定义

论域 U 上的一个模糊集 A 由隶属函数 $\mu_A(x)$ 唯一确定，表示 x 隶属于集合 A 的程度，故认为二者是等同的，即

$$\mu_A : U \rightarrow [0, 1]$$

隶属度函数定义式为

$$\mu_A(x) = \begin{cases} 1 & (\text{表示 } x \text{ 完全属于 } A) \\ 0 & (\text{表示 } x \text{ 完全不属于 } A) \\ 0 < \mu_A(x) < 1 & (\text{表示 } x \text{ 部分属于 } A) \end{cases} \tag{3.13}$$

一般，模糊集 A 表示为一组有序对：

$$A = \{(x, \mu_A(x)) \mid x \in U\}$$

其中，A 表示模糊集合，$\mu_A(x)$ 表示隶属度函数，U 表示论域。

2. 常见的隶属度函数

1）一维隶属度函数

常见的一维隶属度函数有高斯隶属度函数 $\mathrm{gaussian}(x; c, \sigma)$、钟形隶属度函数 $\mathrm{bell}(x; a, b, c)$、梯形隶属度函数 $\mathrm{trapezoidal}(x; a, b, c, d)$ 及三角形隶属度函数 $\mathrm{trapezoid}(x; a, b, c, d)$。它们的表达式分别如下：

$$\mathrm{gaussian}(x; c, \sigma) = \mathrm{e}^{-\frac{1}{2}\left(\frac{x-c}{\sigma}\right)^2} \tag{3.14}$$

$$\mathrm{bell}(x; a, b, c) = \frac{1}{1 + \left|\dfrac{x-c}{a}\right|^{2b}} \tag{3.15}$$

$$\mathrm{trapezoidal}(x; a, b, c, d) = \begin{cases} 0, & x \leqslant a \\ \dfrac{x-a}{b-a}, & a \leqslant x \leqslant b \\ 1, & b \leqslant x \leqslant c \\ \dfrac{d-x}{d-c}, & c \leqslant x \leqslant d \\ 0, & d \leqslant x \end{cases} \tag{3.16}$$

$$\text{trapezoid}(x;a,b,c,d) = \begin{cases} 0, & x \leqslant a \\ \dfrac{x-a}{b-a}, & a \leqslant x \leqslant b \\ \dfrac{c-x}{c-b}, & b \leqslant x \leqslant c \\ 0, & c \leqslant x \end{cases} \tag{3.17}$$

常见的一维隶属度函数的示意图如图 3-12 所示。图(a)表示高斯隶属度函数在参数为 $b=2$，$c=5$ 时的示意图，图(b)表示钟形隶属度函数在参数为 $a=2$，$b=4$，$c=6$ 时的示意图，图(c)表示梯形隶属度函数在参数为 $a=1$，$b=4$，$c=6$，$d=8$ 时的示意图，图(d)表示三角形隶属度函数在参数为 $a=3$，$b=6$，$c=8$ 时的示意图。

图 3-12　常见的一维隶属度函数

钟形隶属度函数中，改变 c 和 a 可改变隶属度函数的中心和宽度，改变 b 可改变交叉点处的斜度。图 3-13 显示了参数调整对钟形隶属度函数的影响。其中，图(a)显示了调整 a 对函数的影响：在保持 $b=2$、$c=0$ 的情况下，依次调整 a 的值为 1、2、3；图(b)显示了调整 b 对函数的影响：在保持 $a=2$、$c=0$ 的情况下，依次调整 b 的值为 1、4、7；图(c)显示了调整 c 对函数的影响：在保持 $a=2$、$b=4$ 的情况下，依次调整 c 的值为 -3、0、3；图(d)显示了同时调整 a、b 对函数的影响：在保持 $c=0$ 的情况下，依次调整 (a,b) 的值为 (2,2)、(3,3)、(4,4)。

从图 3-13 中可以看出，改变 a 和 b 可改变隶属度函数的宽度，a 值大小与隶属度宽度成正比，隶属度函数的宽度为 $2a$；b 值大小与隶属度宽度成反比，控制交叉点处的斜度，b

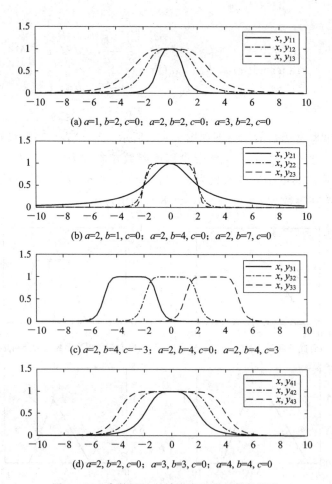

(a) $a=1, b=2, c=0$；$a=2, b=2, c=0$；$a=3, b=2, c=0$

(b) $a=2, b=1, c=0$；$a=2, b=4, c=0$；$a=2, b=7, c=0$

(c) $a=2, b=4, c=-3$；$a=2, b=4, c=0$；$a=2, b=4, c=3$

(d) $a=2, b=2, c=0$；$a=3, b=3, c=0$；$a=4, b=4, c=0$

图 3-13　参数调整对钟形隶属度函数的影响

越大，上升越快；c 值控制隶属度函数的中心。

还有一种常用的一维隶属度函数——Sigmoid 隶属度函数，此类函数常用于人工神经网络。其表示形式如下：

$$\mathrm{Sig}(x;a,\ c) = \frac{1}{1 + \exp[-a(x-c)]} \tag{3.18}$$

Sigmoid 隶属度函数及其计算如图 3-14 所示。图(a)显示了参数分别为 $a=2$，$c=5$ 和 $a=-1$，$c=5$ 时的示意图；图(b)显示了参数分别为 $a=2$，$c=5$ 和 $a=1$，$c=-5$ 时的示意图；图(c)显示了参数分别为 $a=2$，$c=5$ 和 $a=-1$，$c=5$ 时的函数相乘的示意图；图(d)显示了参数分别为 $a=2$，$c=5$ 和 $a=-1$，$c=5$ 时的函数绝对差的示意图。

通过分析图 3-14(a)、(b)的参数，可以得知参数 a 控制函数的左开和右开，适合用来描述"非常大"或"非常小"。下面将对左开、右开和闭模糊集合进行定义。

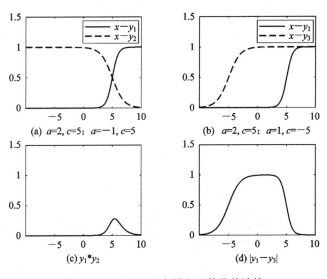

图 3-14 Sigmoid 隶属度函数及其计算

(1) 对于模糊集合 A，若 $\lim\limits_{x \to -\infty} \mu_A(x) = 1$ 且 $\lim\limits_{x \to +\infty} \mu_A(x) = 0$，则称 A 是左开的。

(2) 对于模糊集合 A，若 $\lim\limits_{x \to -\infty} \mu_A(x) = 0$ 且 $\lim\limits_{x \to +\infty} \mu_A(x) = 1$，则称 A 是右开的。

(3) 对于模糊集合 A，若 $\lim\limits_{x \to -\infty} \mu_A(x) = 0$ 且 $\lim\limits_{x \to +\infty} \mu_A(x) = 0$，则称 A 是闭的。

由上述定义可知，当 $a > 0$ 时为右开，当 $a < 0$ 时为左开。参数 c 用于控制隶属度取 $\dfrac{1}{2}$ 时 x 的取值。而图 3-13(c)、(d)的作用在于构造闭且非对称的隶属度函数。

2) 二维隶属度函数

假设模糊集合 $A = (x, y)$ 在 (3, 4) 附近，其隶属度如下：

$$\mu_A(x, y) = \exp\left[-\left(\left(\frac{x-3}{2}\right)^2 + (y-4)^2\right)\right]$$

上述模糊集可以看作由连接词"与"连接的两个陈述句"x 在 3 附近"且"y 在 4 附近"，即可拆分成以下两式：

$$\begin{cases} \mu_A(x) = \exp\left[-\left(\dfrac{x-3}{2}\right)^2\right] \\ \mu_A(y) = \exp\left[-(y-4)^2\right] \end{cases}$$

常见的二维隶属度函数的产生方式为：通过一维函数扩展产生和通过极小极大运算产生。

(1) 通过一维扩展(Cylindrical Extension)产生的二维隶属度函数如下：

$$C(A) = \int_{X \times Y} \frac{\mu_A(x)}{(x, y)} \tag{3.19}$$

以高斯隶属度函数为例，绘制它的一维函数图，并通过一维扩展绘制其二维隶属度函数图，分别如图 3-15(a)、(b)所示。

（a）一维隶属度函数

（b）二维隶属度函数

图 3-15　高斯隶属度函数

（2）通过极小极大运算产生二维隶属度函数。以钟形二维隶属度函数和高斯二维隶属度函数的产生方式为例，图 3-16(a)、(b)的产生方式依次为

$$z = \min(\text{bell}(x), \text{bell}(y)) \tag{3.20}$$

$$z = \max(\text{bell}(x), \text{bell}(y)) \tag{3.21}$$

（a）$z = \min(\text{bell}(x), \text{bell}(y))$

（b）$z = \max(\text{bell}(x), \text{bell}(y))$

图 3-16　钟形二维隶属度函数

图 3-17(a)、(b)的产生方式依次为

$$z = \min(\text{gaussian}(x),\ \text{gaussian}(y)) \tag{3.22}$$

$$z = \max(\text{gaussian}(x),\ \text{gaussian}(y)) \tag{3.23}$$

（a）$z = \min(\text{gaussian}(x),\ \text{gaussian}(y))$

（b）$z = \max(\text{gaussian}(x),\ \text{gaussian}(y))$

图 3-17　高斯二维隶属度函数

3.2.2　隶属度函数遵守的基本原则

隶属度函数实质上反映的是事物的渐变性，隶属度函数遵守如下基本原则：

（1）表示隶属度函数的模糊集合必须是凸模糊集合。

① 在一定范围内或者一定条件下，模糊概念的隶属度具有一定的稳定性；

② 从最大的隶属度函数点出发向两边延伸时，其隶属度函数的值必须是单调递减的，而不允许有波浪性。

总之，隶属度函数呈单峰馒头形（凸模糊集合一般用三角形和梯形作为隶属度函数曲线），凸模糊和非凸模糊集合的示意图如图 3-18 所示。

图 3-18　凸模糊与非凸模糊示意图

从图 3-18 可以看出，凸模糊集合从最大隶属度函数点出发向两边延伸时是单调递减的；而非凸模糊集合在两边延伸时，是有一定波浪的，即不具单调性。

（2）变量所取隶属度函数通常是对称和平衡的。

模糊变量的标称值一般取 3～9 个为宜，通常取奇数（平衡）；在"零"、"适中"或者"合适"集合两边的语言值通常取对称值（如速度适中，一边取"速度高"，另一边取"速度低"，满足对称性）。

（3）隶属度函数要符合人们的语义顺序，避免不恰当的重叠。

在相同的论域上使用的具有语义顺序关系的若干标称的模糊集合，应合理排列。图 3-19 显示的交叉越界的隶属度函数就不符合人们的语义顺序，是不恰当的。

图 3-19　交叉越界的隶属度函数

图 3-19 中，在交叉部分前的一段，尺寸定义为小，交叉部分尺寸为大，在交叉部分之后有两段依次为适中和大，所以尺寸在交叉部分发生了错乱，不符合人们通常的语义顺序，是不合理的。

（4）论域中的每个点应至少属于一个隶属度函数的区域，同时它一般应属于至多不超过两个隶属度函数的区域。

（5）对于同一输入，没有两个隶属度函数会同时具有最大隶属度。最大隶属度代表集合的最明显特征。

（6）当两个隶属度函数重叠时，重叠部分对于两个隶属度函数的最大隶属度不应有交叉。

3.2.3　隶属度函数的设计

1. 设计方法

隶属度函数是模糊控制的应用基础，那么如何确定隶属函数呢？主要有以下四种

方法:

1)模糊统计法

模糊统计法的基本思想是对论域 U 上的一个确定元素 x 是否属于论域上的一个可变的清晰集的判断。

模糊集——如"年轻人";

清晰集——如"17~30 岁的人"、"25~35 岁的人",对于同一个模糊集可以有不同的清晰集。

模糊统计法计算方法如下:

$$x \text{ 对 } A \text{ 的隶属频率} = \frac{x \in A \text{ 的次数}}{\text{试验总次数 } n}$$

可见,n 越大,隶属频率就越稳定,但是计算量也越大。

2)例证法

例证法是由已知的有限个隶属函数的值,来估计论域 U 上的模糊子集 A 的隶属度函数。

3)专家经验法

专家经验法是根据专家的实际经验给出模糊信息的处理算式或者相应的权系数值隶属度函数的一种方法。

4)二元对比排序法

二元对比排序法是通过多个事物之间两两对比来确定某种特征下的顺序,由此来确定这些事物对该特征的隶属度函数的大体形状。

2. 隶属度函数图形

模糊控制中的隶属度函数图形大概有以下三大类:

1)Z 函数

Z 函数是指左大右小的偏小型下降函数,如图 3-20 所示。

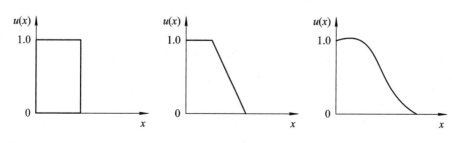

图 3-20 Z 函数

2）S 函数

S 函数是指左小右大的偏大型上升函数，如图 3-21 所示。

图 3-21　S 函数

3）Ⅱ函数

Ⅱ函数是指对称型凸函数，如图 3-22 所示。

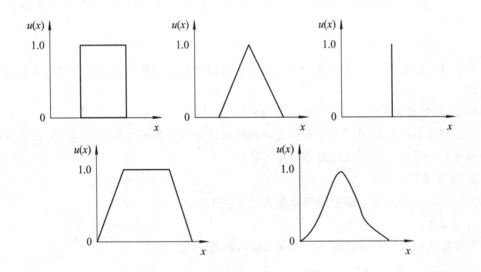

图 3-22　Ⅱ函数

例 3.2.1　$X=\{0,1,2,3,4,5,6\}$ 为家庭可以拥有孩子的数目，模糊集合 $A=$ "家庭拥有最明智孩子的个数"，试设计 A 集合的隶属度函数。

解　$A=\{(0,0.1),(1,0.3),(2,0.7),(3,1),(4,0.7),(5,0.3),(6,0.1)\}$。

家庭拥有最明智孩子数量的隶属度函数图形如图 3-23 所示。横坐标表示孩子的数量，纵坐标表示对最明智孩子数量的隶属度。以 $(1,0.3)$ 为例，表明孩子数量为 1 的家庭属于拥有最明智孩子数量家庭的隶属度为 0.3。

图 3-23 家庭拥有最明智孩子数量的隶属度函数图

例 3.2.2 令 $X = R^+$ 表示人类可能年龄集合，模糊集合 $B =$ "60 岁左右"，试设计 B 集合的隶属度函数。

解 该模糊集可以表示为 $B = \{x, \mu(x)\}$。其中，B 集合的隶属度函数 $\mu(x)$ 可设计为

$$\mu(x) = \cfrac{1}{1 + \left(\cfrac{x - 60}{10}\right)^2}$$

属于 60 岁左右年龄的隶属度函数图形如图 3-24 所示。这里设计的隶属度函数为高斯隶属度函数，参数依次为 10、2、60，横坐标表示年龄，纵坐标表示属于 60 岁左右的隶属

图 3-24 属于 60 岁左右年龄的隶属度函数图形

度。以(60，1)为例，表明 60 岁对于"60 岁左右"的隶属度为 1，从 60 向两边延伸，曲线单调递减，表明对"60 岁左右"的隶属度越来越低，符合隶属度函数的设计准则。

3.2.4 模糊集合的特性

模糊集合的特性包括支持、核、高度、正则化、α 水平截集等。下面将介绍它们的定义，并在图 3-25 中对这些特性进行直观的体现。

图 3-25 模糊集合的特性

1. 支持

支持是指论域中隶属度为非零元素的集合，可表示为

$$\text{support}(A) = \{x \mid \mu_A(x) > 0\} \tag{3.24}$$

2. 核

核是指论域中隶属度为 1 的元素的集合，可表示为

$$\text{core}(A) = \{x \mid \mu_A(x) = 1\} \tag{3.25}$$

3. 高度

高度是指隶属度函数的上确界，可表示为

$$\text{height}(A) = \sup\mu_A(x) \tag{3.26}$$

4. 正规化

正规化是指集合中具有一个隶属度为 1 的元素，可表示为

$$\exists x \in A, \text{使得} \mu_A(x) = 1 \tag{3.27}$$

5. α 水平截集

α 水平截集是指隶属度大于等于 α 的元素组成的集合，可表示为

$$A_\alpha = \{x \mid \mu_A(x) \geqslant \alpha\} \tag{3.28}$$

注意：模糊子集本身没有确定边界，其水平截集有确定边界，并且不再是模糊集合，而是一个确定集合。

例 3.2.3 设年龄的取值集合为

$$U = \{50 \text{岁}, 45 \text{岁}, 40 \text{岁}, 35 \text{岁}, 30 \text{岁}, 25 \text{岁}\}$$

模糊集"年轻"可表示为

$$A = \frac{0}{50} + \frac{0.1}{45} + \frac{0.4}{40} + \frac{0.5}{35} + \frac{0.7}{30} + \frac{1}{25}$$

分别写出 $\alpha = 0 \sim 1$ 时，A 的水平截集。

解 A 的 α 水平截集为 $A_\alpha = \{x \mid \mu_A(x) \geqslant \alpha\}$，则

$\alpha = 0$ 时：$A_0 = \{50 \text{岁}, 45 \text{岁}, 40 \text{岁}, 35 \text{岁}, 30 \text{岁}, 25 \text{岁}\}$

$\alpha = 0.1$ 时：$A_{0.1} = \{45 \text{岁}, 40 \text{岁}, 35 \text{岁}, 30 \text{岁}, 25 \text{岁}\}$

$\alpha = 0.2$、0.3、0.4 时：$A_{0.2} = A_{0.3} = A_{0.4} = \{40 \text{岁}, 35 \text{岁}, 30 \text{岁}, 25 \text{岁}\}$

$\alpha = 0.5$ 时：$A_{0.5} = \{35 \text{岁}, 30 \text{岁}, 25 \text{岁}\}$

$\alpha = 0.6$、0.7 时：$A_{0.6} = A_{0.7} = \{30 \text{岁}, 25 \text{岁}\}$

$\alpha = 0.8$、0.9、1 时：$A_{0.8} = A_{0.9} = A_1 = \{25 \text{岁}\}$

例 3.2.4 某医生今天给 5 个发烧的病人看病，设为 $\{x_1, x_2, x_3, x_4, x_5\}$，其体温分别为：38.9℃、37.2℃、37.8℃、39.2℃、38.1℃。医生在统计表上可以这样写：

37℃ 以上的 5 人：$\{x_1, x_2, x_3, x_4, x_5\}$

38℃ 以上的 3 人：$\{x_1, x_4, x_5\}$

39℃ 以上的 1 人：$\{x_4\}$

如果规定 37.5℃ 以下不算作发烧，问有几名发烧病人，医生就可以回答：$\{x_1, x_3, x_4, x_5\}$。但所谓"发烧"实际上是一个模糊概念，它存在程度上的不同，也就是说要用隶属度函数来描述。根据医生的经验，对"发烧"来说：

体温高于39℃时隶属度函数 $\mu(x) = 1$；

体温高于38.5℃而低于39℃时隶属度函数 $\mu(x) = 0.9$；

体温高于38℃而低于38.5℃时隶属度函数 $\mu(x) = 0.7$；

体温高于37.5℃而低于38℃时隶属度函数 $\mu(x) = 0.4$；

体温低于37.5℃时隶属度函数 $\mu(x) = 0$。

如果以模糊集合来考虑这个问题，则设

$$A = \frac{0.9}{x_1} + \frac{0}{x_2} + \frac{0.4}{x_3} + \frac{1}{x_4} + \frac{0.7}{x_5}$$

提问：隶属度函数 $\mu_A(x) \geqslant 0.9$ 时有哪些人？

解 若用 $A_{0.9}$ 来表示这一集合，则 $A_{0.9} = \{x_1, x_4\}$，同理，$A_{0.8} = \{x_1, x_4\}$，$A_{0.6} = \{x_1, x_4, x_5\}$。

3.2.5　模糊性的度量

隶属度函数值的确定，在实际中常常带有主观性。对于同一论域上的模糊集合，不同的人使用不同的判断标准，所得出的各元素的隶属度也不尽相同。这涉及模糊性的度量问题。目前使用较多的模糊性度量方法有"距离"和"贴近度"两种。

1）模糊性的"距离"度量方法

（1）在有限论域 X 上有两个模糊子集 A 和 B，A 和 B 的汉明距离定义如下：

绝对汉明距离：

$$d(A, B) = \sum_{i=1}^{n} |\mu_A(x_i) - \mu_B(x_i)| \qquad (3.29)$$

相对汉明距离：

$$\delta(A, B) = \frac{1}{n} d(A, B) \qquad (3.30)$$

（2）在有限论域 X 上有两个模糊子集 A 和 B，A 和 B 的欧几里德距离定义如下：

绝对欧几里德距离：

$$e(A, B) = \sqrt{\sum_{i=1}^{n} [\mu_A(x_i) - \mu_B(x_i)]^2} \qquad (3.31)$$

相对欧几里德距离：

$$\varepsilon(A, B) = \frac{1}{\sqrt{n}} e(A, B) \qquad (3.32)$$

（3）用 $\underset{\sim}{A}$ 表示与 A 最贴近的集合，如果 A 中某元素的隶属度大于 0.5，则 $\underset{\sim}{A}$ 中相应元素的隶属度为 1；如果 A 中某元素的隶属度不大于 $\underset{\sim}{A}$ 中相应元素的隶属度为 0，即

$$\mu_{\underset{\sim}{A}}(x) = \begin{cases} 1, & \mu_A(x) > 0.5 \\ 0, & \mu_A(x) \leqslant 0.5 \end{cases} \qquad (3.33)$$

用 $\nu(A)$ 和 $\eta(A)$ 来表示模糊集合的模糊度，令 $\nu(A) = 2\delta(A, \underset{\sim}{A})$，$\eta(A) = 2\varepsilon(A, \underset{\sim}{A})$。$\nu(A)$ 或 $\eta(A)$ 大，即模糊度大。

2）模糊性的"贴近度"度量

（1）设 A 和 B 为论域 U 上的两个模糊子集，记作

$$A \cdot B = \bigvee_{u \in U} (\mu_A(u) \wedge \mu_B(u)) \qquad (3.34)$$

$$A \odot B = \bigwedge_{u \in U} (\mu_A(u) \vee \mu_B(u)) \tag{3.35}$$

分别称为模糊集 A 和 B 的内积与外积，其中 $\wedge$ 为最大下界，$\vee$ 为最小上界。

（2）模糊集 A 与 B 的贴近度为

$$(A, B) = \frac{1}{2}[A \cdot B + (1 - A \odot B)] \tag{3.36}$$

注意：度量模糊性的完美公式是不存在的，只能根据实际需要和经验选取。

例 3.2.5 假定有 A、B 两位顾客到商场购买衣服，他们主要考虑三个因素：① 花色式样（x_1）；② 耐穿程度（x_2）；③ 价格（x_3）。A、B 两人会根据自己的要求，分别给 x_1、x_2、x_3 打分，这种打分实际上是模糊的，也就是要确定对这个因素"满意"的隶属度。但是由于两人的经验、性格和经济情况等都不相同，所以他们对 x_1、x_2、x_3 所确定的隶属度也不相同。顾客 A、B 确定的隶属度如表 3-1 所示。

表 3-1 顾客 A、B 确定的隶属度

	花色式样（x_1）	耐穿程度（x_2）	价格（x_3）
顾客 A 确定的隶属度	$\mu_A(x_1) = 0.8$	$\mu_A(x_2) = 0.4$	$\mu_A(x_3) = 0.7$
顾客 B 确定的隶属度	$\mu_B(x_1) = 0.6$	$\mu_B(x_2) = 0.6$	$\mu_B(x_3) = 0.5$

建立 A、B 两位顾客的模糊集并分析 A、B 的模糊度和贴近度。

解 A、B 两位顾客的模糊集依次表示为

$$A = \frac{0.8}{x_1} + \frac{0.4}{x_2} + \frac{0.7}{x_3}, \qquad B = \frac{0.6}{x_1} + \frac{0.6}{x_2} + \frac{0.5}{x_3}$$

（1）模糊性度量。

① 绝对汉明距离：

$$d(A, B) = |0.8 - 0.6| + |0.4 - 0.6| + |0.7 - 0.5| = 0.6$$

② 相对汉明距离：

$$\delta(A, B) = \frac{1}{3}d(A, B) = 0.2$$

③ 绝对欧几里德距离：

$$e(A, B) = \sqrt{(0.8 - 0.6)^2 + (0.4 - 0.6)^2 + (0.7 - 0.5)^2} = 0.2\sqrt{3}$$

④ 相对欧几里德距离：

$$\varepsilon(A, B) = 0.2$$

⑤ 与 A、B 最贴近的集合表示为

$$\underset{\sim}{A} = \frac{1}{x_1} + \frac{0}{x_2} + \frac{1}{x_3}, \qquad \underset{\sim}{B} = \frac{1}{x_1} + \frac{1}{x_2} + \frac{0}{x_3}$$

$$\delta(A, \underset{\sim}{A}) = 0.3, \quad \delta(B, \underset{\sim}{B}) = 0.433$$

所以 $\nu(A)=0.6<\nu(B)=0.866$。

又因 $\qquad\qquad\qquad \varepsilon(A, \underset{\sim}{A})=0.311, \quad \varepsilon(B, \underset{\sim}{B})=0.436$

所以 $\eta(A)=0.622<\eta(B)=0.872$。

可见 B 的模糊度比 A 的模糊度大。

(2) "贴近度"度量。

A 和 B 的内积与外积依次为

$$A \cdot B = (0.8 \wedge 0.6) \vee (0.4 \wedge 0.6) \vee (0.7 \wedge 0.5) = 0.6 \vee 0.4 \vee 0.5 = 0.6$$

$$A \odot B = (0.8 \vee 0.6) \wedge (0.4 \vee 0.6) \wedge (0.7 \vee 0.5) = 0.8 \wedge 0.6 \wedge 0.7 = 0.6$$

A 和 B 的贴近度为

$$(A, B) = \frac{1}{2}[A \cdot B + (1 - A \odot B)] = 0.5$$

表明 A 和 B 的贴近度不大不小。

3.3 模糊关系及运算

3.3.1 模糊关系

上面研究的都是一个集合的描述关系与定义，但往往更多时候需要研究的是模糊集之间的关系。比如：身高与体重的联系、x 与 y 有余弦关系（$y=\cos x$）、a 与 b 有大小次序关系（$a>b$）。在现代数学中，关系常用集合来表现，这涉及关系的定义。

1. 集合的笛卡尔乘积

设 $X=\{x\}$，$Y=\{y\}$ 为两个集合，则它们的笛卡尔乘积集可表示为

$$X \times Y = \{(x_i, y_j) \mid x_i \in X, y_j \in Y\} \qquad (3.37)$$

其中，(x, y) 是 X、Y 元素间的有序对。

(1) (x, y) 是一种无约束有顺序的组合。

(2) 笛卡尔乘积的运算不满足交换律。

(3) 特殊的笛卡尔乘积：当 $X=Y=\{x\}$ 时，有

$$X \times Y = X \times X = \{(x_i, x_j) \mid x_i, x_j \in X\}$$

注意：序对 (x, y) 是与顺序有关的，即 $(x, y) \neq (y, x)$，故一般情况下，$X \times Y \neq Y \times X$。

对于任意 n 个集合 $X_1, X_2, \cdots, X_n$，其笛卡尔乘积定义为

$$X_1 \times X_2 \times \cdots \times X_n = \{(x_1, x_2, \cdots, x_n) \mid x_1 \in X_1, x_2 \in X_2, \cdots, x_n \in X_n\}$$

式中，$(x_1, x_2, \cdots, x_n)$ 为有序 n 元组。

有序偶 (x, y) 是笛卡尔乘积 $X \times Y$ 的元素，是无约束组对。若对组对加上一定的约束，则体现了一种特定的关系；同时，受约束的有序偶形成了 $X \times Y$ 的一个子集。

2. 关系定义及其表示

1）关系的定义

设 $X = \{x\}$，$Y = \{y\}$ 为两个集合，R 为笛卡尔乘积 $X \times Y$ 的一个子集，则称其为 $X \times Y$ 中的一个关系。

注意：关系 R 代表对笛卡尔乘积集合中元素的一种选择约束。

2）关系的表示

（1）集合表示法：

$$R = \{(x_1, y_1), (x_2, y_2), (x_3, y_3)\}$$

（2）描述表示法：

$$R = \{(x, y) \mid x > y\}$$

（3）图形表示法。

（4）矩阵表示法。

例 3.3.1 设 $U = \{张三，李四，王五\}$，$V = \{数学，英语，政治\}$，张三选了数学和英语，李四选了英语和政治，王五选了数学和政治。请用关系 R 来表示三者的选课情况。

解 张三、李四和王五的选课情况可用关系 R 表示为

$$R = \begin{array}{c} \\ 数学 \\ 英语 \\ 政治 \end{array} \begin{array}{ccc} 张 & 李 & 王 \\ \begin{bmatrix} 1 & 0 & 1 \\ 1 & 1 & 0 \\ 0 & 1 & 1 \end{bmatrix} \end{array}$$

例 3.3.2 在医学上关于身高和体重的常用公式为：标准体重 B（公斤）= 身高 A（厘米）-100，这给出了身高 A 与体重 B 的普通关系，若 $A = \{140, 150, 160, 170, 180\}$，$B = \{40, 50, 60, 70, 80\}$，试以表格形式列出身高和体重的关系。

解 身高与体重的普通关系如表 3-2 所示。

表 3-2 身高与体重的普通关系

$R(a,b)$ $\begin{array}{c} b_i \\ \\ a_i \end{array}$	40	50	60	70	80
140	1	0	0	0	0
150	0	1	0	0	0
160	0	0	1	0	0
170	0	0	0	1	0
180	0	0	0	0	1

这样表示身高和体重的关系存在一个问题，因为人胖瘦不同，对于非标准的情况，身高与体重的关系以接近标准的程度来描述更恰当，所以用模糊关系能更深刻、更完整地给

出身高与体重的对应关系。

3. 模糊关系

(1) 如果关系 R 是 $X \times Y$ 的一个模糊子集，则称 R 为 $X \times Y$ 的一个模糊关系，其隶属度函数为 $\mu_R(x, y)$。

注意：隶属度函数 $\mu_R(x, y)$ 表示 x、y 具有关系 R 的程度。

(2) 若一个矩阵元素取值在 $[0, 1]$ 区间内，则称该矩阵为模糊矩阵。同普通矩阵一样，模糊单位阵记为 $\boldsymbol{I}$；模糊零矩阵记为 $\boldsymbol{0}$。

(3) 模糊矩阵的表示。当 X 和 Y 都是有限集合时，模糊关系也可以用矩阵 $\boldsymbol{M}_R$ 来表示。设 $X = \{x_1, x_2, \cdots, x_i, \cdots, x_n\}$，$Y = \{y_1, y_2, \cdots, y_i, \cdots, y_n\}$，则 $\boldsymbol{M}_R$ 可表示为

$$\boldsymbol{M}_R = [r_{ij}]_{m \times n}, \quad r_{ij} = \mu_R(x_i, y_i)$$

$$
\boldsymbol{M}_R =
\begin{array}{c}
y_1 \\ y_2 \\ \vdots \\ y_i \\ \vdots \\ y_n
\end{array}
\begin{bmatrix}
\mu_R(x_1, y_1) & \mu_R(x_2, y_1) & \cdots & \mu_R(x_i, y_1) & \cdots & \mu_R(x_m, y_1) \\
\mu_R(x_1, y_2) & \mu_R(x_2, y_2) & \cdots & \mu_R(x_i, y_2) & \cdots & \mu_R(x_m, y_2) \\
\vdots & \vdots & & \vdots & & \vdots \\
\mu_R(x_1, y_i) & \mu_R(x_2, y_i) & \cdots & \mu_R(x_i, y_i) & \cdots & \mu_R(x_m, y_i) \\
\vdots & \vdots & & \vdots & & \vdots \\
\mu_R(x_1, y_n) & \mu_R(x_2, y_n) & \cdots & \mu_R(x_i, y_n) & \cdots & \mu_R(x_m, y_n)
\end{bmatrix}
$$

例 3.3.3 若例 3.15 中身高和体重的模糊关系可表示为

$$
R(a, b) =
\begin{cases}
0 & a - b - 100 = 0 \\
0.8 & |a - b - 100| = 10 \\
0.2 & |a - b - 100| = 20 \\
0.1 & |a - b - 100| = 30 \\
0 & |a - b - 100| = 40
\end{cases}
$$

则给出身高和体重的模糊关系，并写出模糊关系的矩阵表示。

解 身高和体重的模糊关系如表 3-3 所示。

模糊关系的矩阵可以表示为

$$
\boldsymbol{M}_R =
\begin{bmatrix}
1 & 0.8 & 0.2 & 0.1 & 0 \\
0.8 & 1 & 0.8 & 0.2 & 0.1 \\
0.2 & 0.8 & 1 & 0.8 & 0.2 \\
0.1 & 0.2 & 0.8 & 1 & 0.8 \\
0 & 0.1 & 0.2 & 0.8 & 1
\end{bmatrix}
$$

表 3-3　身高与体重的模糊关系

$R(a,b)$　b_i / a_i	40	50	60	70	80
140	1	0.8	0.2	0.1	0
150	0.8	1	0.8	0.2	0.1
160	0.2	0.8	1	0.8	0.2
170	0.1	0.2	0.8	1	0.8
180	0	0.1	0.2	0.8	1

4. 模糊矩阵的关系及其运算

由于模糊关系也是模糊集合，所以模糊集合的相等、包含、并、交、补等概念对模糊关系同样具有意义。

设 R_1 和 R_2 是 $X \times Y$ 中的模糊关系，如果对 $\forall (x,y) \in X \times Y$，模糊关系的基本运算的隶属度函数表示如下：

（1）相等：

$$R_1 = R_2 \Leftrightarrow \mu_{R_1}(x,y) = \mu_{R_2}(x,y)$$

（2）包含：

$$R_1 \subseteq R_2 \Leftrightarrow \mu_{R_1}(x,y) \leqslant \mu_{R_2}(x,y)$$

（3）并：

$$R_1 \bigcup R_2 \Leftrightarrow \mu_{R_1 \cup R_2}(x,y) = \mu_{R_1}(x,y) \vee \mu_{R_2}(x,y)$$

（4）交：

$$R_1 \bigcap R_2 \Leftrightarrow \mu_{R_1 \cap R_2}(x,y) = \mu_{R_1}(x,y) \wedge \mu_{R_2}(x,y)$$

（5）余：

$$R^c \Leftrightarrow \mu_{R^c}(x,y) = 1 - \mu_R(x,y)$$

例 3.3.4　设 $\boldsymbol{A} = \begin{pmatrix} 1 & 0.1 \\ 0.2 & 0.3 \end{pmatrix}$，$\boldsymbol{B} = \begin{pmatrix} 0.4 & 0 \\ 0.3 & 0.2 \end{pmatrix}$，试写出 $\boldsymbol{A} \bigcup \boldsymbol{B}$、$\boldsymbol{A} \bigcap \boldsymbol{B}$、$\boldsymbol{A}^C$ 及 $\boldsymbol{B}^C$ 的表达式。

解

$$\boldsymbol{A} \bigcup \boldsymbol{B} = \begin{pmatrix} 1 \vee 0.4 & 0.1 \vee 0 \\ 0.2 \vee 0.3 & 0.3 \vee 0.2 \end{pmatrix} = \begin{pmatrix} 1 & 0.1 \\ 0.3 & 0.3 \end{pmatrix}$$

$$\boldsymbol{A} \bigcap \boldsymbol{B} = \begin{pmatrix} 1 \wedge 0.4 & 0.1 \wedge 0 \\ 0.2 \wedge 0.3 & 0.3 \wedge 0.2 \end{pmatrix} = \begin{pmatrix} 0.4 & 0 \\ 0.2 & 0.2 \end{pmatrix}$$

$$\boldsymbol{A}^C = \begin{pmatrix} 1-1 & 1-0.1 \\ 1-0.2 & 1-0.3 \end{pmatrix} = \begin{pmatrix} 0 & 0.9 \\ 0.8 & 0.7 \end{pmatrix}$$

$$\boldsymbol{B}^C = \begin{pmatrix} 1-0.4 & 1-0 \\ 1-0.3 & 1-0.2 \end{pmatrix} = \begin{pmatrix} 0.6 & 1 \\ 0.7 & 0.8 \end{pmatrix}$$

3.3.2　模糊关系的运算

在日常生活中，两个单纯关系的组合可以构成一种新的合成关系。例如，有 u、v、w 三个人，若 u 是 v 的妹妹，而 v 又是 w 的丈夫，则 u 与 w 就是一种新的关系，即姑嫂关系。用关系式表示的话，可写作姑嫂＝兄妹 * 夫妻，其中 * 是合成运算符。模糊关系的复合运算主要有以下两种方式：

1. 极大-极小复合运算

设 R_1 和 R_2 分别是定义在 $X \times Y$ 和 $Y \times Z$ 上的两个模糊关系，R_1 和 R_2 的极大-极小复合运算可得到一个模糊关系（集合），可表示为

$$R_1 \circ R_2 = \{[(x,z), \max_y \min[\mu_{R_1}(x,y), \mu_{R_2}(y,z)]]\} \qquad (3.38)$$

2. 极大-乘积复合运算

设 R_1 和 R_2 分别是定义在 $X \times Y$ 和 $Y \times Z$ 上的两个模糊关系，R_1 和 R_2 的极大-乘积复合运算可得到一个模糊关系（集合），可表示为

$$R_1 \circ R_2 = \{[(x,z), \max_y[\mu_{R_1}(x,y) \times \mu_{R_2}(y,z)]]\} \qquad (3.39)$$

例 3.3.5 设 $R_1 =$ "X 与 Y 相关"，$R_2 =$ "Y 与 Z 相关"，$X = \{1, 2, 3\}$，$Y = \{y_1, y_2, y_3, y_4\}$，$Z = \{a, b\}$，若

$$\boldsymbol{M}_{R_1} = \begin{bmatrix} 0.1 & 0.5 & 0.7 & 0.2 \\ 0.5 & 0.3 & 0.1 & 0.6 \\ 0.3 & 0.4 & 0.8 & 0.9 \end{bmatrix} \qquad \boldsymbol{M}_{R_2} = \begin{bmatrix} 0.4 & 0.7 \\ 0.8 & 0.1 \\ 0.3 & 0.5 \\ 0.6 & 0.3 \end{bmatrix}$$

请求出 $\boldsymbol{M}_{R_1}$ 和 $\boldsymbol{M}_{R_2}$ 的复合运算 $\boldsymbol{M}_{R_3}(3, b)$。

解 （1）$\boldsymbol{M}_{R_3}$ 为 $\boldsymbol{M}_{R_1}$ 和 $\boldsymbol{M}_{R_2}$ 的极大-极小复合运算，则

$\boldsymbol{M}_{R_3}(3, b) = \boldsymbol{M}_{R_1} \circ \boldsymbol{M}_{R_2}(3, b)$

$= \max(\min(0.3, 0.7), \min(0.4, 0.1), \min(0.8, 0.5), \min(0.9, 0.3))$

$= \max(0.3, 0.1, 0.5, 0.3) = 0.5$

（2）$\boldsymbol{M}_{R_3}$ 为 $\boldsymbol{M}_{R_1}$ 和 $\boldsymbol{M}_{R_2}$ 的极大-乘积复合运算，则

$\boldsymbol{M}_{R_3}(3, b) = \boldsymbol{M}_{R_1} \circ \boldsymbol{M}_{R_2}(3, b)$

$= \max(0.3 \times 0.7, 0.4 \times 0.1, 0.8 \times 0.5, 0.9 \times 0.3)$

$= \max(0.21, 0.04, 0.4, 0.27) = 0.4$

$\boldsymbol{M}_{R_3}(3, b)$ 可表示为图 3-26 所示的图形。

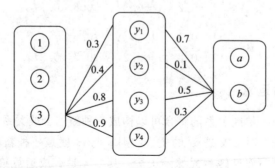

图 3-26　$\boldsymbol{M}_{R_3}(3, b)$ 图形

例 3.3.6 假设有两个模糊关系，其合成如下：

$$X \xrightarrow{P} Y , Y \xrightarrow{Q} Z$$

$$\boldsymbol{M}_P = \begin{bmatrix} 0.5 & 0.3 \\ 0.4 & 0.8 \end{bmatrix}, \quad \boldsymbol{M}_Q = \begin{bmatrix} 0.8 & 0.5 & 0.1 \\ 0.3 & 0.7 & 0.5 \end{bmatrix}$$

试计算模糊关系 P 与模糊关系 Q 的合成。

解 （1）$\boldsymbol{M}_R$ 为 $\boldsymbol{M}_P$ 和 $\boldsymbol{M}_Q$ 的极大-极小合成，则

$$\boldsymbol{M}_R = \boldsymbol{M}_P \circ \boldsymbol{M}_Q$$

$$= \begin{bmatrix} \vee\left[(0.5\wedge0.8),(0.3\wedge0.3)\right] & \vee\left[(0.5\wedge0.5),(0.3\wedge0.7)\right] & \vee\left[(0.5\wedge0.1),(0.3\wedge0.5)\right] \\ \vee\left[(0.4\wedge0.8),(0.8\wedge0.3)\right] & \vee\left[(0.4\wedge0.5),(0.8\wedge0.7)\right] & \vee\left[(0.4\wedge0.1),(0.8\wedge0.5)\right] \end{bmatrix}$$

$$= \begin{bmatrix} \vee(0.5,0.3) & \vee(0.5,0.3) & \vee(0.1,0.3) \\ \vee(0.4,0.3) & \vee(0.4,0.7) & \vee(0.1,0.5) \end{bmatrix}$$

$$= \begin{bmatrix} 0.5 & 0.5 & 0.3 \\ 0.4 & 0.7 & 0.5 \end{bmatrix}$$

（2）$\boldsymbol{M}_R$ 为 $\boldsymbol{M}_P$ 和 $\boldsymbol{M}_Q$ 的极大-乘积合成，则

$$\boldsymbol{M}_R = \boldsymbol{M}_P \circ \boldsymbol{M}_Q$$

$$= \begin{bmatrix} \vee\left[(0.5\times0.8),(0.3\times0.3)\right] & \vee\left[(0.5\times0.5),(0.3\times0.7)\right] & \vee\left[(0.5\times0.1),(0.3\times0.5)\right] \\ \vee\left[(0.4\times0.8),(0.8\times0.3)\right] & \vee\left[(0.4\times0.5),(0.8\times0.7)\right] & \vee\left[(0.4\times0.1),(0.8\times0.5)\right] \end{bmatrix}$$

$$= \begin{bmatrix} \vee(0.4,0.09) & \vee(0.25,0.21) & \vee(0.05,0.15) \\ \vee(0.32,0.24) & \vee(0.2,0.56) & \vee(0.04,0.4) \end{bmatrix}$$

$$= \begin{bmatrix} 0.4 & 0.25 & 0.15 \\ 0.32 & 0.56 & 0.4 \end{bmatrix}$$

3.4 模 糊 推 理

3.4.1 模糊逻辑的特点及运算

模糊逻辑可以比较自然地模拟人处理问题的观念，它是一种通过模仿人的思维方式来表示和分析不确定、不精确信息的方法和工具。我们把类似于"他是一个聪明人"、"明天可能会有彩虹"这样具有模糊性的陈述句称为模糊命题。模糊命题没有绝对的真假，我们只能判断它隶属于真假的程度。一个模糊命题可以看作是在[0,1]取值的变量，称之为模糊命题变量，简称模糊变量，常以小写字母 x、y、z 表示。也可以说，模糊逻辑就是用来研究模糊命题隶属于真假的程度的一种工具。不同于经典逻辑，模糊逻辑在真和假之间没有精确的边界，即从真到假之间的转变是逐渐的，这个过程通过模糊变量的隶属度函数来描述。

由于模糊逻辑更接近自然语言以及人类的思维方式，在多个场景下都能起到重要作用，因此成为人工智能领域一种重要的研究方法。

模糊逻辑具有以下几个特点：① 它是界于传统人工智能的符号推理和传统控制理论的数值计算之间的方法；② 它不依赖于模型，用语言来表示变量，用规则进行模糊推理，处理事物；③ 它承认真值(True)与假值(False)的中间过渡性，认为事物在形态和类属方面亦此亦彼，模棱两可，相邻中介之间是相互交叉和渗透的。

模糊逻辑也属于一种多值逻辑。在模糊逻辑中，变元的值可以是$[0，1]$区间上的任意实数。设 p，q 为两个变元，模糊逻辑的基本运算定义如下：

(1) 合取(Conjunction)：$p \wedge q = \min(p, q)$，相当于"交"。

(2) 析取(Disjunction)：$p \vee q = \max(p, q)$，相当于"并"。

(3) 隐含(Implication)：$p \rightarrow q = ((1-p) \vee q)$，相当于"if then"。

(4) 逆操作(Inversion)：$\sim p = 1-p$，相当于"非"。

(5) 等效关系(Equivalence)：$p \leftrightarrow q = (p \rightarrow q) \wedge (q \rightarrow p)$，相当于"$p$ 即 q"。

3.4.2 模糊语言变量

人类的思维和语言之间有着十分紧密的联系。思维通过语言来表达，是语言的内容；没有思维就没有语言，语言是思维的一种重要表达方式。人类思维中有着许多反映事物模糊性的概念，人类语言中相应地也有大量表达这些概念的模糊词语。

采用近似的方式来表示和概括信息(如年龄、身高、红色)的短语，简称"语言变量"、"模糊变量"，即以自然语言中的模糊语词而不是具体数字为值的变量。如"年龄"的变量不是用具体的数字(如二十、三十等)来表示，而是用模糊语词(如年轻、不年轻、非常年轻、十分年轻、老、不是很老等)来表示。

语言变量可用一个包含五个元素的集合$(x, T(x), X, G, M)$来表征，其中 x 为语言变量名；$T(x)$ 为语言变量 x 的语言值或语言术语集合；X 为语言变量 x 的论域；G 为产生 $T(x)$ 中术语的句法规则，用于产生语言变量值；M 是赋予每个语言值 A 以含义 $M(A)$ 的语法规则，即隶属度函数。

例 3.4.1 $T($年龄$) = \{$年轻，不年轻，不很年轻，…，
中年，不是中年，…，
年老，非常年老，…，
不年轻也不老，…。$\}$

$T($年龄$)$中的每一个术语(取值)可表征为论域 $X = [0, 100]$上的模糊集合，通常我们用"年龄＝年轻"来表示给语言变量"年龄"赋以语言值"年轻"；相反，将年龄作为一个数值变量，使用表达式"年龄＝20"来赋予数值变量"年龄"以数值20。

1．句法规则

为了接近自然语言的描述习惯，更方便地将自然语言形式化、定量化，语言算子的概念被引入：将日常语言中一些用来表述程度的词语，如"微"、"很"、"非常"、"大概"等分别放在某词语或词组前，用来调整、修饰原来的词义，从而得到一个新词来表示可能性、近似性和程度。语言算子有：语气算子、模糊化算子、判定化算子。

（1）语气算子：可以修饰原词的肯定程度，在自然语言中把"很"、"极"、"非常"等放在一个词语前面，便调整了原词的肯定程度。

（2）模糊化算子："大约"、"大概"、"几乎"等词语也是一种算子，称为模糊算子。这种算子放在一个词语前面，即可把词语的概念模糊化。

（3）判定化算子：作用是将模糊转化为比较粗糙的判断，例如"偏向"、"倾向于"、"多半是"等。

2．语法规则

为了更加准确地描述语言变量的隶属度函数，制定了语法规则。通过否定词(不)或程度词(非常、或多或少)修饰几个基本术语(年轻、年老、中年)，从而产生新的语言变量，其隶属度函数的计算可采用以下两个算子：压缩扩张算子和对比增强算子。

1）压缩扩张算子

当新语言变量是由程度词修饰几个基本术语产生时，其隶属度函数的计算采用压缩扩张算子，即

$$A^k = \int_X \frac{\left[\mu(k)\right]^k}{x}$$

其中，当 $k>1$ 时，对语言变量起压缩作用，表示"很"；当 $k<1$ 时，对语言变量起扩张作用，表示"有点"。图 3-27 所示的是"年龄"语言变量的隶属度函数经过压缩扩张算子调整后的分布情况。

图 3-27　压缩扩张算子调整后的分布情况

如图 3-27 所示，"年龄"语言变量可简单分为"年轻"、"中年"、"老"三个值。经压缩扩

张算子调整后，增加了"很年轻"和"很老"两个值。可以看出，新变量的隶属度函数是通过对"年轻"和"老"这两个语言变量的隶属度函数使用压缩算子得到的。

2）对比增强算子

有时，压缩扩张算子产生的隶属度函数不足以描述新语言变量的程度，因此引入对比增强算子

$$\mathrm{NT}(A) = \begin{cases} 2A^2, & 0 \leqslant \mu_A(x) \leqslant 0.5 \\ 1 - 2(1-A)^2, & 0.5 \leqslant \mu_A \leqslant 0.1 \end{cases}$$

其作用效果表现为，当语言的隶属度值大于 0.5 时，增大它；小于 0.5 时，减少它。由于这个规则并不常用，因此这里不做具体介绍。

3）为复合语言变量建立隶属度函数

在日常生活中，除简单地表示程度、近似及不确定的语言变量外还存在一些更为复杂的概念，如"年轻但不是太年轻"等。这种由简单语言变量复合而成的语言变量称为复合语言变量。接下来将举例介绍如何为复合语言变量建立隶属度函数。

如图 3-28 所示，初始语言变量的值有"年轻"和"年老"两种。通过给初始语言变量前增加语气算子，复合产生的语言变量的新值为："或多或少有些年老"、"不年轻也不年老"、"年轻但不是太年轻"、"特别年老"。新值的隶属度函数计算过程如下（其中语言变量本身代

图 3-28　复合语言变量的隶属函数

替其隶属度函数）：

(1) 或多或少有些年老：(年老)$^{0.5}$；

(2) 不年轻也不年老：(一年轻)交(一年老)；

(3) 年轻但不是太年轻：(年轻)交(一年轻)^2；

(4) 特别年老：年轻^8。

如果要为复合语言变量"年轻但不是太年轻"建立隶属度函数，则应首先对"年轻"语言变量的隶属度函数取逆并使用压缩扩张算子得到"不是太年轻"语言变量的隶属度函数，再将"不是太年轻"语言变量的隶属度函数与"年轻"语言变量的隶属度函数相交即可得到复合语言变量"年轻但不是太年轻"的隶属度函数。

3.4.3 模糊推理

传统的命题逻辑中，命题的"真"和"假"必须具有意义。逻辑推理就是给定一个命题，组合成另一个命题的过程。模糊推理可以认为是一种不确定的推理，是将输入的模糊集通过模糊逻辑方法对应到特定输出模糊集的计算过程。模糊规则就是在进行模糊推理时所依据的规则，通常可以用自然语言表述。

1. 模糊规则

模糊规则是对自然或人工语言中的词语和句子定量建模的有效工具。通过将模糊规则理解为恰当的模糊关系，可以研究不同的方案。模糊规则也称模糊隐含、模糊条件句，一般形式为："if x 是 A，then y 是 B"，其中 A 和 B 分别是论域 X 和 Y 上的模糊集合定义的语言值。

例 3.4.2 如果压力高，则容量小；如果路滑，则驾车危险；如果西红柿是红的，则它熟了；如果速度快，则略微刹车等。

在使用模糊规则对系统进行分析和建模之前，必须将"if x 是 A，then y 是 B"的意义形式化。实际上，这个规则描述的是变量 x 和 y 之间的关系，即模糊规则可以定义为乘积空间 $X \times Y$ 上的二元模糊关系 R。其定义有多种，常见的两种是最小运算和积运算。

2. 模糊推理

模糊推理也称近似推理，是从模糊规则"if-then"规则和已知事实中得出结论的推理过程。其推理过程如下：

$$\begin{array}{ll} \text{前提 1（事实）} & x \text{ 是 } A' \\ \text{前提 2（规则）} & \text{if } x \text{ 是 } A\text{，then } y \text{ 是 } B \\ \text{结果（结论）} & y \text{ 是 } B' \end{array}$$

由模糊推理得出模糊集隶属度函数的计算方法如下：设 A、A' 和 B 分别是 X、X' 和 Y 上的模糊集合，模糊隐含 $A \to B$ 表示 $X \times Y$ 上的模糊关系 R，则由"x 是 A'"和模糊规则"如

果 x 是 A ，则 y 是 B ”导出的模糊集合 B' 的隶属度函数 $\mu_{B'}(y)$ 。

$$\mu_{B'}(y) = \max_x \min[\mu_{A'}(x), \mu_R(x, y)]$$
$$= \max_x \min[\mu_{A'}(x), \min(\mu_A(x), \mu_B(y))]$$
$$= \max_x \min[\mu_{A'}(x), \mu_A(x), \mu_B(y)]$$
$$= \min(\max_x \min[\mu_{A'}(x), (\mu_A(x)], \mu_B(y))$$

根据前提和规则数目的不同，在进行模糊推理时所遵循的隶属度复合规则可以分为以下几种情况。

1）单一前提单一规则

具有单一前提的模糊"if－then"规则通常写为"如果 x 是 A ，则 y 是 B "，GMP（广义假言推理）相应的问题如下：

前提1（事实）　　　x 是 A'

前提2（规则）　　　if x 是 A ，then y 是 B

结果（结论）　　　y 是 B'

例3.4.3　已知"if x 是 A ，then y 是 B "，当" x 是 A' "时，求 B' 的隶属度函数。

解　设 A 、 A' 、 B 的隶属度函数如图 $3-29$ 所示，其中 ω 为 A 与 A' 隶属度函数的相交值。 B' 的隶属度函数计算过程如下：

$$\mu_{B'}(y) = \bigvee_x [\mu_{A'}(x) \wedge \mu_A(x) \wedge \mu_B(y)]$$
$$= \bigvee_x (\mu_{A'}(x) \wedge \mu_A(x))] \wedge \mu_B(y)$$
$$= \omega \wedge \mu_B(y) \quad （极大－极小复合运算）$$

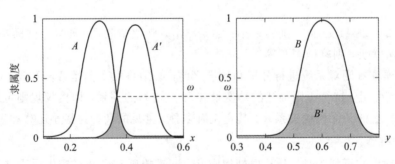

图 $3-29$　单一前提单一规则举例

2）多前提单一规则

具有两个前提的模糊"if－then"规则通常写为"如果 x 是 A ， y 是 B ，则 z 是 C "，GMP（广义假言推理）相应的问题如下：

前提1（事实）　　　x 是 A' ， y 是 B'

前提2（规则）　　　if x 是 A ， y 是 B ，then z 是 C

结果(结论)　　　　z 是 C'

例 3.4.4 已知"if x 是 A，y 是 B，then z 是 C"，当"x 是 A'，y 是 B'"时，求 C' 的隶属度函数。

解　设 A、A'、B、B'、C 的隶属度函数如图 3-30 所示，其中 ω_1、ω_2 分别为 A 与 A'、B 与 B' 隶属度函数的相交值。C' 的隶属度函数计算过程如下：

$$\mu_{C'}(y) = \bigvee_{x,y} \left[\mu_{A'}(x) \wedge \mu_{B'}(y)\right] \wedge \left[\mu_A(x) \wedge \mu_B(y) \wedge \mu_C(z)\right]$$
$$= \bigvee_{x,y} \left[(\mu_{A'}(x) \wedge \mu_{B'}(y) \wedge \mu_A(x) \wedge \mu_B(y)\right] \wedge \mu_C(z)$$
$$= \left\{\bigvee_x \left[(\mu_{A'}(x) \wedge \mu_A(x))\right]\right\} \wedge \left\{\bigvee_y \left[\mu_{B'}(y) \wedge \mu_B(y)\right]\right\} \wedge \mu_C(z)$$
$$= (\omega_1 \wedge \omega_2) \wedge \mu_C(z)$$

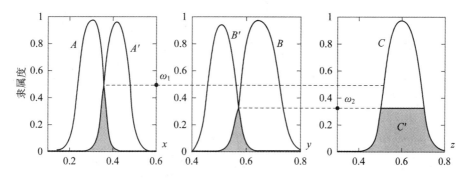

图 3-30　多前提单一规则举例

3）多前提多规则

具有多个前提的模糊"if-then"规则通常写为"如果 x 是 A_1，y 是 B_1，则 z 是 C_1；如果 x 是 A_2，y 是 B_2，则 z 是 C_2"，GMP(广义假言推理)相应问题如下：

前提 1(事实)　　　　x 是 A'，y 是 B'
前提 2(规则 1)　　　if x 是 A_1 和 y 是 B_1，then z 是 C_1
前提 3(规则 2)　　　if x 是 A_2 和 y 是 B_2，then z 是 C_2
结果(结论)　　　　z 是 C'

例 3.4.5 已知规则 1："if x 是 A_1 和 y 是 B_1，then z 是 C"，规则 2："if x 是 A_2 和 y 是 B_2，then z 是 C_2"。当"x 是 A' 且 y 是 B'"时，求 C' 的隶属度函数。

解　设 A_1、A_2、A'、B_1、B_2、B'、C 的隶属度函数如图 3-31 所示，其中 $\omega_{11} \sim \omega_{22}$ 分别为 A_1 与 A'、A_2 与 A'、B_1 与 B'、B_2 与 B' 隶属度函数的相交值。C' 的隶属度函数计算过程如下：首先对于每个规则求出 C'(如图 3-31 所示)，再将 C' 进行多规划复合(如图 3-32 所示)，即可得到 C' 的隶属度函数。

$$C' = (A' \times B') \circ (R_1 \bigcup R_2)$$
$$= [(A' \times B') \circ R_1] \bigcup [(A' \times B') \circ R_2]$$
$$= C_1' \bigcup C_2'$$

$$\mu_{C'}(y) = \{ \bigvee_{x,\,y} [\mu_{A'}(x) \wedge \mu_{B'}(y)] \wedge [\mu_{A_1}(x) \wedge \mu_{B_1}(y) \wedge \mu_{C_1}(z)] \}$$
$$\vee \{ \bigvee_{x,\,y} [\mu_{A'}(x) \wedge \mu_{B'}(y)] \wedge [\mu_{A_2}(x) \wedge \mu_{B_2}(y) \wedge \mu_{C_2}(z)] \}$$
$$= \{ (\omega_{11} \wedge \omega_{12}) \wedge \mu_{C_1} \} \vee \{ (\omega_{21} \wedge \omega_{22}) \wedge \mu_{C_2} \}$$

图 3-31 多前提多规则举例

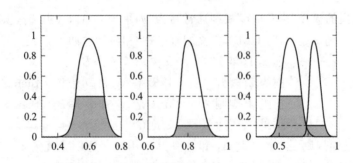

图 3-32 多规则复合

3. 模糊推理步骤

模糊推理的步骤如下：

(1) 计算匹配度；

(2) 计算激励度(某个规则激励程度)；

204

（3）对规则的后件施加激励强度，生成有效的后件的隶属度函数并将其表示在一个模糊隐含句中；

（4）综合所有的有效后件，求得总输出隶属度函数。

3.4.4 模糊化和去模糊化

模糊推理系统是建立在模糊集合理论、模糊"if - then"规则和模糊推理等概念基础之上的先进的计算框架。模糊推理系统包括三部分：规则库、数据库（所有隶属度函数）、推理机制。

如图 3 - 33 所示，在解决实际问题时，模糊推理系统包括以下几个处理过程：将精确值输入通过模糊器转化为模糊值，再使用规则库和模糊机制对其进行处理，最后将结果转化为精确值输出。在实际应用中，精确值和模糊推理系统中的模糊值之间的相互转化过程十分关键。值得注意的是，模糊推理过程中的模糊化和去模糊化步骤将涉及隶属度函数，因此数据库包含在模糊器和去模糊器中。

图 3 - 33　模糊推理系统

1. 模糊化

1）单点模糊化

输入模糊集合 A' 是单点模糊器，B' 为输出模糊集合，即模糊化后的值。即：$x = x'$ 时，$\mu_{A'}(x') = 1$；$x \neq x'$ 时，$\mu_{A'}(x') = 0$。

$$\mu_{B'}(y) = \mu_{A \to B}(x = x', \ y)$$

2）非单点模糊化

输入模糊集合 A' 是非单点模糊器，B' 为输出模糊集合，即模糊化后的值。即：$x = x'$ 时，$\mu_{A'}(x') = 1$；$x \neq x'$ 时，$\mu_{A'}(x') \neq 0$。

随着 x 的变化（偏离 x'），$\mu_{A'}(x')$ 逐渐减小。考虑 x 为向量，则对于第 l 条规则，模糊集合 A_X 可写出：

$$\mu_{A_X}(x) = \mu_{A_{x_1}}(x_1) * \cdots * \mu_{A_{x_p}}(x_p)$$

其中，p 是 x 的维数。此式可简写为

$$\mu_{A_X}(x) = \mu_{x_1}(x_1) * \cdots * \mu_{x_p}(x_p)$$

$$\mu_{B'}(y) = \sup_{x \in X} [\mu_{x_1}(x_1) * \cdots * \mu_{x_p}(x) * \mu_{A_1^l}(x_1) * \cdots * \mu_{A_p^l}(x_p)] * \mu_{G'}^l$$

2. 去模糊化

通过模糊推理得到的结果是一个模糊集合或隶属度函数，但在实际应用中，特别是在模糊逻辑控制中，必须输出一个确定的值才能实现对确定对象的控制。在推理得到的模糊集合中选取一个最能代表该模糊集合的单值的过程就称作解模糊判决，也称去模糊化。

去模糊化的方法主要有重心法、面积等分法、极大平均法、极大极小法、极大最大法等，如图 3 - 34 所示。

图 3 - 34　去模糊化示意图

1）重心法

所谓重心法（CenterOfGravity，COG），就是取模糊隶属度函数曲线与横坐标轴围成面积的重心作为代表点。理论上，我们应计算输出范围内一系列连续点的重心，即

$$Z_{\text{COG}} = \frac{\int_Z \mu_A(z) z \,\mathrm{d}z}{\int_Z \mu_A(z) \,\mathrm{d}z}$$

2）面积等分法

面积等分法（Bosector Of Areamom，BOA）即选取满足以下条件的值作为去模糊化的值：

$$\int_{\alpha}^{Z_{\text{BOA}}} \mu_A(z) \,\mathrm{d}z = \int_{Z_{\text{BOA}}}^{\beta} \mu_A(z) \,\mathrm{d}z$$

其中，$\alpha = \min\{z \mid z \in Z\}$ 且 $\beta = \max\{z \mid z \in Z\}$。

3）极大平均法

极大平均法（Mean value Of Maximum，MOM）即选取使模糊隶属度函数达到极大值

$$Z_{\text{MOM}} = \frac{\int_{z'} z \,\mathrm{d}z}{\int_{z'} \,\mathrm{d}z}$$ 的 z 的平均值。

4）极大最小法

极大最小法（Smallest value Of Maximum，SOM）即选取使得模糊隶属度函数极大化的最小的值。

5）极大最大法

极大最大法（Largest value Of Maximum，LOM）即选取使得模糊隶属度函数极大化的最大的值。

去模糊化采用不同的方法所得到的结果也是不同的。理论上用重心法比较合理，但是

计算比较复杂，故对实时性要求高的系统不宜采用这种方法。最简单的方法是最大隶属度方法，该方法将所有模糊集合或隶属度函数中隶属度最大的值作为输出，缺点是不能兼顾其他隶属度较小值的影响，结果不具有代表性，所以常用于简单的系统。

3.5 模糊控制系统

模糊控制系统的一般结构主要由模糊控制器、输入/输出接口电路、广义对象以及传感器系统(或检测装置)四个部分组成。相较于传统的控制系统，模糊控制系统只是用模糊控制器替换了传统控制器。因此，模糊控制器是模糊控制系统的核心，本节将对其进行详细介绍。

3.5.1 模糊控制

控制理论在实际应用中最关键的一步就是要对控制对象建立起合适的数学模型。数学模型的精确程度对系统输出特性的影响很大，同时也是实现控制过程中最困难的一个环节。随着科学技术的发展，各个领域对控制系统的精度、稳定性、响应速度等各项指标的要求越来越高，所研究的系统也越来越复杂，致使控制对象的数学模型也日趋复杂。而实际系统中由于存在非线性、时变性、不确定性和不完整性等因素，一般无法得到精确的数学模型。另外，在系统模型的建立过程中，必须建立和遵循一些比较苛刻的假设，而这些假设在应用中往往与实际不相吻合；还有一些受控对象根本就无法建立起传统的数学模型。这些因素使传统的控制手段面临严峻的挑战。

在这种情况下，傅京孙等人最早提出了智能控制的思想，将智能控制概括为自动控制和人工智能的结合，采用人工智能的逻辑推理、启发式知识、专家系统来解决控制对象难以精确建模的难题，并在人-机控制器和机器人的研究中，成功地将智能控制手段应用于学习控制系统。智能控制不同于经典控制理论和现代控制理论的处理方法，它的主要研究目标不仅仅是被控对象，同时也包含控制器本身。控制器不再是单一的数学模型，而是数学解析和知识系统相结合的广义模型，是多种知识混合的控制系统。

模糊控制是将传统的自动控制理论和模糊逻辑理论相结合所提出的一种新型控制理论和方法。模糊控制是控制理论发展至高级阶段的新型自动控制理论，它不但属于智能控制的范畴，而且也是人工智能的重要研究方向。模糊控制不仅能够成功地实现控制，还能够模仿人类的思维方式和方法，特别是对于一些无法建立有效数学模型的控制系统特别有效。模糊控制作为一种非线性全局控制方法，利用现场操作人员的经验知识总结出模糊控制规则，能够有效克服复杂系统的非线性、时变性及滞后性等影响，具有较高的控制品质。模糊控制之所以能广泛发展并在现实中成功应用，是因为模糊逻辑提供了由专家构造语言信息并将其转化为控制策略的一种系统的推理方法。模糊控制的突出特点在于：

（1）控制系统的设计不要求知道被控对象的精确数学模型，只需要提供现场操作人员的经验知识及操作数据；

（2）控制系统的鲁棒性强，适应于解决常规控制难以解决的非线性、时变及滞后系统；

（3）以语言变量代替常规的数学变量，易于构造形成专家的"知识"；

（4）控制推理采用"不精确推理"（Approximate Reasoning），推理过程模仿人的思维过程，由于介入了人类的经验，因而能够处理复杂甚至"病态"系统。

3.5.2 模糊控制器

模糊控制器是模糊控制系统中的核心部分，也是模糊控制系统设计过程中的主要任务。模糊控制方法主要有两种，一种是模糊语言控制，另一种是模糊最优控制。要实现语言变量控制的模糊控制器，就必须解决以下三个基本问题：

（1）先通过传感器把要监测的物理量变成电量，再通过模数转换器转换成模糊集合的隶属度函数。这一步就称为精确量的模糊化或模糊量化，其目的是把传感器的输入转换成知识库可以理解和操作的变量格式。

（2）根据有经验的操作者或专家的经验制定模糊控制规则，并进行模糊逻辑推理，以得到一个模糊输出集合（即一个新的模糊隶属函数）。这一步称为模糊控制规则的形成和推理，其目的是用模糊输入值去适配控制规则，为每一个控制规则确定其适配的程度，并且通过加权计算将控制规则合并后输出。

（3）根据模糊逻辑推理得到的输出模糊隶属度函数，采用不同的方法找出一个具有代表性的精确值作为控制量。这一步称为模糊输出量的解模糊判决，其目的是把分布范围概括合并成单点的输出值，再由执行器实现控制。

1. 工作原理

模糊控制器的工作原理如下：

（1）将输入语言变量中的实数值依据一定的策略模糊化后作为对应的输入模糊集合；

（2）将输入模糊集合送入模糊推理机；

（3）触发模糊规则库中相应的模糊规则，将输入模糊集合转换为输出模糊集合；

（4）通过解模糊接口将输出模糊集合转换为清晰值输出信号。

2. 结构

模糊控制器基本结构如图 3-35 所示。其中，u_t 是被控对象的输入，y_t 是被控对象的输出，s_t 是参考输入，$e_t = s_t - y_t$ 是误差。根据误差信号 e_t 产生合适的控制作用 u_t，输出给被控对象。

1) 模糊接口（Fuzzification）

这部分的作用是将输入的精确量转化成模糊量。其中输入量包括外界的参考输入、系统的输出或状态等。模糊化的具体过程如下：

图 3-35 模糊控制器基本结构

（1）对输入量进行处理以变成模糊控制器要求的输入量。

（2）将上述已经处理过的输入量进行尺度变换，使其变换到各自的论域范围。

（3）将已经变换到论域范围的输入量进行模糊处理，使原先精确的输入量变成模糊量，并用相应的模糊集合来表示。

2）知识库

知识库包含了具体应用领域中的知识和要求的控制目标，它通常由数据库和规则库两部分组成。

（1）数据库主要包括各语言变量的隶属度函数、尺度变换因子以及模糊空间的分级数等。

（2）规则库包括了用模糊语言变量表示的一系列控制规则，反映了控制专家的经验和知识。

3）模糊推理机

模糊推理机是模糊控制器的核心，它具有模拟人的基于模糊概念的推理能力。该模糊推理过程是基于模糊逻辑中的蕴含关系及推理规则来进行的。

4）清晰化（解模糊接口）

清晰化的作用是将模糊推理机得到的控制量（模糊量）变换为实际用于控制的清晰量。它包含以下两部分内容：

（1）将模糊的控制量经清晰化变换成为表示在论域范围的清晰量。

（2）将表示在论域范围的清晰量经尺度变换成为实际的控制量。

3. 类型

模糊控制器的类型具有多种划分方式。

1）按照输入和输出变量的数目划分

模糊控制器按照输入变量和输出变量的数目，可以划分为单变量模糊控制器和多变量模糊控制器。所谓单变量模糊控制器，是指模糊控制器的输入变量和输出变量分别只有一个。一般来讲，输入变量就是误差或系统偏差，而输出变量就是控制量。所谓多变量模糊控制器，是指模糊控制器的输入变量和输出变量包含多个物理量。

2）按照模糊控制器的控制功能划分

模糊控制器按照控制功能，可以划分为固定型模糊控制器、变结构模糊控制器、自组织模糊控制器和自适应模糊控制器。

3.6 模糊聚类分析

3.6.1 问题的提出

若有一批样品共有 N 个，每个样品有 n 个特征，则数据矩阵 X 如下：

$$X = \begin{bmatrix} x_{11} & x_{12} & \cdots & x_{1k} & \cdots & x_{1n} \\ x_{21} & x_{22} & \cdots & x_{2k} & \cdots & x_{2n} \\ \vdots & \vdots & & \vdots & & \vdots \\ x_{i1} & x_{i2} & \cdots & x_{ik} & \cdots & x_{in} \\ \vdots & \vdots & & \vdots & & \vdots \\ x_{j1} & x_{j2} & \cdots & x_{jk} & \cdots & x_{jn} \\ \vdots & \vdots & & \vdots & & \vdots \\ x_{N1} & x_{N2} & \cdots & x_{Nk} & \cdots & x_{Nn} \end{bmatrix}$$

矩阵 X 称为特征矩阵，其中每行代表一个样本，每列代表样本的一个特征，其中，样品 i 记作

$$X_i = (x_{i1}, x_{i2}, \cdots, x_{in})$$

试问：如何对以上产品进行适当的等级分类？

3.6.2 模糊聚类分析的基础知识

本节，我们将会对模糊等价矩阵、λ - 截矩阵、模糊相似矩阵、传递闭包矩阵等概念进行简单的介绍。

定义：设 $R = (r_{ij})_{n \times n}$ 是 n 阶模糊方阵，I 是 n 阶单位方阵，若 R 满足

(1) 自反性：$I \leqslant R \Leftrightarrow r_{ii} = 1$；

(2) 对称性：$R^T = R \Leftrightarrow r_{ij} = r_{ji}$；

(3) 传递性：$R^2 \leqslant R \Leftrightarrow \max\{(r_{ik} \wedge r_{kj}) \mid 1 \leqslant k \leqslant n\} \leqslant r_{ij}$，

则称 R 为模糊等价矩阵。

注：由模糊等价矩阵的传递性可知 $R^2 \leqslant R$，而通过自反性可以推出 $R \leqslant R^2$，因此，模糊等价矩阵实际满足 $R^2 = R$。

等价布尔矩阵是一种普通关系，在传递性条件下可以进行分类，因此，在分类前必须将模糊等价矩阵转化为等价布尔矩阵。为此，接下来将引入 λ -截矩阵。

定义　设 $R = (r_{ij})_{n \times n}$，对于 $\forall \lambda \in [0, 1]$，存在

$$R_{\lambda} = (r_{ij})_{n \times n} = \begin{cases} 1, & r_{ij} \geqslant \lambda \\ 0, & r_{ij} < \lambda \end{cases}$$

则称 R_{λ} 为 R 的 λ -截矩阵。

定理 设 R 是 n 阶模糊等价矩阵,则 $\forall 0 \leqslant \lambda < \mu \leqslant 1$,$R_{\mu}$ 所决定的分类中的每一个类是 R_{λ} 所决定的分类中的某个子类。

该定理表明,当 $\lambda < \mu$ 时,R_{μ} 的分类是 R_{λ} 分类的细化,当 λ 由 1 变到 0 时,R_{λ} 的分类由细变粗,形成一个动态的聚类图。

例 3.6.1 设 $U = \{x_1, x_2, x_3\}$,其模糊等价矩阵 R 为

$$R = \begin{pmatrix} 1 & 0.3 & 0.6 \\ 0.3 & 1 & 0.9 \\ 0.6 & 0.9 & 1 \end{pmatrix}$$

分别在 $\lambda = 0.3$、0.6、0.9、1 时,对 U 进行分类。

解 当 $\lambda = 1$ 时,有

$$R_1 = \begin{pmatrix} 1 & 0 & 0 \\ 0 & 1 & 0 \\ 0 & 0 & 1 \end{pmatrix}$$

U 被分为 3 类:$\{x_1\}$、$\{x_2\}$ 和 $\{x_3\}$。

当 $\lambda = 0.9$ 时,有

$$R_{0.9} = \begin{pmatrix} 1 & 0 & 0 \\ 0 & 1 & 1 \\ 0 & 1 & 1 \end{pmatrix}$$

U 被分为 2 类:$\{x_1\}$ 和 $\{x_2, x_3\}$。

当 $\lambda = 0.6$ 时,有

$$R_{0.6} = \begin{pmatrix} 1 & 0 & 1 \\ 0 & 1 & 1 \\ 1 & 1 & 1 \end{pmatrix}$$

U 被分为 3 类:$\{x_1\}$、$\{x_2\}$ 和 $\{x_3\}$。

当 $\lambda = 0.3$ 时,有

$$R_{0.3} = \begin{pmatrix} 1 & 1 & 1 \\ 1 & 1 & 1 \\ 1 & 1 & 1 \end{pmatrix}$$

U 被分为 1 类:$\{x_1, x_2, x_3\}$。

实际应用中,矩阵的传递性很难实现,因此很难建立模糊等价矩阵,此处我们引入模

糊相似矩阵。

定义 设 $\boldsymbol{R}=(r_{ij})_{n\times n}$ 是 n 阶模糊方阵，$\boldsymbol{I}$ 是 n 阶单位方阵，若 $\boldsymbol{R}$ 满足：

(1) 自反性：$\boldsymbol{I}\leqslant\boldsymbol{R}\Leftrightarrow r_{ii}=1$

(2) 对称性：$\boldsymbol{R}^{\mathrm{T}}=\boldsymbol{R}\Leftrightarrow r_{ij}=r_{ji}$

则称 $\boldsymbol{R}$ 为模糊相似矩阵。

定理 设 $\boldsymbol{R}=(r_{ij})_{n\times n}$ 是 n 阶模糊相似矩阵，若 $\exists k(k\leqslant n)$，使得 $\boldsymbol{R}^k$ 为模糊等价矩阵，且对于 $\forall l\geqslant k$，恒有 $\boldsymbol{R}^l=\boldsymbol{R}^k$，则将 $t(\boldsymbol{R})=\boldsymbol{R}^k$ 称为 $\boldsymbol{R}$ 的传递闭包矩阵。

3.6.3 模糊聚类分析的一般步骤

模糊聚类分析一般可分为以下三步：建立数据矩阵、建立模糊相似矩阵、聚类并画出动态聚类图。

1. 建立数据矩阵

设论域 $U=\{x_1, x_2, \cdots, x_n\}$ 为被分类对象，每个对象又由 m 个指标表示其性状：

$$x_i = \{x_{i1}, x_{i2}, \cdots, x_{im}\}, i=1, 2, \cdots, n$$

则得到原始数据矩阵为 $\boldsymbol{X}=(x_{ij})_{n\times m}$。

在实际问题中，不同的数据一般有不同的量纲，为了使有不同量纲的量能进行比较，需要将数据进行规格化，常用的方法如下：

(1) 标准差标准化：对于第 i 个变量进行标准化，就是将 x_{ij} 换成 x'_{ij}，即

$$x'_{ij} = \frac{x_{ij}-\bar{x}_j}{S_j}, 1\leqslant i\leqslant n, 1\leqslant j\leqslant m)$$

其中：$\bar{x}_j = \frac{1}{n}\sum_{i=1}^{n}x_{ij}$, $S_j = \sqrt{\frac{1}{n-1}\sum_{i=1}^{n}(x_{ij}-\bar{x}_j)^2}$。

(2) 极差正规化：对于第 i 个变量进行极差正规化，就是将 x_{ij} 换成 x'_{ij}，即极差正规化。

$$x'_{ij} = \frac{x_{ij}-\min\{x_{ij}\}}{\max\{x_{ij}\}-\min\{x_{ij}\}}$$

(3) 极差标准化：对于第 i 个变量进行极差标准化，就是将 x_{ij} 换成 x'_{ij}，即

$$x'_{ij} = \frac{x_{ij}-\bar{x}_j}{\max\{x_{ij}\}-\min\{x_{ij}\}}$$

(4) 最大值规格化：对于第 i 个变量进行最大值规格化，就是将 x_{ij} 换成 x'_{ij}，即

$$x'_{ij} = \frac{x_{ij}}{M_j}$$

其中，$M_j=\max(x_{1j}, x_{2j}, \cdots, x_{nj})$。

例 3.6.2 在对电视观众的喜好进行调查后，我们得到如表 3-4 所示的数据，试用一些简单的 MATLAB 语句实现均值、标准方差、标准中心化以及极差的操作。

表 3 - 4　电视观众的喜好调查

编号	年龄(年)	文化(年)	时间/日(分)
1	25	16	40
2	60	6	120
3	42	12	90
4	34	14	150

解　实现以上操作的 MATLAB 代码如下：

```
>> A＝[25 16 40;60 6 120;42 12 90;34 14 150];
>> m＝mean(A);                    %计算均值
>> n＝std(A);                     %计算标准方差
>> [i j]＝size(A);
>> A1＝ones(i, 1);
>> A2＝A1 * m;
>> A3＝(A－A2)./(A1 * n)           %标准中心化
  A3 ＝
  −1.0245    0.9258   −1.2792
   1.3268   −1.3887    0.4264
   0.1176        0   −0.2132
  −0.4199    0.4629    1.0660
>> a＝range(A)                    %计算极差
  a ＝35    10    110
```

2. 建立模糊相似矩阵

建立 x_i 与 x_j 相似程度 $r_{ij}＝R(x_i, x_j)$ 的方法主要有以下几种：

1) 相似系数法

(1) 夹角余弦法：

$$r_{ij} = \frac{\sum\limits_{k=1}^{m} x_{ik} \cdot x_{jk}}{\sqrt{\sum\limits_{k=1}^{m} x_{ik}^2} \cdot \sqrt{\sum\limits_{k=1}^{m} x_{jk}^2}}$$

(2) 相关系数法：

$$r_{ij} = \frac{\sum\limits_{k=1}^{m} |x_{ik} - \overline{x_i}| \, |x_{jk} - \overline{x_j}|}{\sqrt{\sum\limits_{k=1}^{m} (x_{ik} - \overline{x_i})^2} \cdot \sqrt{\sum\limits_{k=1}^{m} (x_{jk} - \overline{x_j})^2}}$$

2）距离法

一般地，取 $r_{ij}=1-c\,(d(x_i,\,x_j))^{\alpha}$（适当选取参数 c 和 α，使得 $0 \leqslant r_{ij} \leqslant 1$）。采用的距离计算方法有以下几种：

（1）Hamming 距离：

$$d(x_i,\,x_j)=\sum_{k=1}^{m}|\,x_{ik}-x_{jk}\,|$$

（2）Euclid 距离：

$$d(x_i,\,x_j)=\sqrt{\sum_{k=1}^{m}(x_{ik}-x_{jk})^2}$$

（3）Chebyshev 距离：

$$d(x_i,\,x_j)=\max_{1\leqslant k\leqslant n}|\,x_{ik}-x_{jk}\,|$$

3）贴近度法

（1）最大最小法：

$$r_{ij}=\frac{\displaystyle\sum_{k=1}^{m}(x_{ik}\wedge x_{jk})}{\displaystyle\sum_{k=1}^{m}(x_{ik}\vee x_{jk})}$$

（2）算术平均最小法：

$$r_{ij}=\frac{\displaystyle\sum_{k=1}^{m}(x_{ik}\wedge x_{jk})}{\dfrac{1}{2}\displaystyle\sum_{k=1}^{m}(x_{ik}+x_{jk})}$$

（3）几何平均最小法：

$$r_{ij}=\frac{\displaystyle\sum_{k=1}^{m}(x_{ik}\wedge x_{jk})}{\displaystyle\sum_{k=1}^{m}\sqrt{x_{ik}\cdot x_{jk}}}$$

3. 聚类并画出动态聚类图

模糊动态聚类有如下方法：模糊传递闭包法、直接聚类法、最大树法和偏网法等。其中，模糊传递闭包法理论成熟，最易实现。

采用模糊传递闭包法，其步骤如下：

（1）求出模糊相似矩阵 $\boldsymbol{R}$ 的传递闭包 $t(\boldsymbol{R})$；

（2）按 λ 由大到小进行聚类；

（3）画出动态聚类图。

例 3.6.3 在对教师的课堂教学质量进行评价时，我们一般会考虑以下五项指标：师德师表、教学过程、教学方法、教学内容以及基本功。每项指标的满分为 20 分，总分为 100。现要对 $\{x_1, x_2, x_3, x_4\}$ 四位老师进行参评，参评成绩依次为：$x_1 = (17, 15, 14, 15, 16)$，$x_2 = (18, 16, 13, 14, 12)$，$x_3 = (18, 18, 19, 17, 18)$，$x_4 = (16, 18, 16, 15, 18)$，试对参评教师 X 进行分类。

解 由题设知特性指标矩阵为

$$\boldsymbol{X}^* = \begin{pmatrix} 17 & 15 & 14 & 15 & 16 \\ 18 & 16 & 13 & 14 & 12 \\ 18 & 18 & 19 & 17 & 18 \\ 16 & 18 & 16 & 15 & 18 \end{pmatrix}$$

采用最大值规格化法将数据规格化为

$$\boldsymbol{X} = \begin{pmatrix} \dfrac{17}{18} & \dfrac{15}{18} & \dfrac{14}{19} & \dfrac{15}{17} & \dfrac{16}{18} \\ \dfrac{18}{18} & \dfrac{16}{18} & \dfrac{13}{19} & \dfrac{14}{17} & \dfrac{12}{18} \\ \dfrac{18}{18} & \dfrac{18}{18} & \dfrac{19}{19} & \dfrac{17}{17} & \dfrac{18}{18} \\ \dfrac{16}{18} & \dfrac{18}{18} & \dfrac{16}{19} & \dfrac{15}{17} & \dfrac{18}{18} \end{pmatrix} = \begin{pmatrix} 0.94 & 0.83 & 0.74 & 0.88 & 0.89 \\ 1 & 0.89 & 0.68 & 0.82 & 0.67 \\ 1 & 1 & 1 & 1 & 1 \\ 0.89 & 1 & 0.84 & 0.88 & 1 \end{pmatrix}$$

用最大最小法构造得到模糊相似矩阵为

$$\boldsymbol{R} = \begin{pmatrix} 1 & 0.90 & 0.86 & 0.91 \\ 0.90 & 1 & 0.81 & 0.84 \\ 0.86 & 0.81 & 1 & 0.92 \\ 0.91 & 0.84 & 0.92 & 1 \end{pmatrix}$$

以 r_{12} 的计算为例进行说明：

$$r_{12} = \frac{\displaystyle\sum_{k=1}^{5} (x_{1k} \bigcap x_{2k})}{\displaystyle\sum_{k=1}^{5} (x_{1k} \bigcup x_{2k})} = \frac{0.94 + 0.83 + 0.68 + 0.82 + 0.67}{1 + 0.89 + 0.74 + 0.88 + 0.89} = 0.90$$

用平方法合成传递闭包：

$$\boldsymbol{R}^2 = \boldsymbol{R} \circ \boldsymbol{R} = \begin{pmatrix} 1 & 0.9 & 0.91 & 0.91 \\ 0.9 & 1 & 0.86 & 0.9 \\ 0.91 & 0.86 & 1 & 0.92 \\ 0.91 & 0.9 & 0.92 & 1 \end{pmatrix}$$

$$\boldsymbol{R}^4 = \boldsymbol{R}^2 \circ \boldsymbol{R}^2 = \begin{pmatrix} 1 & 0.9 & 0.91 & 0.91 \\ 0.9 & 1 & 0.9 & 0.9 \\ 0.91 & 0.9 & 1 & 0.92 \\ 0.91 & 0.9 & 0.92 & 1 \end{pmatrix}$$

$$t(\boldsymbol{R}) = \boldsymbol{R}^8 = \boldsymbol{R}^4 \circ \boldsymbol{R}^4 = \begin{pmatrix} 1 & 0.9 & 0.91 & 0.91 \\ 0.9 & 1 & 0.9 & 0.9 \\ 0.91 & 0.9 & 1 & 0.92 \\ 0.91 & 0.9 & 0.92 & 1 \end{pmatrix} = \boldsymbol{R}^4$$

将 $t(\boldsymbol{R})$ 中的元素从大到小编排如下：
$$1 > 0.92 > 0.91 > 0.9$$

取 $\lambda = 1$，得

$$t(\boldsymbol{R})_1 = \begin{pmatrix} 1 & 0 & 0 & 0 \\ 0 & 1 & 0 & 0 \\ 0 & 0 & 1 & 0 \\ 0 & 0 & 0 & 1 \end{pmatrix}$$

X 被分成 4 类：$\{x_1\}$、$\{x_2\}$、$\{x_3\}$、$\{x_4\}$。

取 $\lambda = 0.92$，得

$$t(\boldsymbol{R})_{0.92} = \begin{pmatrix} 1 & 0 & 0 & 0 \\ 0 & 1 & 0 & 0 \\ 0 & 0 & 1 & 1 \\ 0 & 0 & 1 & 1 \end{pmatrix}$$

X 被分成 3 类：$\{x_1\}$、$\{x_2\}$、$\{x_3, x_4\}$。

取 $\lambda = 0.91$，得

$$t(\boldsymbol{R})_{0.91} = \begin{pmatrix} 1 & 0 & 1 & 1 \\ 0 & 1 & 0 & 0 \\ 1 & 0 & 1 & 1 \\ 1 & 0 & 1 & 1 \end{pmatrix}$$

X 被分成 2 类：$\{x_1, x_3, x_4\}$ 和 $\{x_2\}$。

取 $\lambda = 0.90$，得

$$t(\boldsymbol{R})_{0.90} = \begin{pmatrix} 1 & 1 & 1 & 1 \\ 1 & 1 & 1 & 1 \\ 1 & 1 & 1 & 1 \\ 1 & 1 & 1 & 1 \end{pmatrix}$$

X 被分成 1 类：$\{x_1, x_2, x_3, x_4\}$。

聚类动态图如图 3-36 所示。

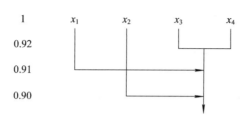

图 3-36　聚类动态图

3.7　模糊综合评判模型

模糊综合评判是一种运用模糊数学原理分析和评价具有"模糊性"的事物的系统分析方法，它是一种以模糊推理为主的定性与定量相结合、精确与非精确相统一的分析评价方法。由于这种方法在处理各种难以用精确数学方法描述的复杂系统问题方面所表现出的独特的优越性，近年来已在许多学科领域中得到了十分广泛的应用。

1. 一级模糊综合评判

设与被评价事物相关的因素有 n 个，记作

$$U = \{u_1, u_2, \cdots, u_n\}$$

称之为因素集。又设所有可能出现的评语有 m 个，记作

$$V = \{v_1, v_2, \cdots, v_m\}$$

称之为评语集。由于各种因素所处地位不同，作用也不一样，因而采用权重 $A = \{a_1, a_2, \cdots, a_n\}$ 来衡量。

一级模糊综合评判的步骤如下：

(1) 确定因素集 $U = \{u_1, u_2, \cdots, u_n\}$。

(2) 确定评判集 $V = \{v_1, v_2, \cdots, v_m\}$。

(3) 进行单因素评判得到 $r_i = (r_{i1}, r_{i2}, \cdots, r_{im})$。

(4) 构造综合评判矩阵：

$$\boldsymbol{M}_R = \begin{bmatrix} r_{11} & r_{12} & \cdots & r_{1m} \\ r_{21} & r_{22} & \cdots & r_{2m} \\ \vdots & \vdots & & \vdots \\ r_{n1} & r_{n2} & \cdots & r_{nm} \end{bmatrix}$$

(5) 综合评判：对于权重 $A = \{a_1, a_2, \cdots, a_n\}$ 计算 $B = A \circ R$，并根据隶属度最大原则作出评判。

根据运算。的不同定义，可得到以下 5 种模型：

(1) $M(\wedge，\vee)$——主因素决定型。
$$b_j = \max\{(a_i \wedge r_{ij}), 1 \leqslant i \leqslant n\}, j = 1, 2, \cdots, m$$
其评判结果只取决于在总评价中起主要作用的因素，其余因素均不影响评判结果。此模型比较适用于单项评判最优就能作为综合评判最优的情况。

(2) $M(\cdot，\vee)$——主因素突出型。
$$b_j = \max\{(a_i \cdot r_{ij}), 1 \leqslant i \leqslant n\}, j = 1, 2, \cdots, m$$

$M(\cdot，\vee)$ 与模型 $M(\wedge，\vee)$ 相类似，但比模型 $M(\wedge，\vee)$ 精确度更高，不仅突出了主要因素，也兼顾了其他因素。此模型适用于模型 $M(\wedge，\vee)$ 失效（不可区别），需要"精细"的情况。

(3) $M(\cdot，+)$——加权平均型。
$$b_j = \sum_{i=1}^{n} (a_i \cdot r_{ij}), j = 1, 2, \cdots, m$$
该模型依权重的大小对所有因素均衡兼顾，比较适用于要求总和最大的情形。

(4) $M(\wedge，\oplus)$——取小上界和型。
$$b_j = \min\{1, \sum_{i=1}^{n} (a_i \wedge r_{ij})\}, j = 1, 2, \cdots, m$$

在使用此模型时，需要注意的是：各个 a_i 不能取得偏大，否则可能出现 b_j 均等于 1 的情形；各个 a_i 也不能取得太小，否则可能出现 b_j 均等于各个 a_i 之和的情形，这会造成单因素评判的有关信息丢失。

(5) $M(\wedge，+)$——均衡平均型。
$$b_j = \sum_{i=1}^{n} \left(a_i \wedge \frac{r_{ij}}{r_0}\right), j = 1, 2, \cdots, m$$
其中：$r_0 = \sum_{k=1}^{m} r_{kj}$。

该模型适用于 R 中元素 r_{ij} 偏大或偏小的情形。

例 3.7.1 仍以对教师的课堂教学质量评价为例，试考虑评估指标，自行建立评判模型并写出评判步骤。

解 评判步骤依次如下：

(1) 建立因素集 $U = \{u_1, u_2, u_3, u_4, u_5\}$，其中 u_1 表示师德师表；u_2 表示教学过程；u_3 表示教学方法；u_4 表示教学内容；u_5 表示基本功。

(2) 建立评判集 $V = \{v_1, v_2, v_3, v_4\}$，其中 v_1 表示很受欢迎；v_2 表示较受欢迎；v_3 表示不太受欢迎；v_4 表示不受欢迎。

(3) 进行单因素评判，得到

$$u_1 \longmapsto r_1 = (0.8, 0.2, 0.2, 0.3)$$
$$u_2 \longmapsto r_2 = (0.3, 0.5, 0.2, 0.3)$$
$$u_3 \longmapsto r_3 = (0.6, 0.4, 0.2, 0.1)$$
$$u_4 \longmapsto r_4 = (0.2, 0.7, 0.4, 0.1)$$
$$u_5 \longmapsto r_5 = (0.5, 0.6, 0.8, 0.7)$$

（4）由单因素评判构造综合评判矩阵：

$$\boldsymbol{M}_R = \begin{bmatrix} 0.8 & 0.2 & 0.2 & 0.3 \\ 0.3 & 0.5 & 0.2 & 0.3 \\ 0.6 & 0.4 & 0.2 & 0.1 \\ 0.2 & 0.7 & 0.4 & 0.1 \\ 0.5 & 0.6 & 0.8 & 0.7 \end{bmatrix}$$

（5）综合评判。设有两个学生，他们根据自己的评估对各因素所分配的权重分别为

$$A_1 = (0.1, 0.4, 0.3, 0.1, 0.1)$$
$$A_2 = (0.4, 0.2, 0.25, 0.1, 0.05)$$

用模型 $M(\wedge, \vee)$ 计算综合评判为

$$B_1 = A_1 \circ \boldsymbol{M}_R = (0.3, 0.4, 0.2, 0.3)$$
$$B_2 = A_2 \circ \boldsymbol{M}_R = (0.4, 0.25, 0.2, 0.3)$$

按最大隶属原则可知，第一个学生认为该老师比较受欢迎，第二个学生认为该老师很受欢迎。

对于类似于 B_1 的情形，在下结论前通常将其归一化为

$$B_1^{'} = \left(\frac{0.3}{1.2}, \frac{0.4}{1.2}, \frac{0.2}{1.2}, \frac{0.3}{1.2}\right) = (0.25, 0.33, 0.17, 0.25)$$

2. 多级模糊综合评判（以二级为例）

1）问题

对高等学校的评估可以考虑如下几个方面：

2）二级模糊综合评判的步骤

（1）将因素集 $U = \{u_1, u_2, \cdots, u_n\}$ 划分成若干组得到 $U = \{U_1, U_2, \cdots, U_k\}$，其中

$U = \bigcup\limits_{i=1}^{k} U_i$，$U_i \bigcap U_j = \varnothing (i \neq j)$，称 $U = \{U_1, U_2, \cdots, U_k\}$ 为第一级因素集。

（2）设评判集 $V = \{v_1, v_2, \cdots, v_m\}$，先对第二级因素集 $U_i = \{u_1^{(i)}, u_2^{(i)}, \cdots, u_{n_i}^{(i)}\}$ 的 n_i 个因素进行单因素评判，得单因素评判矩阵：

$$\boldsymbol{M}_{R_i} = \begin{pmatrix} r_{11}^{(i)} & r_{12}^{(i)} & \cdots & r_{1m}^{(i)} \\ r_{21}^{(i)} & r_{22}^{(i)} & \cdots & r_{2m}^{(i)} \\ \vdots & \vdots & & \vdots \\ r_{n_i1}^{(i)} & r_{n_i2}^{(i)} & \cdots & r_{n_im}^{(i)} \end{pmatrix}$$

设 $U_i = \{u_1^{(i)}, u_2^{(i)}, \cdots, u_{n_i}^{(i)}\}$ 的权重为 $A_i = (a_1^{(i)}, a_2^{(i)}, \cdots, a_{n_i}^{(i)})$，求得综合评判为

$$B_i = A_i \circ R_i, \quad i = 1, 2, \cdots, k$$

（3）对第一级因素集 $U = \{U_1, U_2, \cdots, U_k\}$ 作综合评判，设其权重为 $A = (a_1, a_2, \cdots, a_k)$，则总评判矩阵为

$$\boldsymbol{M}_R = \begin{pmatrix} B_1 \\ B_2 \\ \vdots \\ B_k \end{pmatrix}$$

从而得到综合评判为

$$B = A \circ \boldsymbol{M}_R$$

按照最大隶属度原则即可获得相应评语。

例 3.7.2 若对教师的课堂教学质量进行更为精确的评价，则需考虑更多的评价指标，此处假设有 9 项指标，试建立评判模型并写出评判步骤。

解 对教师的课堂教学质量进行更为精确的评价需由 9 项指标 $u_1, u_2, \cdots, u_9$ 确定，评价的结果分为：很受欢迎、较受欢迎、不太受欢迎和不受欢迎。由于因素较多，宜采用二级模型。

（1）将因素集 $U = \{u_1, u_2, \cdots, u_9\}$ 分为 3 组：
$$U_1 = \{u_1, u_2, u_3\}, \quad U_2 = \{u_4, u_5, u_6\}, \quad U_3 = \{u_7, u_8, u_9\}$$

（2）建立评判集 $V = \{v_1, v_2, v_3, v_4\}$，其中 v_1 表示很受欢迎；v_2 表示较受欢迎；v_3 表示不太受欢迎；v_4 表示不受欢迎。

（3）对每个 $U_i (i = 1, 2, 3)$ 中的因素进行单因素评判，如 $U_1 = \{u_1, u_2, u_3\}$，取权重为 $A_1 = (0.30, 0.45, 0.25)$，单因素评判矩阵为

$$\boldsymbol{M}_{R_1} = \begin{pmatrix} 0.25 & 0.35 & 0.10 & 0.40 \\ 0.30 & 0.25 & 0.35 & 0.20 \\ 0.40 & 0.40 & 0.30 & 0.15 \end{pmatrix}$$

进行一级模糊综合评判，得

$$B_1 = A_1 \circ \boldsymbol{M}_{R_1} = (0.30, 0.30, 0.35, 0.30)$$

其中。取模型 $\boldsymbol{M}(\wedge, \vee)$ 计算，下面计算亦是如此。

$U_2 = \{u_4, u_5, u_6\}$，取权重为 $A_2 = (0.20, 0.50, 0.30)$，单因素评判矩阵为

$$\boldsymbol{M}_{R_2} = \begin{pmatrix} 0.30 & 0.25 & 0.20 & 0.15 \\ 0.25 & 0.35 & 0.10 & 0.40 \\ 0.20 & 0.40 & 0.25 & 0.20 \end{pmatrix}$$

进行一级模糊综合评判，得

$$B_2 = A_2 \circ \boldsymbol{M}_{R_2} = (0.25, 0.35, 0.25, 0.40)$$

$U_3 = \{u_7, u_8, u_9\}$，取权重为 $A_3 = (0.30, 0.40, 0.30)$，单因素评判矩阵为

$$\boldsymbol{M}_{R_3} = \begin{pmatrix} 0.35 & 0.25 & 0.10 & 0.20 \\ 0.30 & 0.20 & 0.35 & 0.15 \\ 0.40 & 0.25 & 0.30 & 0.25 \end{pmatrix}$$

进行一级模糊综合评判，得

$$B_3 = A_3 \circ \boldsymbol{M}_{R_3} = (0.30, 0.25, 0.35, 0.25)$$

（4）对第一级因素 $U = \{U_1, U_2, U_3\}$，设权重为 $A = (0.25, 0.30, 0.45)$，令总单因素评判矩阵为

$$\boldsymbol{M}_R = \begin{pmatrix} B_1 \\ B_2 \\ B_3 \end{pmatrix} = \begin{pmatrix} 0.30 & 0.30 & 0.35 & 0.30 \\ 0.25 & 0.35 & 0.25 & 0.40 \\ 0.30 & 0.25 & 0.35 & 0.25 \end{pmatrix}$$

进行二级模糊综合评判，得

$$B = A \circ \boldsymbol{M}_R = (0.30, 0.35, 0.30, 0.20)$$

按照最大隶属原则可知，此老师较受欢迎。

3.8　模糊理论在图像处理中的应用

3.8.1　基于模糊稀疏自编码器框架的单幅图像人脸识别算法

1. 研究背景

在过去几年里，人脸图像分类与识别受到广泛关注，它被应用于很多领域，如信息安全领域。很多人脸识别算法被提出，包括基于全局特征学习的人脸识别算法和基于局部特征学习的人脸识别算法。例如，主成分分析和线性判别分析属于基于全局特征学习的算法；局部二值模式和 Gabor 滤波属于基于局部特征学习的算法。

单幅人脸图像识别是人脸识别领域的一个分支。由于在很多实际应用中，如身份证验

证、护照验证和执法实施，一个人仅有一张有类标的人脸图像，因此对单幅人脸图像识别的研究势在必行。目前，已提出很多处理单幅人脸图像识别问题的算法，这些算法主要分为三类：基于泛化学习（Generic Learning）的算法、基于虚拟样本产生的算法、基于局部学习的算法。

最近几年，深度学习已成为极端活跃的研究领域，大量基于深度学习的人脸识别算法被提出，这些算法适用于含有大量标记样本的人脸数据。如今，深度学习被利用尝试处理单幅人脸图像识别问题。有文献认为高质量的正面人脸图像是单幅人脸图像识别中的单幅图像。图像的各种变化，如光照、表情、姿势等，被认为是噪声图像。由于多层网络框架含有大量参数，为了充分训练这些参数同时避免过拟合，大量数据是很有必要的。因此，不论是高质量的正面图像还是所有变化的图像都被用于训练深度网络，也就是说，每个人的训练图像远超过一幅。

为了处理单幅人脸图像识别问题，本节提出一个局部到全局的两层特征学习框架（简称 TLFL）。相较于多层学习，本节提出的框架属于浅层网络，避免了利用多层学习处理单幅人脸图像时出现的过拟合问题。另外，该框架既考虑了局部特征又考虑了全局特征，使其不仅对在光照、表情和姿势等变化下的人脸图像鲁棒，而且能减少图像无信息区域的影响。在本节提出的特征学习框架第一层中，利用基于块的模糊粗糙集特征选择策略选取以目标为导向的局部特征。该局部特征具有原始块的分辨能力并且对图像变化鲁棒，但无法识别无信息区域。在第二层中，利用稀疏自编码器提取全局特征，减少局部特征冗余的同时有利于识别无信息区域。稀疏自编码器的输出是最终用于识别的特征。

2. 理论基础

1）稀疏自编码器

稀疏自编码器是深度神经网络的一个元素，它由三层组成，分别是输入层、隐藏层和输出层。这三层之间是全连接的，如图 3-37 所示。在 L_1 和 L_3 中神经元数目与输入样本的维度相同。如果 L_2 中的神经元数目小于 L_1 中的神经元数目，那么稀疏自编码器可被用于约减特征。稀疏自编码器通过学习一个函数 $h_{w,b}(x) \approx x$，找到原始数据集的潜在表示。该函数用于最小化输入样本和输出样本之间的重构误差。

已知输入样本 $X = \{x_i\}_{i=1}^N$，输出样本 $Y = \{y_i\}_{i=1}^N$，重构误差定义为

$$J(W, b) = \left[\frac{1}{N} \sum_{i=1}^{N} \frac{1}{2} \| x_i - y_i \|_2^2 \right] + \frac{1}{\lambda} \sum_{i, j, l} (W_{i, j}^{(l)})^2 \qquad (3.40)$$

其中，N 是图像样本总数，l 是稀疏自编码器的层数，$W_{i,j}^{(l)}$ 表示在 l 层的权重；公式中等号右侧第一项是误差项，由 l_2 范数构造；第二项是正则项，用于防止过拟合；λ 是衰减参数权重，用于控制第一项和第二项的相对重要性。

可以利用一个额外的惩罚因子完成隐藏单元的稀疏性。这个惩罚因子将隐藏单元的平

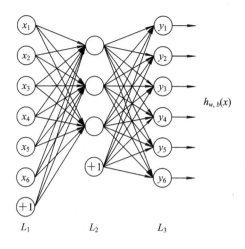

图 3 - 37　稀疏自编码器示意图

均激活度控制在一个很小的范围内，其定义为

$$KL(\rho \parallel \hat{\rho}_j) = \rho \lg \frac{\rho}{\hat{\rho}_j} + (1-\rho) \lg \frac{1-\rho}{1-\hat{\rho}_j} \tag{3.41}$$

其中，ρ 是表示稀疏性的参数，用于衡量目标平均激活度；$\hat{\rho}_j$ 是 j 神经元在输入数据上的平均激活度。$KL(\rho \parallel \hat{\rho}_j)$ 表示两个伯努利随机变量 ρ 和 $\hat{\rho}_j$ 之间的相对熵。最终代价函数定义为

$$J_{sparse}(W, b) = J(W, b) + \beta \sum_{j=1}^{s} KL(\rho \parallel \hat{\rho}_j) \tag{3.42}$$

其中，β 是控制稀疏惩罚因子的参数；s 是隐藏层中神经元的数量。

2）基于图像块的模糊粗糙集特征选择算法

基于局部块的特征学习算法是处理单幅人脸图像识别问题的主要方法之一。该算法通常将原始图像分为不重叠的固定大小的图像块并从每个独立的块中提取特征。然而，传统的局部特征提取仅考虑了图像的结构而忽略了判别信息，并且忽略了位于两个不同块的邻域像素之间的关系。图 3 - 38 给出了图像块的结构示意。

为了获得以目标为导向的局部特征并充分利用邻域像素之间的关系，本节提出一个基于模糊粗糙集的局部特征学习算法，简称 PRS。通过扩展单个像素到一个块来获取图像的重叠块。一个像素的块由像素本身和其邻域组成，块的大小为奇数。需要说明的是，当块的大小为 1 时，一个像素的块是这个像素本身。假设已知 N 个输入训练图像 $\{T_i\}_{i=1}^{N}$，每个图像的大小是 $m \times n$。对于第 i 个图像，围绕每一个像素取一个 $k_1 \times k_2$ 的块，并收集所有重叠图像块。每一个像素由其对应的块表示，如图像 T_i 包含 $x_i = \{x_{i,1}, x_{i,2}, \cdots, x_{i,mn}\} \in \mathbf{R}^{k_1 k_2}$

(a) 原始图像　　　　　　(b) 像素 15 的块　　　　　　(c) 像素 30 的块

图 3-38　图像块示意图

图像块，其中，$x_{i,j}$，$j \in [1, mn]$ 表示第 j 个块。这里，$m \times n$ 简写成 mn。例如，已知一个人脸图像，其大小为 5×6，如图 3-38(a) 所示。每一个圆代表一个像素，该人脸图像具有 30 个像素。对于任意像素，如像素 15，取一个 3×3 的块表示这个像素，即 $k_1 = k_2 = 3$。像素 15 的块由像素 15 本身和它的邻域像素 8、10、14、16、20 和 22 组成。图 3-38(b) 虚线框展示了像素 15 的块。为了避免出现图像块位于原始人脸图像外部这种特殊情况，应扩展原始图像。将原始大小为 $m \times n$ 的图像扩展到 $(m+k_1-1) \times (n+k_2-1)$。即原始图像上下各增加 $(k_1-1)/2$ 行，左右各增加 $(k_2-1)/2$ 列。如图 3-38(a) 所示的人脸图像，块大小定为 3×3，则扩展后图像的大小为 $(5+3-1) \times (6+3-1)$，如图 3-38(c) 所示。扩展图像的第一步是通过分别复制图像的第一行和最后一行来扩展，如图 3-38(c) 实线框中的像素 1 ~6 是原始图像向上扩展的行。然后，原始图像左边第一列被复制到原始图像的左边，如图 3-38(c) 实线框中的像素 1、1、7、13、19、25 和 25。最后，原始图像右边第一列被复制到原始图像的右边。基于扩展后的图像可以提取像素 30 的图像块，如图 3-38(c) 虚线框所示。通过从每个块中减去块均值得到 $\overline{X}_i = \{\overline{x}_{i,1}, \overline{x}_{i,2}, \cdots, \overline{x}_{i,mn}\}$，其中 $\overline{x}_{i,j}$ 称为移除均值块。对所有图像进行上述操作可以得到重新构造的块人脸图像：

$$\overline{X} = \{\overline{X}_1, \overline{X}_2, \cdots, \overline{X}_N\} \in \mathbf{R}^{k_1 k_2 \times N_{mn}} \tag{3.43}$$

在模糊粗糙集理论中，约减被认为是一个特征子集选择过程，选择的子集不会损失原始数据的分辨能力。通常，基于粗糙集理论的约减算法将每一个像素作为一个特征并在所有图像特征上进行特征选择。本节提出的算法将人脸图像分为若干个重叠图像块并在每一个图像块上分别进行特征选择。

基于图像块的模糊粗糙集特征选择算法示意图如图 3-39 所示。已知一幅人脸图像有 $m \times n$ 个块，$P = \{p_1, p_2, \cdots, p_{mn}\}$，$mn$ 是 $m \times n$ 的简写，如图 3-39 中 Fea 1 的小方块所示。每个图像块由 $k_1 \times k_2$ 个特征组成，在图 3-39 中特征由圆圈表示。人脸图像中每一个像素由其对应的图像块表示，即 $k_1 \times k_2$ 个特征。每个图像块都可能存在特征冗余，为了更好地表示一个块的信息，需要删除冗余特征。利用模糊粗糙集理论中的互信息增量来删除冗余特征。

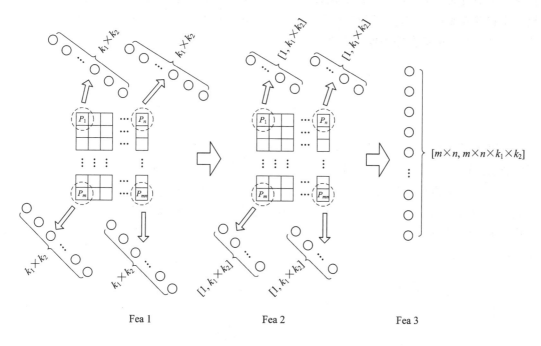

图 3-39 基于图像块的模糊粗糙集特征选择算法示意图

基于模糊粗糙集的特征选择策略在每个块中独立执行。进行特征选择后，用来表示不同块的特征数目不一定相同。基于图像块的模糊粗糙集选择的特征如图 3-38 中 Fea 2 所示。Fea 2 具有与 Fea 1 相同数量的图像块，但是在图像块中特征的数目是不同的。特征约减后，在 Fea 2 中块所具有的特征数量的范围是 $1 \sim k_1 \times k_2$。图 3-38 中 Fea 3 展示了基于第一层的特征学习算法（PRS）选择的所有特征，它将会作为第二层算法的输入特征。Fea 3 中特征的数量范围为 $m \times n \sim m \times n \times k_1 \times k_2$。

基于图像块的模糊粗糙集特征选择算法的主要优点包括：① 不需要关于数据任何初始或额外的信息；② 基于类标和特征之间的关系获得的局部特征可以充分描述原始数据并保留原始数据的分辨能力；③ 基于局部块的模糊粗糙集策略比基于原始图像的模糊粗糙集策略要求更少的存储空间。例如，如果原始图像大小为 26×26，那么模糊粗糙集中的模糊不可分辨关系矩阵大小为 676×676。然而，如果采用基于块的策略且块大小为 3×3，那么一个块的模糊不可分辨关系矩阵大小仅为 9×9，所有块的模糊不可分辨关系矩阵大小为 $9 \times 9 \times 676$，它明显小于基于原始图像的模糊不可分辨关系矩阵。

3. 基于稀疏自编码器的全局特征学习

考虑到基于模糊粗糙集产生的规则具有不稳定性，并且稀疏自编码器可用于基于粗糙集学习的后处理，本算法第二层利用稀疏自编码器提取第一层局部特征中的潜在结构。假设一个稀疏自编码器在隐藏层有 m 个神经元，在输出层有 s 个神经元。输入数据 $x \in \mathbf{R}^n$ 是第一层的输出。稀疏自编码器可定义为

$$z^{(2)} = W_1^{\mathrm{T}} x + b_1, W_1 \in \mathbf{R}^{m \times n}, b_1 \in \mathbf{R}^m \tag{3.44}$$

$$a^{(2)} = f(z^{(2)}) \tag{3.45}$$

$$z^{(3)} = W_2^{\mathrm{T}} a^{(2)} + b_2, W_2 \in \mathbf{R}^{s \times m}, b_2 \in \mathbf{R}^s \tag{3.46}$$

$$a^{(3)} = f(z^{(3)}) \tag{3.47}$$

其中，W_i 是第 i 层的连接权重；b_i 是 $i+1$ 层的偏置项，$i=1,2$；$a^{(3)}$ 是输出结果；$f(\cdot)$ 是激活函数，通常使用的激活函数是 Sigmoid 函数 $f(x) = 1/(1 + \exp(x))$。

当定义输出值等于输入值时，即 $a^{(3)} = x$，这个网络框架称为自编码器网络，它模拟了从输入到自身的映射。$a^{(2)}$ 能完全描述输入值。此外，如果隐藏层中神经元的数量小于输入层中神经元的数量（$m < n$），就会得到原始数据的稀疏表示。这个网络称为稀疏自编码器网络。惩罚函数定义为

$$J(W, b) = \frac{1}{N} \sum_{i=1}^{N} \frac{1}{2} |x - a^{(3)}|^2 + \frac{1}{\lambda} \sum_{i, j, l} (W_{i, j}^{(l)})^2$$
$$+ \sum_{j=1}^{m} \left(\rho \lg \left(\frac{\rho}{\rho_j} \right) + (1 - \rho) \lg \frac{(1 - \rho)}{(1 - \rho_j)} \right) \tag{3.48}$$

公式（3.48）的第一项为误差项，表示输入数据和输出数据之间的误差。为了简化计算，误差项利用 l_2 范数。第二项为正则项，用于防止出现过拟合。第三项为稀疏约束项。$W_{i, j}^{(l)}$ 表示 l 层的第 i 个单元对 $l+1$ 层的第 j 个单元的权重。ρ 是稀疏参数，$\hat{\rho}_j$ 是第 j 个神经元的平均激活度。利用反向传播算法计算惩罚函数的偏导。已知惩罚函数及其偏导，可以利用 L-BFGS（L-BFGS 算法是机器学习领域中求解最优解问题的一种方法）算法优化网络参数（如 W 和 b）。假设已知 N 幅输入图像 $\{\overline{T_i}\}_{i=1}^N$，其中 $\overline{T_i}$ 为第 i 个输入图像。根据优化的参数，利用公式（3.5）和公式（3.6）计算特征 $a^{(2)}$。需要说明的是，微调策略用于进一步优化网络参数。

4. 基于模糊稀疏自编码器的人脸识别算法

本节针对单幅图像人脸分类与识别问题提出了一个两层特征学习框架。该算法的第一层利用基于块的模糊粗糙集特征选择策略提取人脸图像的局部特征，第二层利用稀疏自编码器从上一层收集到的局部特征中提取全局特征。利用第二层得到的特征作为分类器的输入特征。

本节提出的两层特征学习框架的主要优点如下：

（1）该框架结合了局部信息和全局信息的优点。另外，相比于深度网络，该框架属于浅层网络，避免了处理单幅图像人脸识别时的过拟合问题。

（2）利用基于块的模糊粗糙集特征选择策略提取以目标为导向的局部特征。

（3）利用稀疏自编码器从收集到的局部信息中提取全局信息，挖掘了局部特征的结构信息，同时也减少了局部特征的冗余。

该框架属于监督学习方法，由于在实际应用中有很多未标记样本，如何利用未标记样本改进该框架的性能非常值得后续研究。

5. 实验结果与分析

本节利用 6 组不同的人脸数据集来验证提出的两层局部到全局的特征学习算法的性能。6 组人脸数据集分别为 extended Yale B、AR、CMU PIE（实验中选取 CMU PIE 的 5 个子集）、LFW、CAS-PEAL 和 JAFFE。

1）数据描述与实验设置

第一组人脸数据集为 extended Yale B(Y)，它由 2404 个正面人脸图像组成。这些图像来自 38 个人，每个人在不同的实验室照明条件下拍摄大约 64 张图片。

第二组人脸数据集是 AR(A)，它由取自 126 个人的 4000 多张正面人脸图像构成。这些图像包含不同的表情和光照条件。在本章实验中使用 AR 的一个子集，它包括 50 个男性和 50 个女性，每个人拥有 14 张图像，共 1400 张。

第三组人脸数据集是 CMU PIE，它由取自 68 个人的 41 368 幅图像组成。这些图像涵盖了 13 种不同的姿势、43 种不同的光照和 4 种不同的面部表情。CMU PIE 数据集的光照变化比 extended Yale B 数据集的光照变化少。实验中选取 CMU PIE 的子集 P05、P07、P09、P27 和 P29。这 5 个子集分别表示 5 种不同的姿势：向右看、向上看、向下看、向前看和向左看。在 P05 和 P07 中，每个人大约有 49 张图像；在另外 3 个子集中，每个人大约有 24 幅图像。

第四组数据集是 LFW 人脸数据集，它含有超过 13 000 张人脸图像。如文献当某个人的图像数多于 9 张时才会被用于实验中，本节选取 158 个人的图像。这些图像是彩色图像，需要将其转成灰度图像。

第五组人脸数据集是 CAS-PEAL(Cas)，它包含 1040 个人的 30 863 张图片。该数据集由一个训练集、一个 gallery 集和 6 个正面 probe 集组成。6 个 probe 集分别为表情集、光照集、配饰集、背景集、距离集和年龄集。实验中使用表情集，它包含 284 个人。

第六组人脸数据集为 JAFFE(Jaf)，它由来自 10 个不同人的 213 幅图像组成。每个人有 7 种不同的表情，即生气、厌恶、害怕、平淡、伤心、开心和惊讶。

将所有人脸图像尺寸裁剪为 26×26。图 3-40 展示了来自 10 组不同人脸数据集的图像，每组图像对应该数据集中的一个人。图(a)～图(j)分别代表数据集 Y、AR、P05、P07、

P09、P27、P29、LFW、Cas 和 Jaf。

图 3-40　人脸图像示例

将每个人脸数据集分为两部分：测试数据集和备选训练集。测试数据集占原始数据集的 70%，剩余部分为备选训练集。实验中训练集仅由每个人一幅人脸图像组成，单幅人脸图像从备选训练集中选出。由于选择不同的分类器会影响算法的性能。因此，利用两个不同的分类器来验证算法的性能，这两个分类器分别是 softmax 分类器和支撑矢量机（SVM）。之所以选择 softmax 分类器是因为它通常与稀疏自编码器联合使用，选择 SVM 作为分类器是因为它在机器学习领域是极为常用的分类器。由于线性 SVM 具有简单的预测函数和强大的泛化性能，因此被用于本节实验中。每组实验运行 20 次，并记录平均值。

2）单幅人脸图像分类算法比较

本章提出的算法 TLFL 与其对比算法的正确率如表 3-5 和表 3-6 所示，它们分别利用 softmax 和 SVM 作为分类器。表中的对比算法包括：

- OriFea 表示利用原始特征训练分类器；
- AE 表示稀疏自编码器；
- StackAE 表示堆栈自编码器，为了对比的公平性，实验中采用两层堆栈自编码器；

注：AE 是 StackAE 的一种特殊情况，AE 是单层堆栈自编码器。

- LBP 表示局部二值模式；
- HOG 表示方向梯度直方图；

- TT 是由 Tan 提出的一个人脸识别算法；
- LRA 是处理单幅图像人脸识别的一种算法；
- DLR 是由 Yin 提出的针对单幅人脸图像的识别算法；
- LSF-PC 表示对单人脸图像提取局部谱特征；
- DPC 表示从非重叠块中提取局部二值特征；
- TLFL 是本章提出的算法。

表 3-5　单幅人脸图像分类正确率 1

Dataset	OriFea	AE	StackAE	LBP	HOG	TT	LRA	DLR	LSF-PC	DPC	TLFL
Y	23.08±2.1	21.09±2.3	21.43±1.9	12.91±1.8	10.42±2.0	26.39±2.6	29.43±2.7	28.65±1.9	28.96±2.3	29.42±2.3	31.27±1.9
A	36.75±2.9	33.50±2.3	28.50±2.0	15.75±2.4	37.50±2.5	46.90±3.2	47.00±2.6	47.75±2.3	48.75±2.4	48.50±2.2	51.00±2.5
P05	43.53±1.3	43.13±2.4	39.41±2.1	20.00±2.3	36.43±1.7	54.39±2.1	54.27±3.1	55.98±1.3	53.64±2.8	55.15±2.8	57.06±3.2
P07	41.30±3.5	42.13±2.4	39.53±2.6	18.58±2.6	25.76±2.4	42.93±2.3	42.66±3.0	43.27±2.1	43.65±2.7	44.00±2.5	45.13±2.8
P09	42.06±3.2	43.82±2.8	38.82±2.9	19.12±3.1	30.28±3.2	46.03±2.7	46.98±2.7	47.00±1.8	46.14±2.4	47.92±2.2	49.12±3.3
P27	43.07±2.9	44.84±1.7	43.07±2.8	21.83±2.9	37.10±3.0	50.16±1.9	53.14±2.9	52.95±1.8	52.81±2.7	53.10±2.9	54.57±3.3
P29	38.24±2.2	42.06±1.7	37.94±1.9	19.71±2.8	29.95±2.6	40.11±2.1	41.63±2.1	42.93±1.8	41.52±2.4	41.77±2.4	43.53±2.7
LFW	6.33±1.0	6.11±1.1	5.43±1.1	3.87±1.4	8.06±1.9	10.15±1.3	12.32±1.4	13.64±1.5	12.74±2.1	13.26±1.8	14.52±1.4
Cas	59.86±2.8	60.36±3.0	59.00±2.7	40.49±2.6	62.63±2.2	61.59±2.2	63.46±2.3	63.95±2.6	63.15±2.6	63.96±2.9	66.13±2.7
Jaf	78.42±5.9	79.65±5.8	77.43±5.9	51.05±5.5	76.44±5.9	84.91±5.7	86.27±5.6	86.03±5.8	85.45±5.6	86.11±5.5	88.26±5.8
Average	41.26	41.67	39.06	22.33	35.47	46.36	47.72	48.22	47.68	48.32	50.06

表 3-6　单幅人脸图像分类正确率 2

Dataset	OriFea	AE	StackAE	LBP	HOG	TT	LRA	DLR	LSF-PC	DPC	TLFL
Y	26.37±2.7	23.90±1.5	23.61±1.8	14.29±2.3	12.64±2.8	31.06±1.9	32.85±2.4	32.57±2.3	33.19±1.9	34.30±1.8	34.86±1.6
A	42.00±2.8	27.25±1.9	20.05±1.9	18.50±2.7	39.50±2.2	50.65±3.1	52.30±2.5	52.75±2.8	52.25±2.4	53.05±1.9	55.50±2.4
P05	55.29±1.2	49.12±2.1	39.71±2.1	22.06±3.0	37.94±2.9	56.05±2.1	56.66±2.7	57.84±2.3	54.33±2.7	56.37±2.5	59.71±1.7
P07	48.38±1.7	45.13±1.8	38.05±3.3	20.94±2.7	27.43±3.0	51.35±2.5	52.36±2.4	52.93±2.9	50.26±3.1	53.61±2.4	54.87±2.9
P09	45.59±3.2	43.82±1.6	38.24±2.0	20.88±1.9	31.47±2.1	52.46±3.4	54.21±2.3	54.24±3.1	53.37±2.8	53.14±2.5	56.47±3.3
P27	54.28±1.3	45.13±1.4	40.12±2.6	24.78±2.6	38.94±2.9	53.55±2.9	56.25±2.4	55.88±2.8	56.96±2.6	56.37±2.7	58.70±2.7
P29	45.29±1.5	42.06±1.6	37.65±2.1	21.18±2.5	31.18±2.1	45.63±3.1	46.47±2.6	48.87±2.7	47.24±3.0	46.00±2.8	49.71±1.6
LFW	6.96±1.4	4.31±1.7	3.28±1.6	3.48±1.9	7.59±2.1	11.69±1.6	12.43±1.5	12.10±1.4	13.60±1.7	14.25±1.7	15.21±1.5
Cas	63.03±2.6	53.24±2.9	47.68±2.5	35.92±2.8	72.89±3.1	66.31±2.7	69.00±3.0	69.99±2.7	66.45±2.8	69.32±2.3	72.95±2.6
Jaf	80.53±6.3	78.95±6.6	66.32±6.4	52.63±5.9	77.89±6.0	84.21±6.1	85.26±6.3	87.37±6.2	88.42±5.9	86.84±6.0	89.47±6.1
Average	46.77	41.29	35.47	23.47	37.75	50.30	51.78	52.45	51.61	52.33	54.75

从表 3-5 和表 3-6 中可以得出如下结论：

(1) 当每类仅有一幅标记人脸图像可用时，StackAE 算法的性能不好。比较 StackAE 算法与 AE 算法，对于单幅人脸图像识别问题，两层 AE(StackAE)的性能不如单层 AE 的性能。

(2) 不论采用 softmax 还是 SVM 作为分类器，TLFL 都能得到一个好的分类结果。与其他算法(OriFea、AE、StackAE、LBP、HOG、TT、LRA、DLR、LSF-PC 和 DPC)相比较，当采用 softmax 作为分类器时，TLFL 的准确率分别优于其他算法 8.8%、8.39%、11%、27.73%、14.59%、3.7%、2.34%、1.84%、2.38% 和 1.74%；当采用 SVM 作为分类器时，TLFL 的准确率分别优于其他算法 7.98%、13.46%、19.28%、31.28%、17%、4.45%、2.97%、2.3%、3.14% 和 2.42%。

3）TLFL 算法与 CNN 算法的比较

在利用具有两个卷积层的 CNN 算法从单幅人脸图像中提取特征时，采用了公开的 DeepLearnToolbox 实现卷积神经网络 CNN。先讨论 batS、alpha、OM、KS 和 numE 这 5 个参数对于 CNN 算法的影响，再从中选择最佳参数的 CNN 算法与本章提出的算法进行比较。

CNN 中包含 5 个参数，分别如下：

· batS 表示在每一次随机梯度下降的迭代中，样本的更新比例，其取值范围为 [0.5, 1]。

· alpha 表示每次迭代的学习率，其取值范围为 0.01~2。

· OM 表示特征图的数量，其取值范围为 1~12。

· KS 表示卷积核大小，其值设定为 [1, 3, 5, 7, 9, 11]。

· numE 表示迭代次数，其取值范围为 1~200。

(a) softmax

(b) SVM

图 3-41　更新比例取值分析

根据图 3-41，对于数据集 LFW、Cas 和 Jaffe，参数 batS 设定为 0.5；对于其他人脸数据集，参数 batS 设定为 1。在两层 CNN 算法中，为了取得更好的分类结果，对于不同的人脸数据集采用不同的参数，具体参数设置如表 3-7 所示。表 3-8 展示了对于不同数据集，TLFL 算法的性能远超 CNN 算法。

表 3-7　CNN 参数设置

Dataset	softmax					SVM				
	batS	alpha	OM	KS	numE	batS	alpha	OM	KS	numE
Y	1	0.01	5	3	200	1	0.1	1	1	20
A	1	0.5	1	1	5	1	0.5	1	1	200
P05	1	0.1	1	1	50	1	1.5	1	1	100
P07	1	0.1	1	1	50	1	1	1	3	100
P09	1	0.05	4	1	50	1	1.5	6	3	100
P27	1	0.1	1	1	50	1	2	1	3	100
P29	1	0.05	1	1	50	1	1.5	1	1	100
LFW	0.5	0.1	12	3	150	0.5	1.5	7	7	100
Cas	0.5	0.1	6	1	150	0.5	0.1	3	1	150
Jaf	0.5	1	4	1	80	0.5	1.5	5	3	50

表 3-8　算法 TLFL 和 CNN 分类准确率比较

Dataset	softmax		SVM	
	CNN	TLFL	CNN	TLFL
Y	21.70	31.2	19.51	34.86
A	32.75	51.0	28.00	55.50
P05	34.71	57.0	26.47	59.71
P07	30.97	45.1	23.01	54.87
P09	32.06	49.1	18.53	56.47
P27	34.22	54.5	21.24	58.70
P29	35.88	43.5	28.24	49.71
LFW	6.96	14.5	4.11	15.21
Cas	52.46	66.1	27.46	72.95
Jaf	78.42	88.2	62.11	89.47

3.8.2　基于模糊超像素表征学习的 PolSAR 图像分类

1. 研究背景

极化合成孔径雷达(PolSAR)图像分类是典型的计算机视觉应用之一。PolSAR 能够在全天时和全天候条件下提供遥感图像信息，由于电磁波的发射和接收都是多极化的，相比于单极化 SAR，它包含更多的有用信息。然而，由相干成像机制引起的斑点噪声以及 PolSAR 图像复杂的存储格式严重影响了 PolSAR 图像的理解与解译。PolSAR 图像分类技术主要分为两类：一类关注极化 SAR 图像的统计特性，另一类研究 PolSAR 图像的散射机制。之前的算法通常是基于像素的分类算法，由于只对每个像素进行独立的标记，而忽略了像素间空间关系的影响，相干成像机制引起的散斑噪声严重影响了 PolSAR 图像的分类性能。

为了克服基于像素的 PolSAR 图像分类算法产生的问题，人们提出了基于超像素的 PolSAR 图像分类算法。超像素是通过对原始图像进行分割而生成的具有均匀外观的小图像区域。基于超像素的操作相比于基于像素的操作来说，具有以下优点：第一，超像素保留图像中的结构信息；第二，可以通过用几百个超像素替换几千个像素来提高计算效率。在基于超像素的分类算法中，超像素的产生是其中很重要的一步，好的超像素算法能够改善计算机视觉应用的性能。

每一种超像素算法都有其特点，如基于 Watershed(分水岭)的算法通常生成极度不规则的超像素，并且没有指定超像素的数量；基于 Mean-Shift(MS)(均值漂移)算法生成的超像素结构是任意的，并且不提供对超像素数量的直接控制；基于 Normalized cuts(Ncut)(归一化切割)生成的超像素非常规则，但对大图像运行速度较慢；基于 SLIC(简单线性迭代聚类)算法生成的超像素具有良好的边界黏附性。应针对特定应用选择合适的超像素算法。虽然超像素算法已普遍用于图像分类中，但到目前为止，没有一种针对于图像分类应用而设计的超像素算法。在对一幅图像的分类中，超像素中的所有像素被认为具有相同的类标。然而，在实际应用中，图像中可能同时存在纯超像素和混合超像素，其中纯超像素由来自单个类别的像素组成，混合超像素由具有各种类标的像素组成，显然混合超像素会严重影响分类的准确性。因此，对于图像分类问题应尽可能产生较少的混合超像素。

基于上述原因，本章首先针对图像分类问题提出一个新的超像素概念——模糊超像素，用来在产生超像素的过程中抑制混合超像素的生成。图像中的像素根据模糊超像素的概念可分成超像素和待定像素两部分。也就是说，在模糊超像素中，并非所有像素都被分配到一个特定的超像素中，宁可忽略一些不确定的像素也要尽量保证不错分。其次，针对 PolSAR 图像提出一个生成模糊超像素的算法。最后，提出一种用于 PolSAR 图像分类的模糊超像素生成算法 FS。

2. 模糊超像素算法

1) 模糊超像素的概念

传统的超像素如图 3 - 42(a)所示。在传统的超像素中，每个像素被分配给一个超像素，并且每个超像素中的所有像素被认为具有相同的类标。假设一幅图像由 81 个像素组成，每个像素由一个圆圈表示。图像分为 6 个超像素，每一种超像素由一种颜色表示。同一个超像素中的像素被认为具有相同的类标，因此，基于超像素的分类算法取决于生成的超像素。如果生成的超像素不是一个纯超像素而是一个混合超像素，那么不论后续采用多么优秀的分类算法，对于这个超像素中像素的分类正确率都不可能达到 100%。超像素中像素类标的一致性极大地影响分类性能。

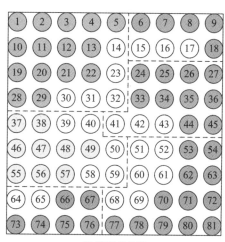

(a) 传统超像素 (b) 模糊超像素

图 3 - 42 超像素示意图

为了提高超像素中像素类标的一致性，减少混合超像素的数量，又提出了一个新颖的超像素概念——模糊超像素。在模糊超像素中，并非所有像素都属于一个超像素。如果一个像素不能确定是否属于一个超像素，那么这个像素被认为是一个待定像素，它不属于任何超像素。模糊超像素如图 3 - 42(b)所示。假设图像大小为 9×9，图像中的像素由 7 种颜色表示。除了白色外，其他颜色表示不同的超像素。白色圆圈表示的像素是待定像素。相较于传统的超像素(虚线所示)，基于模糊超像素生成的超像素之间有一定空隙。待定像素的类标可通过后续的算法确定。

2) 模糊超像素算法

为解决 PolSAR 图像分类问题，这里提出一种模糊超像素算法，称为 FS 算法。该算法根据像素的空间位置和 PolSAR 图像的性质在三维[Cov, X, Y]空间聚类像素，其中 Cov 是像素的协方差矩阵，X 和 Y 是像素的空间位置。

假设一幅图像由 N 个像素组成，期望的超像素数量为 K，期望的超像素大小小于 $S=\sqrt{N/K}$。聚类中心的初始化是在以 S 为间距的常规网格中选择初始聚类中心。为了避免聚类中心落在边界处或是噪声像素上，将聚类中心在一个 3×3 的邻域内移至最低梯度位置。为了加快算法的运算速度，将每一个聚类中心的搜索区域缩减至 $2S\times2S$，而不是对一个聚类中心都搜索图像中的所有像素。

FS 算法利用模糊 C 均值（FCM）算法生成超像素。根据初始聚类中心和给定的搜索区域，确定重叠搜索区域和非重叠搜索区域。在非重叠搜索区域中的像素属于其聚类中心对应的超像素。在重叠区域中的像素需要判断其属于哪个聚类中心对应的超像素。

任意一个像素对于不同聚类中心的隶属度为

$$\sum_{i=1}^{n} u(i,j)=1,\quad \forall j=1,\cdots,c \tag{3.49}$$

其中，i 是在重叠区域中的像素；j 是重叠区域中像素对应的聚类中心；c 是像素 i 对应的聚类中心数量。

重叠区域中的像素到其对应的聚类中心的目标函数为

$$J(U,C_1,\cdots,C_c)=\sum_{j=1}^{c}J_j=\sum_{j=1}^{c}\sum_{i=1}^{n} u^m(i,j)D_{\text{polsar}}^2(i,j) \tag{3.50}$$

其中，$u(i,j)\in[0,1]$，$C_1,\cdots,C_c$ 是聚类中心像素；$m\in[1,\infty)$ 是权重指数，在 FS 算法中 $m=2$；D_{polsar} 是像素 i 到中心像素 j 的距离。

距离 D_{polsar} 既考虑了极化 SAR 图像的性质又考虑了像素之间的位置关系，将其定义为

$$D_{\text{polsar}}(i,j)=\sqrt{\left(\frac{d_{\text{w}}(i,j)}{\text{mpol}}\right)^2+\left(\frac{d_{xy}(i,j)}{S}\right)^2} \tag{3.51}$$

其中，i 和 j 是两个不同的像素；$d_{\text{w}}(i,j)$ 是基于 Wishart 分布的距离，它是一种基于统计模型的衡量方法，相较于欧式距离更适合 PolSAR 图像；$d_{xy}(i,j)$ 是空间距离；mpol 是平衡 Wishart 分布距离和空间距离的参数，其值越大表明空间距离越重要。

$$d_{\text{w}}(i,j)=\ln(|\boldsymbol{\Sigma}_j|)+\text{Tr}(\boldsymbol{\Sigma}_j^{-1}\boldsymbol{T}_i) \tag{3.52}$$

$$d_{xy}(i,j)=\sqrt{(x_j-x_i)^2+(y_j-y_i)^2} \tag{3.53}$$

$\boldsymbol{\Sigma}_j$ 是以 j 为中心的超像素中像素的相干矩阵平均值；$\boldsymbol{T}_i$ 是像素 i 的相干矩阵。协方差矩阵 Cov_i 与相干矩阵 $\boldsymbol{T}_i$ 之间可以相互转换。

$$\boldsymbol{T}_i=\boldsymbol{V}\text{Cov}_i\boldsymbol{V}^{-1}$$

$$\boldsymbol{V}=\frac{1}{\sqrt{2}}\begin{bmatrix}1 & 0 & 1\\ 1 & 0 & -1\\ 0 & \sqrt{2} & 0\end{bmatrix}$$

构造新的目标函数，计算使 $J(U,C_1,\cdots,C_c)$ 获得最小值的必要条件，新的目标函数

定义为

$$\bar{J}(U, C_1, \cdots, C_c, \lambda_1, \cdots, \lambda_n) = J(U, C_1, \cdots, C_c) + \sum_{i=1}^{n} \lambda_i \left(\sum_{j=1}^{c} u(i, j) - 1 \right)$$

$$= \sum_{j=1}^{c} \sum_{i=1}^{n} u^m(i, j) D_{\text{polsar}}^2(i, j) + \sum_{i=1}^{n} \lambda_i \left(\sum_{j=1}^{c} u(i, j) - 1 \right) \tag{3.54}$$

其中，$\lambda_i (i = 1, \cdots, n)$ 是拉格朗日乘子。

通过计算 $\bar{J}(U, C_1, \cdots, C_c, \lambda_1, \cdots, \lambda_n)$ 的偏导，得到最小化 $\bar{J}$ 的必要条件：

$$c_j = \frac{\sum_{i=1}^{n} u^m(i, j) x_i}{\sum_{i=1}^{n} u^m(i, j)} \tag{3.55}$$

$$u(i, j) = \frac{1}{\sum_{k=1}^{c} \left(\dfrac{D_{\text{polsar}}(i, j)}{D_{\text{polsar}}(i, k)} \right)^{2/(m-1)}} \tag{3.56}$$

利用式(3.55)和式(3.56)计算出聚类中心像素和重叠区域中的像素的隶属度，再利用像素的隶属度去判断一个像素是否属于一个特定的超像素，判断过程如下：

假设 $\boldsymbol{U} = [\boldsymbol{U}_1, \cdots, \boldsymbol{U}_i, \cdots, \boldsymbol{U}_n]$，$\boldsymbol{U}_i = [u_{i1}, \cdots, u_{ij}, \cdots, u_{ic}]$ 是像素 i 对聚类中心像素 $[C_1, \cdots, C_c]$ 的隶属度。在 $\boldsymbol{U}_i$ 中的最大值定义为 $U_{i\max}$，并且 $\boldsymbol{U}_{\max} = [U_{1\max}, \cdots, U_{i\max}, \cdots, U_{n\max}]$。对应于隶属度最大值的聚类中心像素定义为 $\boldsymbol{P}_{\max} = [P_{1j}, \cdots, P_{ij}, \cdots, P_{nj}]$，$j \in 1, \cdots, c$。$\boldsymbol{U}$ 中的次大值记为

$$\boldsymbol{U}_{\text{submax}} = [U_{1\text{submax}}, \cdots, U_{i\text{submax}}, \cdots, U_{n\text{submax}}] \tag{3.57}$$

计算最大值与次大值之间的差值，即

$$U_{\text{diff}} = U_{\max} - U_{\text{submax}} = [U_{\text{diff}_1}, \cdots, U_{\text{diff}_i}, \cdots, U_{\text{diff}_n}] \tag{3.58}$$

$$U_{\text{diffMed}} = \text{median}(U_{\text{diff}}) \tag{3.59}$$

其中，$\text{median}(\cdot)$ 定义为向量 $\cdot$ 的中值。

$\forall i \in n$，如果 $U_{\text{diff}_i} > U_{\text{diffMed}}$，那么像素 i 属于聚类中心像素 P_{ij} 对应的超像素；否则，i 是一个待定像素。

由于该算法没有强调连通性，所以模糊聚类结果通常是不连续的。可以利用后处理步骤强调区域连通性。即对于每一个待定像素（Undetermined Pixel，UP），以其为中心搜索大小为 $M \times M$ 的区域。在此区域内计算超像素的个数 Num_s。如果 $\text{Num}_s > 1$，则此区域内的像素均划分为待定像素；如果 $\text{Num}_s = 1$，则此区域内的像素均属于超像素。此处后处理算法的搜索区域设定为 7×7。

为了更好地理解模糊超像素算法，下面给出一个例子解释模糊超像素的产生。如图

3-43 所示，已知一幅图像由 81 个像素组成。假设初始选择的聚类中心像素为 8、21、34、48、61 和 75，搜索区域大小为 5×5。根据聚类中心和搜索区域大小可划出 6 个模糊超像素搜索区域，在图 3-43(a) 中以 6 种不同颜色的框表示。从图中可以看出搜索区域包括非重叠搜索区域和重叠搜索区域。在非重叠搜索区域中的像素直接被分到其对应的聚类中心所在的超像素中。如像素 1 在聚类中心像素 21 的不重叠搜索区域内，即其他中心像素的搜索区域不包括像素 1，因此，将像素 1 分到中心像素 21 对应的超像素中。除了非重叠搜索区域，还有很多重叠搜索区域。在重叠搜索区域中的像素如图 3-43(b) 中所示，用混合颜色表示。例如，像素 41 在中心像素 21、34、48 和 61 的重叠搜索区域中，用 4 种不同的颜色表示。像素 41 可能属于中心像素 21 对应的超像素，也可能属于中心像素 34、48 或 61 对应的超像素。还有一种情况，如果不满足一定条件，那么像素 41 不会划分到任何超像素中，它会成为待定像素。

(a) 搜索区域

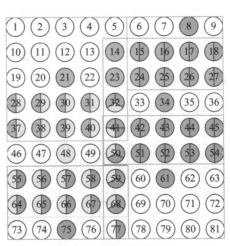
(b) 搜索区域中的像素

图 3-43　搜索区域及区域中的像素

综上所述，模糊超像素生成算法主要分为四步：

(1) 初始化模糊超像素聚类中心并且确定期望生成的超像素数量。

(2) 根据聚类中心与期望的模糊超像素数量找出重叠搜索区域与非重叠搜索区域。

(3) 将非重叠搜索区域中的像素直接划分到聚类中心像素对应的超像素中。对于重叠区域中的像素，计算像素与其对应的聚类中心像素之间的隶属度，并根据隶属度值判断像素是属于某个特定的超像素还是属于待定像素。

(4) 后处理步骤。

3. 基于模糊超像素的 PolSAR 图像分类算法

基于模糊超像素的 PolSAR 图像分类算法的主要步骤包括超像素生成、极化特征选择、样本选择和分类。超像素算法通常用于其他算法的预处理方法。在基于超像素的分类算法中，每一个超像素被认为是一个处理单元。本节基于模糊超像素算法，提出一个简单的监督分类算法。在 PolSAR 图像中，每一个像素可以表示为一个协方差矩阵 $\boldsymbol{T}$，即

$$\boldsymbol{T} = \begin{bmatrix} A & D-\mathrm{j}E & F+\mathrm{j}G \\ D+\mathrm{j}E & B & H+\mathrm{j}K \\ F-\mathrm{j}G & H-\mathrm{j}K & C \end{bmatrix} \tag{3.60}$$

协方差矩阵包含全极化信息和极化信息的二阶统计。在本节分类算法中，利用协方差矩阵表示 PolSAR 数据。一个列向量表示 PolSAR 图像中的一个像素：$\boldsymbol{I} = [A, B, C, D, E, F, G, H, K]^{\mathrm{T}}$，其中上标 T 为转置。一幅 PolSAR 图像的所有像素表示为 $P_{\mathrm{ou}} = \{I_1, \cdots, I_i, \cdots, I_N\}$，其中，$I_i$ 是第 i 个像素，N 为一幅 PolSAR 图像中像素的总数。

对于每一幅 PolSAR 图像，从每类中随机选择 5 个标记像素。与标记像素同在一个超像素的像素被赋予和这个标记像素相同的类标。对于超像素部分，使用超像素内所有像素的均值表示一个超像素。对于待定像素部分，每一个像素表示一个处理单元。具有类标的超像素是训练集，其余部分为测试集。由于 SVM 常用于 SAR 图像分类问题，因此采用 SVM 作为分类器。每个实验对每个数据集执行 50 次，记录平均分类精度以供比较。分类精度是属于每个类别的像素被分类到正确类别的百分比。注意，在计算分类精度时忽略了无类标像素。

该算法的主要优点如下：

(1) 易于理解与实现。

(2) 由该算法生成的超像素的边界一致性优于其他超像素算法，同时该算法相较于其他超像素算法能产生更多的纯超像素和更少的混合超像素。

(3) 基于该算法的 PolSAR 图像分类算法的性能优于基于其他超像素算法的性能。

4. 实验结果与分析

1) 仿真指标

本节方法进行仿真实验所使用的衡量指标如下：

(1) 欠分割错误（Under-segmentation Error, UE）：一个超像素应仅覆盖一个目标。UE 定义为

$$\mathrm{UE} = \frac{1}{\sum\limits_{j=1}^{L}|s_j|}\left(\sum_{i=1}^{M}\sum_{s_j|s_j\cap g_i>0}|s_j| - \sum_{j=1}^{L}|s_j|\right) \tag{3.61}$$

其中，s_j 是生成的超像素，生成的超像素的总数是 L；g_i 是真实分割结果，一幅图像的地物种类总数为 M；$|s_j|$ 表示在超像素 s_j 中像素的个数。需要说明的是，对于模糊超像素，计算 UE 时仅考虑超像素部分。

(2) 边界响应(Boundary Recall，BR)：通过考虑边界依从性衡量超像素的性能。BR 定义为落在超像素边界像素一定范围内的真实边界像素与真实边界像素总数的比例。本节实验采用 BR 的标准衡量准则，其定义为

$$\text{BR} = \frac{1}{\text{PN}} \left(\sum_{p=1}^{P} N \text{ logical}(\min_{y_q} \| x_p - y_q \| < 2) \right) \tag{3.62}$$

其中，x 和 y 分别表示真实边界像素和超像素边界像素；PN 为落在真实边界上的像素的总数；logical 为逻辑函数，具体为 $\text{logical}(x) = \begin{cases} 0, & x=0 \\ 1, & \text{其他} \end{cases}$。

(3) 纯超像素率(Pure Superpixels Ratio，PSR)：衡量超像素算法生成纯超像素的能力。本节提出的模糊超像素算法(FS 算法)具有两个参数 mpol 和 K，它们分别控制超像素的紧凑度和期望的超像素数量。利用评价准则中纯超像素率(PSR)来衡量参数 mpol 和 K 对模糊超像素算法性能的影响。假设一幅图像中纯超像素的数量为 Num_p，含有标记像素的超像素总数为 Num_L，则纯超像素率(PSR)定义为 $\text{Num}_p / \text{Num}_L$。

(4) 时间复杂度分析(Time Complexity)：传统 FCM 算法的时间复杂度为 $O(cIN)$，其中 c 是聚类中心总数，I 是迭代次数，N 是一幅图像中像素的数量。FS 算法是一个使用修正的 FCM 为生成超像素特殊设计的算法，该算法利用局部搜索策略，即仅对在重叠搜索区域内的像素判断其是否属于某一个特定的超像素。局部搜索策略可避免执行数千次冗余的距离计算，另外，在实际应用中搜索区域中的像素最多面临 4 个聚类中心。因此，FS 算法的复杂度为 $O(N)$，它与搜索区域内像素的数量线性相关。

2) 仿真内容

本节利用三幅 PolSAR 图像分析并验证提出的模糊超像素算法的性能。该实验的仿真采用六种对比算法，包括 Mean Shift(MS)、Quick Shift(QS)、Normalized cuts(Ncut)、TurboPixels(TP)、SLIC 和 SEEDS，分别对三组 PolSAR 图像数据 Flevoland、Esar、San Francisco 进行分类。

下面对三幅 PolSAR 图像进行简单介绍。

(1) Flevoland。第一个数据集是 L 波段多视 PolSAR 图像的一个子集，它在 1989 年由 AIRSAR 机载平台获得，场景覆盖荷兰的弗莱福兰地区(Flevoland)。由 Pauli 分解产生的伪彩色图像如图 3 - 44(b)所示，图像大小为 300×270。真实类标图(Ground Truth)如图 3 - 44(b)所示。图 3 - 44(c)中不同的颜色表示不同的地物种类。根据真实类标图，图像中的像素分为 6 类，这 6 类地物分别为裸地、土豆、甜菜根、森林、小麦和豌豆。

(a) 原图   (b) 伪彩色图

裸地	土豆	甜菜根	森林
小麦	豌豆	空缺	

(c) 伪彩色类标

图 3 - 44　PolSAR 数据集 Flevoland

（2）Esar。第二个数据集来自 L 波段多视 PolSAR 图像，该数据集由德国航空航天中心的 E - SAR 提供。图像中的场景覆盖德国的奥伯法芬霍芬（Oberpfaffenhofe）。实验所用图像如图 3 - 45(a)所示，图像大小为 1300×1200。该 PolSAR 数据集的真实类标图如图 3 - 45(b)所示。真实类标图的颜色代码如图 3 - 45(c)所示。根据真实类标图，该 PolSAR 图像被分为三类，分别是建筑物区域、森林区域和开放地区。

（3）San Francisco。第三个数据集涵盖旧金山的海湾附近区域，包括金门大桥。由于该数据集既涵盖了自然目标，又涵盖了人工目标，因此在过去几年，该数据集是 PolSAR 图像分类领域中最为常用的数据集之一。在本章实验中，使用的图像大小为 1300×1300，其伪彩色图如图 3 - 46(a)所示。该数据集的真实类标图如图 3 - 46(b)所示。San Francisco 图像主要包含 5 类地物，它们分别是低密度城市区域、水域、植被区域、高密度城市区域和自主开发区域。该数据集真实类标图对应的颜色代码如图 3 - 46(c)所示。

对于上述三幅 PolSAR 图像，每一类代表一种地物，使用一种颜色表示。需要说明的是，在计算分类正确率时忽略了没有真实类标的像素。

(a) 原图   (b) 伪彩色图

建筑物区域	森林区域	开放地区	空缺

(c) 伪彩色类标

图 3-45　PolSAR 数据集 Esar

(a) 原图   (b) 伪彩色图

低密度城市区域	水域	植被区域
高密度城市区域	自主开发区域	空缺

(c) 伪彩色类标

图 3-46　PolSAR 数据集 SanFrancisco

3）结果分析

下面将对各数据集进行结果分析。

(1) 数据集 Flevoland。

数据集 Flevoland 的平均分类结果如表 3-9 所示。在 PB 算法中，分类实验的每一个像素被当作一个处理单元。在其他算法中，超像素被当作处理单元。分别利用 MS、QS、Ncut、TP、SLIC、SEEDS 和 FS 算法生成超像素，生成的超像素数量为 200 和 500。从表 3-9 中可以看出，基于超像素的分类算法优于 PB 算法，这归因于基于超像素的分类算法考虑了像素之间的空间关系。当超像素数量为 500 时，FS 算法的准确率分别高于其他超像素算法 7.12%、4.84%、5.48%、3.51%、3.53% 和 5.07%。

表 3-9　数据集 Flevoland 的平均分类结果

超像素数量	PB	MS	QS	Ncut	TP	SLIC	SEEDS	FS
200	70.77±6.9	80.79±5.6	79.48±9.4	81.70±6.9	83.66±5.9	80.95±5.9	83.31±5.0	86.70±3.2
500	70.77±6.9	80.23±6.5	82.51±5.2	81.87±6.1	83.84±5.1	83.82±5.3	82.28±5.2	87.35±1.9

上述算法重复运行 50 次时，数据集 Flevoland 的分类正确率如图 3-47 所示。图(a)和图(b)分别表示生成的超像素数量为 200 和 500。从图中可以看出基于 FS 的分类算法稳定性较好。通过实验可知，比起基于超像素的分类算法，PB 算法的区域连通性不好。这是因为 PB 算法将像素当作处理单元，这种基于像素的分类算法对斑点噪声非常敏感。而 MS、QS、Ncut、TP、SLIC 和 SEEDS 算法的分类结果能够保持区域连通性，但对很多大的区域赋予了错误的类标。基于 FS 的分类算法是 PB 算法和其他基于超像素的分类算法的一种折中，它比 PB 算法具有更好的视觉效果，同时不会像其他基于超像素的分类算法一样有很多大块错标区域。与其他算法相比，基于 FS 的分类算法具有更好的分类性能。

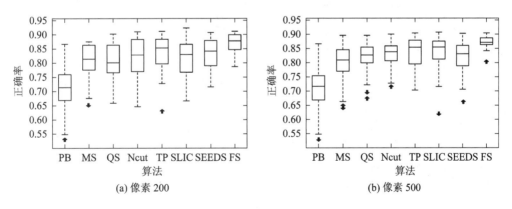

(a) 像素 200　　　　　　　　(b) 像素 500

图 3-47　数据集 Flevoland 的分类正确率

(2) 数据集 Esar。

表 3-10 列出了数据集 Esar 的平均分类结果。超像素的数量分别为 500、1000 和

3000。从表中可以得出以下几点结论：

① 当生成的超像素数量为 500 时，基于超像素的分类结果并不总是优于 PB 算法的分类结果。这是由于生成的超像素的质量不够好。当超像素的数量太小时，图像中的某些区域会出现欠分割。

② 基于 FS 的分类算法生成的不同数量的超像素的平均分类正确率分别高于对应的超像素算法 5.53%、6.85%、7.28%、5.45%、5.21%、5.87% 和 4.18%。

③ 超像素数量为 1000 时的分类结果比超像素数量为 3000 时的分类结果好。原因在于，生成的超像素数量越多，超像素的尺寸越小，越容易受到斑点噪声的影响。

表 3-10　数据集 Esar 的平均分类结果

超像素数量	PB	MS	QS	Ncut	TP	SLIC	SEEDS	FS
500	65.59±6.2	60.81±9.9	57.95±8.1	63.65±9.4	64.38±7.8	62.96±7.7	65.15±9.7	69.33±5.9
1000	65.59±6.2	66.94±6.6	66.21±7.6	67.65±5.2	67.87±6.7	67.53±7.4	65.09±7.5	72.77±4.3
3000	65.59±6.2	65.05±8.7	67.36±5.0	65.70±6.9	65.48±7.0	65.27±6.7	64.87±7.8	71.25±5.7

超像素数量为 500 和 1000 时，数据集 Esar 的分类正确率见图 3-48。

(a) 像素 500　　　　　　　(b) 像素 1000

图 3-48　数据集 Esar 的分类正确率

（3）数据集 San Francisco。

在 PolSAR 图像上，数据集 San Francisco 的平均分类结果如表 3-11 所示。生成的超像素数量分别为 500、1000 和 3000。基于 FS 的分类算法可以获得最高的分类正确率。超像素数量为 500 或 1000 时的算法性能优于超像素数量为 3000 时的算法性能。

表 3 - 11　数据集 San Francisco 的平均分类结果

超像素数量	PB	MS	QS	Ncut	TP	SLIC	SEEDS	FS
500	68.81±6.1	78.94±5.2	78.51±4.0	81.02±3.8	80.55±5.3	81.02±5.0	81.21±5.0	84.21±3.9
1000	68.81±6.1	78.34±7.2	78.76±6.0	79.15±5.4	80.75±5.2	80.23±5.5	81.24±5.5	83.59±3.4
3000	68.81±6.1	76.28±3.6	76.06±5.5	77.01±4.8	76.75±4.9	77.87±5.2	80.11±5.3	81.85±3.4

图 3-49(a)、(b)分别表示当超像素数量为 500 和 1000 时，算法重复运行 50 次的所有结果。

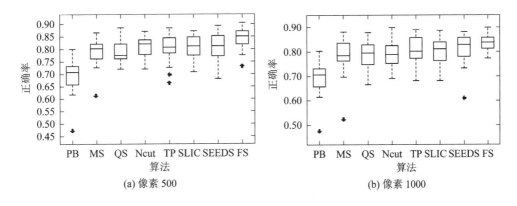

图 3-49　数据集 San Francisco 分类正确率

根据在三幅 PolSAR 图像上的分类结果可得出以下结论：

第一，基于 FS 的分类算法的性能明显优于基于像素和其他超像素算法的性能。

第二，超像素的数量需要根据 PolSAR 图像的大小和内在复杂度来确定。如果超像素的数量太少，则会引起区域欠分割，导致基于超像素的分类算法性能下降；如果超像素数量过多，则基于超像素的分类算法的性能容易受到斑点噪声的影响。

（4）比较 MAS 与 MAS-FS。

为了进一步验证模糊超像素算法（FS 算法），利用 MAS 算法并替换其中的超像素算法。图 3-50(a)是 MAS 算法的示意图。MAS-FS 是指利用 FS 算法代替 MAS 算法中的超像素算法，其示意图如图 3-50(b)所示。基于 FS 算法，图像中的像素分为超像素部分和待定像素部分。对于超像素部分，处理方法与 MAS 相同。对于待定像素部分，采用前面提到的简单的监督分类过程。简单来说，根据已知的像素类标，获得对应的超像素的类标，训练集被扩展。可将 SVM 作为分类器处理待定像素。

图 3-50　MAS 与 MAS-FS 算法示意图

图 3-51 展示了训练样本率对算法分类正确率的影响，训练样本率分别设定为 0.2%、1%、5%、10% 和 20%。为了得到更好的结果，对于不同的训练率应选择不同数量的神经元。Ori 表示使用两层自编码器的分类正确率。从图 3-51 中可以看出，MAS-FS 算法可以明显提升 PolSAR 图像的分类性能。MAS 算法与 MAS-FS 算法的正确率差异如图 3-52 所示，从图中可以看出，训练样本率越小，FS 算法的作用越大。

图 3-51　训练样本率对算法分类正确率的影响

244

图 3-52　MAS 算法与 MAX-FS 算法的正确率差异

习　题

1. 假设论域 $X = \{0, 1, 2, 3, 4, 5, 6, 7, 8, 9\}$，设 A 表示一个接近于 0 的模糊集合，各元素的隶属度函数依次为 $\{1.0, 0.9, 0.8, 0.7, 0.6, 0.5, 0.4, 0.3, 0.2, 0.1\}$，试将 A 分别用特征函数法(序偶法)、扎德表示法、向量法表示。

2. 设以人的岁数作为论域 $U = [0, 120]$，单位是"岁"，那么"年老"是 U 上的模糊子集。试写出该集合的隶属函数。

3. 给定模糊集合 $A = 0/48$ 天 $+ 0.12/43$ 天 $+ 0.31/38$ 天 $+ 0.54/33$ 天 $+ 0.94/28$ 天 $+ 1/23$ 天。求 A 的不同的水平截集 A_0、$A_{0.2}$、$A_{0.4}$、$A_{0.5}$、$A_{0.7}$、$A_{0.9}$ 和 A_1。

4. 假设有两个模糊关系：

$$X \xrightarrow{P} Y, \quad Y \xrightarrow{Q} Z, \quad \boldsymbol{M}_P = \begin{bmatrix} 0.5 & 0.3 \\ 0.4 & 0.8 \end{bmatrix}, \quad \boldsymbol{M}_Q = \begin{bmatrix} 0.8 & 0.5 & 0.1 \\ 0.3 & 0.7 & 0.5 \end{bmatrix}$$

求其复合关系：$\boldsymbol{M}_R = \boldsymbol{M}_P \circ \boldsymbol{M}_Q$。

5. 已知论域 $X = \{X_1, X_2\}$ 上的一个模糊集合 $A = \{0.2, 0.75\}$，集合 B 如图 3-53 所示，要求：

(1) 在图中标出集合 A；

(2) 计算两集合的大小；

(3) 计算集合 A 与集合 B 的模糊程度；

(4) 计算两集合间的二范数距离。

6. 设论域 $X = \{X_1, X_2, X_3\}$，模糊集合 $A = \{0.9, 0.6, 0.2, 0.1\}$，集合 $B = \{0.8/X1, 0.4/X2\}$，求 $A \cap$

图 3-53　集合 B

B 和 $\overline{A} \bigcup B$。

7. 设论域 $X = \{1, 2, 3, 4, 5, 6, 7, 8, 9, 10\}$，已知模糊集合 $A = \{1, 0.9, 0.8, 0.7, 0.6, 0.5, 0.4, 0.3, 0.2, 0.1\}$ 表示"小"，试求模糊集合 $A_1 =$ "很小"的隶属度函数。

8. 设 $X = R$，模糊集合 $A =$ "高个子"，则求 $B =$ "偏向是高个子"的模糊隶属度函数。其中：

$$A(x) = \{1, x \geqslant 175 \mid \left(1 + \left(\frac{175 - x}{5}\right)^2\right), 0 < x < 175\}$$

9. 已知 $X = Y = \{1, 2, 3, 4, 5\}$，$A =$ "小" $= 1/1 + 0.5/2$，$B =$ "大" $= 0.5/4 + 1/5$，$C =$ "较小" $= 1/1 + 0.4/2 + 0.2/3$。若 X 小则 Y 大，已知 X 较小，问 Y 如何？

10. 了解并编程实现 FCM 算法。

参 考 文 献

[1] 刘向杰，周孝信，柴天佑. 模糊控制研究的现状与新发展. 信息与控制，1999(4).

[2] 王舰. 模糊控制的几个理论和应用问题：[学位论文]. 哈尔滨：哈尔滨工业大学，2005.

[3] 张雷，范波. 计算智能理论与方法. 北京：科学出版社，2013.

[4] 黄竞伟，朱福喜. 计算智能. 北京：科学出版社，2010.

[5] 王士同. 模糊系统、模糊神经网络及应用程序设计. 上海：上海科技文献出版社，2001.

[6] 褚蕾蕾，陈绥阳，周梦. 计算智能的数学基础. 北京：科学出版社，2002.

[7] 张军，詹志辉，陈伟能，等. 计算智能. 北京：清华大学出版社，2009.

[8] Zhao W, Chellappa R, Phillips P J, et al. Face recognition: A literature survey. Acm Computing Surveys, 2003, 35(4): 399 - 458.

[9] Daugman J. Face and Gesture Recognition: Overview. IEEE Transactions on Pattern Analysis and Machine Intelligence, 1997, 19(7): 675 - 676.

[10] Azeem A S M. A Survey: Face Recognition Techniques under Partial Occlusion. International Arab Journal of Information Technology, 2014, 11(1): 1 - 10.

[11] Min R, Hadid A, Dugelay J L. Improving the recognition of faces occluded by facial accessories. IEEE International Conference on Automatic Face and Gesture Recognition and Workshops, 2011: 442 - 447.

[12] Ren C X, Lei Z, Dai D Q, et al. Enhanced local gradient order features and discriminant analysis for face recognition. IEEE transactions on cybernetics, 2016, 46(11): 2656 - 2669.

[13] Feng Q, Yuan C, Pan J S, et al. Superimposed sparse parameter classifiers for face recognition. IEEE transactions on cybernetics, 2017, 47(2): 378 - 390.

[14] McLaughlin N, Ming J, Crookes D. Largest matching areas for illumination and occlusion robust face recognition. IEEE transactions on cybernetics, 2017, 47(3): 796 - 808.

计算智能导论

[15] Forczmanski. Recognition of occluded faces based on multi-subspace classification. Computer Information Systems and Industrial Management, Heidelberg Berlin: Springer, 2013: 148 - 157.

[16] Forczmanski. Improving the recognition of occluded faces by means of two-dimensional orthogonal projection into local subspaces. International Conference Image Analysis and Recognition, Cham: Springer, 2015: 229 - 238.

[17] Liu Q, Ngan K N. Overlapping local phase feature (OLPF) for robust face recognition in surveillance. International Conference on Advanced Concepts for Intelligent Vision Systems, Berlin Heidelberg: Springer, 2012: 246 - 257.

[18] Jolliffe Ian. Principal Component Analysis. Springer Berlin, 1986, 87(100): 41 - 64.

[19] Belhumeur P N, Hespanha J P, Kriegman D J. Eigenfaces vs. Fisherfaces: recogni- tion using class specific linear projection. IEEE Transactions on Pattern Analysis and Machine Intelligence, 1997, 19 (7): 711 - 720.

[20] Ahonen T, Hadid A. Face Recognition with Local Binary Patterns. European Conference on Computer Vision, Berlin Heidelberg: Springer, 2004: 469 - 481.

[21] Ojala T. Multiresolution gray-scale and rotation invariant texture classification with local binary patterns. IEEE Transactions on Pattern Analysis and Machine Intelligence, 2002, 24(7): 971 - 987.

[22] Liu C, Wechsler H. Gabor feature based classification using the enhanced fisher linear discriminant model for face recognition. IEEE Transactions on Image Processing, 2002, 11(4): 467 - 476.

[23] Tan X, Chen S, Zhou Z H, et al. Face recognition from a single image per person: A survey. Pattern Recognition, 2006, 39(9): 1725 - 1745.

[24] Ji H K, Sun Q S, Ji Z X, et al. Collaborative Probabilistic Labels for Face Recognition from Single Sample per Person. Pattern Recognition, 2016, 62: 125 - 134.

[25] Su Y, Shan S, Chen X, et al. Adaptive generic learning for face recognition from a single sample per person. 2010 IEEE Computer Society Conference on Computer Vision and Pattern Recognition, IEEE, 2010: 2699 - 2706.

[26] Deng W, Hu J, Guo J. Extended SRC: Undersampled Face Recognition via Intraclass Vari- ant Dictionary. IEEE Transactions on Pattern Analysis and Machine Intelligence, 2012, 34(9): 1864 - 70.

[27] Zhuang L, Chan T H, Yang A Y, et al. Sparse Illumination Learning and Transfer for Single-Sample Face Recognition with Image Corruption and Misalignment. International Journal of Computer Vision, 2015, 114(2): 272 - 287.

[28] Zhang D, Chen S, Zhou Z H. A new face recognition method based on SVD perturbation for single example image per person. Applied Mathematics and Computation, 2005, 163(2): 895 - 907.

[29] Gao Q X, Zhang L, Zhang D. Face recognition using FLDA with single training image per person. Applied Mathematics and Computation, 2008, 205(2): 726 - 734.

[30] Mohammadzande H, Hatzinakos D. Projection into Expression Subspaces for Face Recognition from

Single Sample per Person. IEEE Transactions on Affective Computing, 2013, 4(1): 69 - 82.

[31] Hu C, Ye M, Ji S, et al. A new face recognition method based on image decomposition for single sample per person problem. Neurocomputing, 2015, 160(C): 287 - 299.

[32] Lu J, Tan Y P, Wang G. Discriminative Multimanifold Analysis for Face Recognition from a Single Training Sample per Person. IEEE Transactions on Pattern Analysis and Machine Intelligence, 2013, 35(1): 1943 - 1950.

[33] Mart A M, Nez. Recognizing Imprecisely Localized, Partially Occluded, and Expression Vari- ant Faces from a Single Sample per Class. IEEE Transactions on Pattern Analysis and Machine Intelligence, 2002, 24(6): 748 - 763.

[34] Sun Z L, Shang L. A local spectral feature based face recognition approach for the one-sample- per-person problem. Neurocomputing, 2016, 188 : 160 - 166.

[35] Pei T, Zhang L, Wang B, et al. Decision pyramid classifier for face recognition under complex variations using single sample per person. Pattern Recognition, 2017, 64: 305 - 313.

[36] Liu F, Tang J, Song Y, et al. Local structure based multi-phase collaborative representation for face recognition with single sample per person. Information Sciences, 2016, 346: 198 - 215.

[37] Gao S, Jia K, Zhuang L, et al. Neither Global Nor Local: Regularized Patch-Based Representation for Single Sample Per Person Face Recognition. International Journal of Computer Vision, 2015, 111 (3): 365 - 383.

[38] Hu G, Yang Y, Yi D, et al. When face recognition meets with deep learning: an evaluation of convolutional neural networks for face recognition. Proceedings of the IEEE international conference on computer vision workshops, 2015: 142 - 150.

[39] Goswami G, Bhardwaj R, Singh R, et al. MDLFace: Memorability augmented deep learning for video face recognition. IEEE International Joint Conference on Biometrics, IEEE, 2014: 1 - 7.

[40] Tian L, Fan C, Ming Y, et al. Stacked PCA network (SPCANet): an effective deep learning for face recognition. 2015 IEEE International Conference on Digital Signal Processing (DSP), IEEE, 2015: 1039 - 1043.

[41] Gao S, Zhang Y, Jia K, et al. Single sample face recognition via learning deep supervised autoencoders. IEEE Transactions on Information Forensics and Security, 2015, 10(10): 2108 - 2118.

[42] Vega P J S, Feitosa R Q, Quirita V H A, et al. Single sample face recognition from video via stacked supervised auto-encoder. 2016 29th SIBGRAPI Conference on Graphics, Patterns and Images (SIBGRAPI), IEEE, 2016: 96 - 103.

[43] Xu J, Xiang L, Liu Q, et al. Stacked sparse autoencoder (SSAE) for nuclei detection on breast cancer histopathology images. IEEE transactions on medical imaging, 2016, 35(1): 119 - 130.

[44] Shin H C, Orton M R, Collins D J, et al. Stacked Autoencoders for Unsupervised Feature Learning and Multiple Organ Detection in a Pilot Study Using 4D Patient Data. IEEE Transactions on Software

计算智能导论

Engineering, 2013, 35(8): 1930 – 1943.

[45] Xu Y, Yao L, Zhang D, et al. Improving the interest operator for face recognition. Expert Systems with Applications, 2009, 36(6): 9719 – 9728.

[46] Chen H L, Yang B, Liu J, et al. A support vector machine classifier with rough set-based feature selection for breast cancer diagnosis. Expert Systems with Applications An International Journal, 2011, 38(7): 9014 – 9022.

[47] Jelonek J, Krawiec K, Slowiński R. Rough set reduction of attributes and their domains for neural networks. Computational intelligence, 1995, 11(2): 339 – 347.

[48] Georghiandes A S, Belhumeur P N, Kriegman D J. From Few to Many: Illumination Cone Models for Face Recognition under Variable Lighting and Pose. IEEE Transactions on Pattern Analysis and Machine Intelligence, 2001, 23(6): 643 – 660.

[49] Sim T, Baker S, Bsat M. The CMU Pose, Illumination, and Expression Database. IEEE Transactions on Pattern Analysis and Machine Intelligence, 2003, 25(12): 1615 – 1618.

[50] Gao W, Cao B, Shan S, et al. The CAS-PEAL Large-Scale Chinese Face Database and Baseline Evaluations. IEEE Transactions on Systems Man and Cybernetics - Part A Systems and Humans, 2008, 38(1): 149 – 161.

[51] Lyons M, Akamatsu S, Kamachi M, et al. Coding facial expressions with gabor wavelets. Proceedings Third IEEE international conference on automatic face and gesture recognition, IEEE, 1998: 200 – 205.

[52] Cai D, He X, Han J. Semi-supervised discriminant analysis. 2007 IEEE 11th International Conference on Computer Vision, IEEE, 2007: 1 – 7.

[53] Deng W, Hu J, Zhou X, et al. Equidistant prototypes embedding for single sample based face recognition with generic learning and incremental learning. Pattern Recognition, 2014, 47(12): 3738 – 3749.

[54] Yin F, Jiao L C, Shang F, et al. Double linear regressions for single labeled image per person face recognition. Pattern Recognition, 2014, 47(4): 1547 – 1558.

[55] Yan H, Lu J, Zhou X, et al. Multi-feature multi-manifold learning for single-sample face recognition. Neurocomputing, 2014, 143(16): 134 – 143.

[56] Chen K, Hu J, He J. A framework for automatically extracting overvoltage features based on sparse autoencoder. IEEE Transactions on Smart Grid, 2018, 9(2): 594 – 604.

[57] Fanello S R, Gori I, Metta G, et al. One-shot learning for real-time action recognition. Iberian Conference on Pattern Recognition and Image Analysis, Heidelberg Berlin: Springer, 2013: 31 – 40.

[58] Hu Q, Yu D, Pedrycz W, et al. Kernelized fuzzy rough sets and their applications. IEEE Transactions on Knowledge and Data Engineering, 2011, 23(11): 1649 – 1667.

[59] Dalal N, Triggs B. Histograms of oriented gradients for human detection. International Conference on computer vision & Pattern Recognition (CVPR'05), IEEE Computer Society, 2005: 886 – 893.

[60] Tan X, Triggs B. Enhanced local texture feature sets for face recognition under difficult lighting conditions. IEEE Transactions on Image Processing, 2010, 19(6): 168 – 182.

[61] Jiao L, Liu F. Wishart deep stacking network for fast POLSAR image classification. IEEE Transactions on Image Processing, 2016, 25(7): 3273 – 3286.

[62] Liu H, Zhu D, Yang S, et al. Semisupervised feature extraction with neighborhood constraints for polarimetric SAR classification. IEEE Journal of Selected Topics in Applied Earth Observations and Remote Sensing, 2016, 9(7): 3001 – 3015.

[63] Liu F, Jiao L, Hou B, et al. POL-SAR Image Classification Based on Wishart DBN and Local Spatial Information. IEEE Transactions on Geoscience and Remote Sensing, 2016, 54(6): 3292 – 3308.

[64] Lee J S, Grunes M R, Pottier E. Quantitative comparison of classification capability: fully polarimetric versus dual and single-polarization SAR. IEEE Transactions on Geoscience and Remote Sensing, 2001, 39(11): 2343 – 2351.

[65] Nie X, Qiao H, Zhang B, et al. A nonlocal TV-based variational method for PolSAR data speckle reduction. IEEE Transactions on Image Processing, 2016, 25(6): 2620 – 2634.

[66] Xi Y, Zhang X, Lai Q, et al. A new PolSAR ship detection metric fused by polarimetric similarity and the third eigenvalue of the coherency matrix. 2016 IEEE International Geoscience and Remote Sensing Symposium (IGARSS), IEEE, 2016: 112 – 115.

[67] Kersten P R, Lee J S, Ainsworth T L. Unsupervised classification of polarimetric synthetic aperture Radar images using fuzzy clustering and EM clustering. IEEE Transactions on Geoscience and Remote Sensing, 2005, 43(3): 519 – 527.

[68] Zhang S, Wang S, Jiao L C. New Wishart MRF Method for Fully PolSAR Image Classification. Computer Science, 2014, 41(11): 282 – 285, 296.

[69] Pajares G. Improving Wishart Classification of Polarimetric SAR Data Using the Hopfield Neural Network Optimization Approach. Remote Sensing, 2012, 4(11): 3571 – 3595.

[70] Liu F, Shi J, Jiao L, et al. Hierarchical semantic model and scattering mechanism based PolSAR image classification. Pattern Recognition, 2016, 59(C): 325 – 342.

[71] Cheng X, Huang W, Gong J. An Unsupervised Scattering Mechanism Classification Method for PolSAR Images. IEEE Geoscience and Remote Sensing Letters, 2014, 11(11): 1677 – 1681.

[72] Zhang J, Yan D. A Supervised Classification Method of Polarimetric Sythetic Aperture Radar Data Using Watershed Segmentation and Decision Tree C5. 0. Geomatics and Information Sci- ence of Wuhan University, 2014, 39(8): 891 – 896.

[73] Zhang B, Ma G R, Lin L Y, et al. Classification of polarimetric SAR images based on multi- scale Markov random field. Systems Engineering and Electronics, 2011, 33(11): 2413 – 2417.

[74] Liu B, Hu H, Wang H, et al. Superpixel-Based Classification With an Adaptive Number of Classes for Polarimetric SAR Images. IEEE Transactions on Geoscience and Remote Sensing, 2013, 51(2): 907 – 924.

[75] Feng J, Cao Z, Pi Y. Polarimetric Contextual Classification of PolSAR Images Using Sparse Representation and Superpixels. Remote Sensing, 2014, 6(8): 7158 – 7181.

[76] Bezdek J C, Ehrlich R, Full W. FCM: The fuzzy c-means clustering algorithm. Computers and Geosciences, 1984, 10(2 – 3): 191 – 203.

[77] Qin F, Guo J, Lang F. Superpixel Segmentation for Polarimetric SAR Imagery Using Local Iterative Clustering. IEEE Geoscience and Remote Sensing Letters, 2015, 12(1): 13 – 17.

[78] Lee J S, Grunes M R, Kwok R. Classification of multi-look polarimetric SAR imagery based on complex Wishart distribution. International Journal of Remote Sensing, 1994, 15(11): 2299 – 2311.

[79] Uhlmann S, Kiranyaz S. Integrating Color Features in Polarimetric SAR Image Classification. IEEE Transactions on Geoscience and Remote Sensing, 2014, 52(4): 2197 – 2216.

[80] Yu P, Qin A K, Clausi D A. Unsupervised polarimetric SAR image segmentation and classification using region growing with edge penalty. IEEE Transactions on Geoscience and Remote Sensing, 2012, 50(4): 1302 – 1317.

[81] Cloude S R, Pottier E. A review of target decomposition theorems in radar polarimetry. IEEE Transactions on Geoscience and Remote Sensing, 1996, 34(2): 498 – 518.

[82] Chen H, Yang B, Liu J. A support vector machine classifier with rough set-based feature selection for breast cancer diagnosis. Expert Syst. Appl. , vol. 38, no. 7, pp. 9014 – 9022, 2011.

[83] Zhao L, Chen E. Segmentation and classification of PolASR data using spectral graph partitioning. Eighth International Symposium on Multispectral Image Processing and Pattern Recognition, 2013: 2921 – 90.

第 3 章　模糊逻辑

251

第4章　人工神经网络

4.1　绪　论

4.1.1　人工神经网络简介

1. 什么是人工神经网络

　　人工神经网络(Artificial Neural Networks)是指由大量的人工神经单元互相连接而形成的复杂网络结构,是对人脑组织结构和运行机制的某种抽象、简化和模拟。Simpson 曾这样描述人工神经网络:"人工神经网络是一个非线性的有向图,图中含有可以通过改变权重大小来存放模式的加权边,并且可以从不完整的或未知的输入找到模式。"Kohonen 对人工神经网络给出如下定义:"神经网络是由具有适应性的简单单元组成的广泛并行互联的网络,它的组织能够模拟生物神经系统对真实物理世界所做出的交互反应。"神经网络的结构如图 4－1 所示。

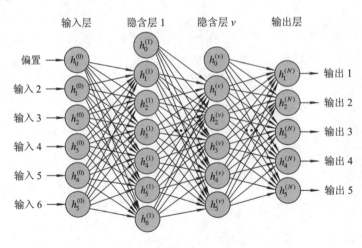

图 4－1　神经网络的结构

神经网络从层次结构上可以分为单层神经网络和多层神经网络。其中每一层包含若干神经元，各神经元之间用可变权重的有向弧连接，利用已知的信息对网络进行反复多次训练，可以改变网络之间的连接权重，得到对应于网络输入和输出的权值。神经网络的优势在于，不需要提前知道输入和输出之间的确切对应关系，也不需大量参数，只需要知道引起输出变化的非恒定因素，通过网络的多次迭代就可以自动得出对应参数值。因此人工神经网络与传统方法相比，在处理非线性数据和关系模糊的数据上具有明显的先天优势，对规模大、结构复杂、信息不明确的系统尤为适用。

2. 人工神经网络的特点

1988 年，Hecht-Nielsen 这样描述人工神经网络："人工神经网络是一个并行、分布处理结构，它由处理单元及称为连接的无向信号通道互连而成。这些处理单元具有局部内存，并可以完成局部操作。每个处理单元有一个单一的输出连接，这个输出可以根据需要被分成许多并行连接，且这些并行连接都输出相同的信号，即相应处理单元的信号，信号的大小不因分支的多少而变化。处理单元的输出信号可以是任何需要的数学模型，每个处理单元中进行的操作必须是完全局部的。"也就是说，人工神经网络仅仅依赖于所有输入信号的当前值和存储在处理单元局部内存中的值。因此，可以归纳出人工神经网络的如下特点：

（1）并行分布处理。人工神经网络天生的并行结构赋予它强大的并行处理能力。虽然单个神经元的运算速度不算高，但是大量的神经元同时并行计算就能够让整个神经网络的处理速度得到极大的提升。例如使用 GPU 进行人工神经网络的加速，就是利用了 GPU 的多核特性，充分发挥了神经网络的优势，通常能够提速百倍以上。

（2）非线性映射。人工神经网络的非线性特性源于其近似任意非线性映射的能力，它可以将任意一种输入，通过调整内部参数最终输出一个可行的结果。例如，使用人工神经网络进行图像识别，神经网络可以轻易实现从图像特征到标签之间的非线性映射。

（3）信息分布存储及容错性。在人工神经网络中，信息均匀地分布存储在网络内部的各个神经元间，作为神经元连接键的突触，既能存储信号也能转化信号。信息处理的结果反映在突触连接强度的变化上，神经网络只要部分条件满足，即使有部分节点断裂，整体的网络功能也不会受到很大的影响。

（4）自组织学习能力。在传统的方法中需要人为计算大量参数，工作量巨大。人工神经网络可以根据外界环境的输入信息自动学习，改变连接权重，重新安排神经元的互相关系，从而自适应于环境变化。

3. 人工神经网络（ANN）与传统人工智能（AI）的比较

表 4-1 列举了人工神经网络（ANN）与传统人工智能（AI）的不同。

表 4 - 1   ANN 与 AI 的比较

项 目	传统的 AI 技术	ANN 技术
基本实现方式	串行处理,由程序实现控制	并行处理,对样本数据进行多目标学习,通过神经元之间的相互作用实现控制
基本开发方法	设计规则、框架、程序,用样本数据进行调试。由人工根据已知的环境去构造一个模型	定义人工神经网络的结构原型,通过样本数据基本的学习算法完成学习。自动从样本中抽取内涵,自动适应应用环境
适应领域	精确计算:符号处理,数值计算	非精确计算:模拟处理,大规模数据并行处理
模拟对象	左脑(逻辑思维)	右脑(形象思维)

4.1.2   人工神经网络的发展

1. 启蒙期

1943 年,美国神经生理学家 Warren Mcculloch 和数学家 Walter Pitts 合写了一篇关于神经元如何工作的开拓性文章《A Logical Calculus of the Ideas Immanent in Nervous Activity》。作者认为单神经元的活动可以看作是开关的通断,通过多个神经元的组合可以实现逻辑运算。他们用电路模拟了一个简单的神经网络模型,如图 4-2 所示,这个模型通过把神经元看作一个功能逻辑器件来实现算法功能。虽然研究成果只是停留在初级水平,但这给予人们极大的信心,大脑的活动是可以被解释清楚的。神经网络模型的理论研究从此展开。

(a) 双神经双连接   (b) 三神经双连接   (c) 三神经单连接   (d) 三神经单双连接

图 4 - 2   模拟神经元组合

2. 第一次高潮期

1957 年,计算机专家 Rosenblatt 提出了感知器模型,如图 4-3 所示。这是一种具有连续可调权值矢量的神经网络模型,经过训练可以达到对一定的输入矢量模式进行分类和识别的目的。它虽然比较简单,却是第一个真正意义上的神经网络。后来他将此模型制成硬件，通常被认为是最早的神经网络模型。Rosenblatt 的神经网络模型包含了一些现代神经计算机的基本原理，从而取得了神经网络方法和技术的重大突破。

图 4-3　感知器模型

1959 年，美国著名工程师 B. Widrow 和 M. Hoff 等人提出了自适应线性元件 ADALINE，如图 4-4 所示，并在他们的论文中描述了它的学习方法：Widrow - Hoff 算法。该网络通过训练，可以用于抵消通信中的回波和噪声，也可用于天气预报，成为第一个用于实际问题的神经网络。这一发现极大地促进了神经网络研究的应用和发展。人们乐观地认为几乎已经找到了智能的关键，许多部门都开始大批地投入此项研究。

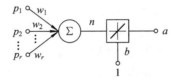

图 4-4　ADALINE 模型

3. 反思期——神经网络的低潮

1969 年，人工智能创始人之一 Marvin Minsky 和 Seymour Papert 合著了书籍《Perceptrons》。作者在这本书中指出简单的线性感知器的功能是有限的，它无法解决线性不可分的两类样本的分类问题，例如简单的"异或"问题。这一论断给当时人工神经元网络的研究带来沉重的打击，一时批评的声音高涨，导致了政府停止对人工神经网络研究所需的大量投资。不少研究人员把注意力转向了人工智能，致使人工神经网络领域开始了长达 10 年的低潮期。

4. 第二次高潮期

1982 年，美国物理学家 Hopfield 提出了一种离散神经网络，即离散 Hopfield 网络，从而有力地推动了神经网络的研究。1984 年，Hopfield 又提出了一种连续神经网络，将网络中神经元的激活函数由离散型改为连续型。Hopfield 的模型不仅对人工神经网络信息存储和提取功能进行了非线性数学概括，提出了动力方程和学习方程，还对网络算法提供了重要公式和参数，使人工神经网络的构造和学习有了理论指导。在 Hopfield 模型的影响下，大量学者又激发起研究神经网络的热情，积极投身于这一学术领域中。因为 Hopfield 神经网络在众多方面具有巨大潜力，所以人们对神经网络的研究十分重视，越来越多的人开始研究神经网络，极大地推动了这一时期神经网络的发展。离散 Hopfield 和 Hopfield 的网状结构如图 4-5 所示。

(a) 离散型　　　　　　　　　　(b) 网状型

图 4-5　离散 Hopfield 和 Hopfield 的网状结构

1986 年，Rumelhart 和 McCelland 及其研究小组在多层神经网络模型的基础上，提出了多层神经网络权值修正的反向传播学习算法，即 BP 算法。BP 算法解决了多层前向神经网络的学习问题，证明了多层神经网络具有极强的学习能力。该算法的提出对后面的人工神经网络算法有极大的指导意义，时至今日，BP 算法仍然是一种常用的神经网络学习算法。

同年，Rumelhart 和 McCkekkand 在他们主编的《Parallel Distributed Processing：Exploration in the Microstructures of Cognition》中，建立了并行分布处理理论，主要致力于认知的微观研究，同时对 BP 算法进行了详尽的分析，解决了长期以来没有权值调整有效算法的难题，解决了《Perceptrons》一书中关于神经网络局限性的问题，从实践上证实了人工神经网络确实拥有强大的运算能力。

5. 第三次高潮期

Hinton 等人于 2006 年提出了深度学习的概念，并在 2009 年将深层神经网络介绍给研究语音识别技术的学者们。由于深层神经网络的引入，语音识别领域在 2010 年取得了重大突破。紧接着在 2011 年卷积神经网络（CNN）被用于图像识别领域，并在图像识别分类上取得了举世瞩目的成就。2015 年 LeCun、Bengio 和 Hinton 联合在《Nature》上刊发了一篇题为《Deep Learning》的文章，自此深度神经网络不仅在工业届获得了巨大成功，还真正被学

256

术界所接受，神经网络的第三次高潮——深度学习就此展开。

2016 年，谷歌公司推出了当时深度学习最顶尖的成果 AlphaGo。2016 年 3 月举世瞩目的 AlphaGo 围棋机器人对战世界围棋冠军、职业九段棋手李世石，并最后以总分 4∶1 大获全胜。这一人机大战的结果再一次激起全世界对人工智能研究的热情。

4.1.3 人工神经网络的应用与实现

1. 神经网络的应用

神经网络的应用主要体现在以下方面：
(1) 语音识别、视觉图像处理；
(2) 数据压缩、模式匹配、系统建模、模糊控制、求组合优化问题的最佳解的近似解；
(3) 辅助决策、预报与智能管理；
(4) 自适应均衡、回波抵消、路由选择、ATM 中的呼叫接纳、识别与控制；
(5) 对接、导航、制导、飞行程序优化。

如图 4-6 所示是使用卷积神经网络实现图像识别。经过多次的卷积、池化操作，将特征信息学习到网络权重之中，最后输入判别图片，计算概率最大的结果为最终的识别输出。

图 4-6 图像识别

如图 4-7 所示是目前广泛应用的 iPhone 手机 Siri 语音助手。语音助手首先要解决的问题就是语音识别，通过分析用户语音最后得到准确的命令。

如图 4-8 所示是神经网络用于医学图像分割。经过分割着色后的医学图像能清楚地显示人体部位各个结构的信息，极大地提升了医生的决策效率。

虽然人工神经网络的应用已经取得一定的成绩，然而目前依然还是处于发展的初期阶

图 4 - 7　iPhone 手机 Siri 语音助手

图 4 - 8　医学图像分割

段，仍旧存在不少问题需要反思，具体如下：

(1) 应用类研究多，理论研究和实现研究较少；

(2) 模型原理和学习算法突破性发现较少；

(3) 已经实现的应用中多属于验证性的应用，独创性大的应用较少；

(4) 多数研究只重视神经网络的并行结构以及自适应处理能力，却忽视了神经网络作为智能体系结构的发展方向。

2. 人工神经网络的实现方式

1) 光学实现

早在 1995 年，Jenkins 等人就研究了光学神经网络，建立了光学二维并行互连与电子学混合的光学神经网络系统。使用光学实现神经网络的一大原因在于，随着计算机的高度集成化以及计算速度的提高，目前要再次提升计算机的运算能力难度越来越大。光学技术相比电子线路有着先天性的优势，例如：光学互联高度并行，在交叉传播时不会发生串扰，其传播速度极快，损耗可以忽略不计。

2）硬件实现

一些对安全性要求较高的应用领域，其对系统运行的实时性要求也很高。例如，高速实时处理系统中的汽车引擎控制，实时识别系统的如人脸识别、指纹识别等，虽然可由通用的软件系统编程来实现，但这需要将大量的指令组合成一个命令，时间消耗很长，不能达到实时的要求。要解决这个问题就必须使用专用的硬件系统单独设计神经网络的计算部分。2000年，Fan Yang在嵌入式系统上数字实现了一个径向基函数(RBF)神经网络，能够实时地进行人脸跟踪和身份识别，表明使用专用的硬件系统完全可以实现实时性强的应用系统。近几年来，发达国家的许多公司对神经网络芯片、生物芯片十分关注，投入了大量资金进行研发，Intel和IBM这样的计算机巨头公司已申请多项相关领域的专利，并有部分产品进入市场，被国防、企业和科研部门采用。

3）软件模拟

人工神经网络最主要的实现方式还是通过软件模拟的方式，随着计算机的普及和性能的提升，用软件模拟的方式能够极大地降低使用成本，并且能随心所欲地对网络参数进行修改。为了能方便使用各种人工神经网络的模型，各个研究机构提出了各种各样的人工神经网络框架，这些框架几乎集成了当今最热门的所有主流神经网络模型。常用神经网络框架的基本信息如表4-2所示，其性能评价如表4-3所示。

表4-2　常见神经网络框架基本信息

框　架	机　构	语　言
TensorFlow	谷歌	Python，C++，GO
Caffe	伯利克视觉与学习中心	Python，C++
Theano	蒙特利尔理工学院	Python
CNTK	微软	C++
MXNet	亚马逊	Python，C++，R
DeepLearning4J	Skymind公司	Java，Scala

表4-3　神经网络框架性能评析

框　架	模型设计	接口	部署	性能	架构设计	总体评分
TensorFlow	80	80	90	90	100	88
Caffe	60	60	90	80	70	72
Theano	80	70	40	50	50	58
CNTK	50	50	70	100	60	66
MXNet	70	100	80	80	90	84
DeepLearning4J	60	70	80	80	70	72

4.2 人工神经单元——单感知器

4.2.1 生物学基础

1. 生物神经元与生物神经系统

人工神经网络是对人脑功能的一种模拟,它在一定程度上揭示了生物神经网络运行的基本规则。生物神经网络的基本单位是神经元细胞,其主要由三个部分组成:细胞体、轴突、树突。神经元细胞的全体又连接成一个大型复杂的神经网络,如图 4 - 9 和图 4 - 10 所示。

图 4 - 9　生物神经元

图 4 - 10　生物神经网络

细胞体:也称为胞体,由细胞核、细胞质与细胞膜等组成。它是神经元的新陈代谢中心,同时还用于接收并处理其他神经元传递过来的信息。

轴突：由细胞体向外伸出的最长的一条分支。每个神经元都有一个轴突，其作用相当于神经元的信息传输电缆，它通过尾部分出的许多神经末梢以及突触向其他神经元输出神经冲动。

树突：由细胞体向外伸出的除轴突外的其他分支，长度一般均较短，但分支很多。它相当于神经元的输入端，用于接收从四面八方传来的神经冲动。

2. 功能实现

传入的神经元冲动经整合使细胞膜的电位升高，当电位升高到超过动作电位的阈值时，神经元为兴奋状态，产生神经冲动由轴突经神经末梢传出；传入神经元的冲动经整合使细胞膜电位降低，当电位降低到低于动作电位阈值时，神经元为抑制状态，不产生神经冲动。

3. 生物神经系统的特点

（1）生物神经元之间相互连接，其连接强度决定了信号传递的强弱；

（2）神经元之间的连接强度是可以随着训练改变的；

（3）信号可以起刺激作用，也可以起抑制作用；

（4）一个神经元接收信号的累积效果决定了该神经元的状态；

（5）每个神经元有一个动作阈值。

4. 神经网络的功能模拟

目前人工神经网络的研究不具备从信息处理的整体结构进行系统分析的能力，因此还很难反映出人脑认知的结构。由于忽视了对于整体结构和全局结构的研究，神经网络对于复杂模型结构和功能模块机理的认识还处于十分无知的状态。

20 世纪 60 年代末，美国科学家发现，在大脑视觉皮层中，具有相同图像特征选择性和相同感受野位置的众多神经细胞，以垂直于大脑表面的方式排列成柱状结构——功能柱。近半个多世纪以来，脑研究领域一直将垂直的柱状结构看作大脑功能组织的一个基本结构。但是，传统的功能柱研究还不能阐释视觉系统究竟是如何处理大范围复杂图像信息的。

中科院上海生命科学研究院神经科学研究所李朝义实验室通过对猫的视皮层的研究，发现在初级视皮层中存在一种与处理大范围复杂图形特征有关的功能结构。与目前所有已知结构不同，它不是柱状的，而是许许多多直径约 $300~\mu m$ 的小球，分散地镶嵌在已知的垂直功能柱中。这是在简单特征功能柱基础上所形成的第二级功能结构，从而能够处理各种更复杂的图像信息。视觉系统可能正是通过这种神经机制，以有限的信息量把目标物从复杂的背景图像中分离出来。

4.2.2　感知器模型

1957 年，计算机专家 Rosenblatt 提出了感知器模型。这是一种具有连续可调权值矢量的神经网络模型，经过训练可以达到对一定的输入矢量模式进行分类和识别的目的，它虽然比较简单，却是第一个真正意义上的神经网络。它可以被视为一种最简单形式的前馈式人工神经网络，是一种二元线性分类器。该感知器的模型如图 4 - 11 所示。

图 4 - 11　感知器模型

一组输入连接权值 w_1，w_2，$\cdots$，w_m，其功能相当于神经元中的输入突触部分，保存的参数信息相当于神经元突触的存储功能；利用乘法器 $u_i = w_i x_i + b$ 计算每个突触的输入信号，这一部分相当于神经元突触对各个信息的传导结果；利用加法器 $U = \sum u_i$ 计算各个乘积之和，这一部分相当于神经元细胞体对整体输入信息的第一步处理；使用激活函数 $y = \varphi(U)$ 限制神经元输出的幅度，最终得到的值即感知器的输出结果。

1. 单输入感知器

单输入感知器模型如图 4 - 12 所示，它仅有一个输入和一个输出，功能也比较简单，仅能对单输入信号进行一定变换后再次输出。模型用公式可表达为 $a = f(wp + b)$，其中 a 为神经元的输出，f 为传输函数，w 为权值，p 为输入，b 为偏置。

图 4 - 12　单输入感知器模型

2. 多输入感知器

实际应用中使用的神经网络基本由多输入单输出的感知器组成，通过大量的感知器层叠组合能够实现复杂的神经网络功能，如图 4 - 13 所示。

多输入感知器模型用公式可表达为 $\boldsymbol{a} = f(\boldsymbol{wp} + \boldsymbol{b})$，其中 $\boldsymbol{a}$ 为神经元的输出，f 为传输函数，$\boldsymbol{w}$ 为权值，$\boldsymbol{p}$ 为输入，$\boldsymbol{b}$ 为偏置。但不同于单输入感知器的单一值，这里参数可以表

图 4-13　多输入感知器原始模型和简化模型

达为矩阵形式，其中 S、R 分别代表神经网络的层数和输入参数数目。

$$\boldsymbol{w} = \begin{bmatrix} w_{1,1} & w_{1,2} & \cdots & w_{1,R} \\ w_{2,1} & w_{2,2} & \cdots & w_{2,R} \\ \vdots & \vdots & & \vdots \\ w_{S,1} & w_{S,2} & \cdots & w_{S,R} \end{bmatrix}, \quad \boldsymbol{p} = \begin{bmatrix} p_1 \\ p_2 \\ \vdots \\ p_R \end{bmatrix}, \quad \boldsymbol{b} = \begin{bmatrix} b_1 \\ b_2 \\ \vdots \\ b_R \end{bmatrix}, \quad \boldsymbol{a} = \begin{bmatrix} a_1 \\ a_2 \\ \vdots \\ a_R \end{bmatrix}$$

4.2.3　激活函数

激活函数模拟的是生物神经元对输入信息的处理。激活函数对输入感知器的信息进行处理，并决定其是否有对应的输出以及输出幅度有多大，也可以称为激励函数、活化函数、传递函数等，表达式为

$$y = \varphi(u + b) \tag{4.2}$$

其中 $\varphi(\cdot)$ 表示激活函数。激活函数是感知器处理的核心部分，引入激活函数增加了神经网络的非线性特性，从而使得神经网络能够实现各种复杂功能。如果没有激活函数，无论叠加多少层神经网络，其计算过程都只是线性计算，结果也是个普通矩阵而失去了强大的映射能力。激活函数在神经网络中的地位可见一斑。下面介绍各种常见的激活函数。

1. 硬极限传输函数

硬极限传输函数的形式如图 4-14 所示，其表达式为

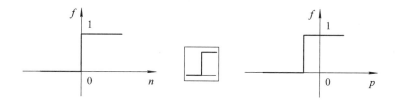

图 4-14　硬极限传输函数的两种形式

$$f(n) = \begin{cases} \beta, & n \geqslant \theta \\ -\gamma, & n < \theta \end{cases} \tag{4.3}$$

其中，β、γ、θ 均为非负实数，θ 为阈值。当 $\beta=1$、$\gamma=0$ 时，函数表现为二值形式；当 $\beta=1$、$\gamma=1$ 时，函数表现为双极形式。

2. 线性传输函数

线性传输函数的形式如图 4-15 所示，其表达式为

$$f(n) = \boldsymbol{w}^{\mathrm{T}} \boldsymbol{p} + b \tag{4.4}$$

当 $b=0$ 时，传输函数关于原点中心对称，这是常见的一种形式。

图 4-15　线性传输函数的两种形式

3. 对数 S 型函数

对数 S 型传输函数的两种形式分别为逻辑斯特函数和压缩函数，如图 4-16 所示。

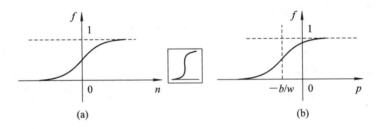

图 4-16　对数 S 型传输函数的两种形式

（1）逻辑斯特函数（Logistic Function），其表达式为

$$f(n) = \frac{1}{1 + \mathrm{e}^{-d \times n}} \tag{4.5}$$

其中，d 为常实数，函数的饱和值为 0 和 1。

（2）压缩函数（Squashing Function），其表达式为

$$f(n) = \frac{g + h}{1 + \mathrm{e}^{-d \times n}} \tag{4.6}$$

其中，g、h、d 为常数，函数的饱和值为 g 和 $g+h$。

4. 其他常见传输函数

其他常见传输函数的具体信息如表 4 - 4 所示。

表 4 - 4　常见传输函数具体信息

名　称	输入/输出关系	图　标	MATLAB 函数
硬极限函数	$f = \begin{cases} 0, & n < 0 \\ 1, & n \geqslant 0 \end{cases}$		Hardlim
对称极限函数	$f = \begin{cases} -1, & n < 0 \\ 1, & n \geqslant 0 \end{cases}$		Hardlims
线性函数	$f = n$		Pureline
饱和线性函数	$f = \begin{cases} 0, & n < 0 \\ n, & 0 \leqslant n \leqslant 1 \\ 1, & n > 1 \end{cases}$		Satlin
对称饱和线性函数	$f = \dfrac{1}{1 + e^{-n}}$		Satlins
双曲正切 S 型函数	$f = \dfrac{e^{n} - e^{-n}}{e^{n} + e^{-n}}$		Tansigs
正线性函数	$f = \begin{cases} 0, & n < 0 \\ n, & n \geqslant 0 \end{cases}$		Poslin

例 4.2.1　单神经元感知器的输出层只有一个神经元,输出只有 0 或 1,试分析其权值向量的特点。

解　单神经元感知器的具体结构如图 4 - 17 所示。

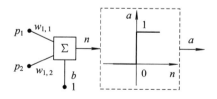

图 4 - 17　单神经感知器结构

其输出为

$$a = f(n) = f(\boldsymbol{w}^{\mathrm{T}} \boldsymbol{p} + b) = f(w_{1,1} p_1 + w_{1,2} p_2 + b)$$

$$f(n) = \begin{cases} 1, & n \geqslant 0 \\ 0, & n < 0 \end{cases}$$

感知器的判定边界，由那些使得净输入 n 为零的输入向量决定，即

$$n = w_{1,1}p_1 + w_{1,2}p_2 + b = 0$$

若 $w_{1,1}=1$, $w_{1,2}=1$, $b=-1$, 则判定边界为 $n=p_1+p_2-1=0$。

结论：

(1) 对于边界上的所有点而言，输入向量与权值向量的内积都是一样的；

(2) 权值向量总是指向神经元输出为 1 的区域。

例 4.2.2 设计一个能够实现"或门"逻辑功能的感知器，已知输入向量及其对应的输出向量如下：

$$\begin{cases} \boldsymbol{p}_1 = \begin{bmatrix} 1 & 1 \end{bmatrix}^\mathrm{T}, & t_1 = 1 \\ \boldsymbol{p}_2 = \begin{bmatrix} 1 & 0 \end{bmatrix}^\mathrm{T}, & t_2 = 1 \\ \boldsymbol{p}_3 = \begin{bmatrix} 0 & 1 \end{bmatrix}^\mathrm{T}, & t_3 = 1 \\ \boldsymbol{p}_4 = \begin{bmatrix} 0 & 0 \end{bmatrix}^\mathrm{T}, & t_4 = 0 \end{cases}$$

输入和输出向量在坐标中的表示如图 4-18 所示。

图 4-18 输入和输出向量在坐标中的表示　　　图 4-19 权值向量的方向特点

解 权值向量应与判定边界垂直，如图 4-19 所示，故权值向量应为 $\boldsymbol{w}=[0.5, 0.5]$。从判定边界上选取一个合适的点以确定偏置值 b，即

$$n = \boldsymbol{wp} + b = \begin{bmatrix} 0.5 & 0.5 \end{bmatrix}\begin{bmatrix} 0.5 & 0.5 \end{bmatrix}^\mathrm{T} + b$$

$$n = 0.5 + b = 0$$

$$n = -0.5$$

故设计的感知器可以表示为

$$n = 0.5p_1 + 0.5p_2 - 0.5$$

4.2.4 感知器参数学习

1. 单感知器参数学习规则

下面通过一个例子来体会感知器的学习规则。已知输入向量和其对应的输出向量如下：

$$\begin{cases} \boldsymbol{p}_1 = \begin{bmatrix} 1 & 2 \end{bmatrix}^{\mathrm{T}}, & t_1 = 1 \\ \boldsymbol{p}_2 = \begin{bmatrix} -1 & 2 \end{bmatrix}^{\mathrm{T}}, & t_2 = 0 \\ \boldsymbol{p}_3 = \begin{bmatrix} 0 & -1 \end{bmatrix}^{\mathrm{T}}, & t_3 = 0 \end{cases}$$

随机初始化权值 $\boldsymbol{w} = \begin{bmatrix} 1 & -0.8 \end{bmatrix}$，可确定传输函数为

$$f(n) = \begin{cases} 1, & n \geqslant 0 \\ 0, & n < 0 \end{cases}$$

将 $\boldsymbol{p}_1$ 送入网络，则

$$a = f(\boldsymbol{w}\boldsymbol{p}_1) = f(-0.6) = 0 \neq t_1$$

输出错误，$a < t$，调整规则如下：

$$\boldsymbol{w}^{\mathrm{new}} = \boldsymbol{w}^{\mathrm{old}} + \boldsymbol{p}_1$$
$$\boldsymbol{w}^{\mathrm{new}} = \begin{bmatrix} 1 & -0.8 \end{bmatrix}^{\mathrm{T}} + \begin{bmatrix} 1 & 2 \end{bmatrix}^{\mathrm{T}} = \begin{bmatrix} 2 & 1.2 \end{bmatrix}^{\mathrm{T}}$$

将 $\boldsymbol{p}_2$ 送入网络，则

$$a = f(\boldsymbol{w}\boldsymbol{p}_2) = f(0.4) = 1 \neq t_2$$

输出错误，$a > t$，调整规则如下：

$$\boldsymbol{w}^{\mathrm{new}} = \boldsymbol{w}^{\mathrm{old}} - \boldsymbol{p}_2$$
$$\boldsymbol{w}^{\mathrm{new}} = \begin{bmatrix} 2 & 1.2 \end{bmatrix}^{\mathrm{T}} - \begin{bmatrix} -1 & 2 \end{bmatrix}^{\mathrm{T}} = \begin{bmatrix} 3 & -0.8 \end{bmatrix}^{\mathrm{T}}$$

将 $\boldsymbol{p}_3$ 送入网络，则

$$a = f(\boldsymbol{w}\boldsymbol{p}_3) = f(0.8) = 1 \neq t_3$$

输出错误，$a > t$，调整规则如下：

$$\boldsymbol{w}^{\mathrm{new}} = \boldsymbol{w}^{\mathrm{old}} - \boldsymbol{p}_3$$
$$\boldsymbol{w}^{\mathrm{new}} = \begin{bmatrix} 3 & -0.8 \end{bmatrix}^{\mathrm{T}} - \begin{bmatrix} 0 & -1 \end{bmatrix}^{\mathrm{T}} = \begin{bmatrix} 3 & 0.2 \end{bmatrix}^{\mathrm{T}}$$

将 $\boldsymbol{p}_1$ 送入网络，则

$$a = f(\boldsymbol{w}\boldsymbol{p}_1) = f(3.4) = 1 = t_1$$

输出正确，$a = t$，调整规则如下：

$$\boldsymbol{w}^{\mathrm{new}} = \boldsymbol{w}^{\mathrm{old}} = \begin{bmatrix} 3 & 0.2 \end{bmatrix}^{\mathrm{T}}$$

将 $\boldsymbol{p}_2$ 送入网络，则

$$a = f(\boldsymbol{w}^{\mathrm{T}} \boldsymbol{p}_2) = f(-2.6) = 0 = t_2$$

输出正确，$a = t$，调整规则如下：

$$\boldsymbol{w}^{\mathrm{new}} = \boldsymbol{w}^{\mathrm{old}} = \begin{bmatrix} 3 & 0.2 \end{bmatrix}^{\mathrm{T}}$$

将 $\boldsymbol{p}_3$ 送入网络，则

$$a = f(\boldsymbol{w}\boldsymbol{p}_3) = f(-0.2) = 0 = t_3$$

输出正确，$a = t$，调整规则如下：

$$w^{\text{new}} = w^{\text{old}} = \begin{bmatrix} 3 & 0.2 \end{bmatrix}^{\text{T}}$$

由于没有被错分的点，因此输出最终权值。

权值 w 的变化如图 4-20 所示。具体来说，感知器的学习规则可总结为

$$w^{\text{new}} = w^{\text{old}} + (t - a)p$$

(a) 初始化权重　　(b) 一次更新权重　　(c) 二次更新权重　　(d) 三次更新权重

图 4-20　感知器参数学习中权重的变化

2. 离散单输出感知机训练算法

训练样本集为 $\{(X,Y)|Y\}$，其中 Y 为输入向量 X 对应的输出。权向量 $W=(w_1,w_2,\cdots,w_n)$，其中 n 为输入向量的维数。输入向量 $X=(x_1,x_2,\cdots,x_n)$，其中 n 为输入向量的维数。输出向量 $O=(0,1)$。激活函数为 f。

算法的具体流程如下：

(1) 随机初始化权向量 W；

(2) 对每个样本 (X,Y)，计算 $O=f(XW)$，对 $i \in [1,n]$，n 为样本数，执行下式：

$$W_i = \begin{cases} W_i + X_i, & O < Y \\ W_i - X_i, & O > Y \end{cases}$$

(3) 重复第 (2) 项，直到训练完成。

4.3　人工神经网络

正如神经元是生物神经网络的基本单元，感知器是人工神经网络的基本单元。感知器通过并行连接可以形成单层多输入多输出神经网络；通过并行和串行连接又可以形成多层多输入多输出神经网络。感知器的数目越多，并行结构和串行结构越多，形成的网络就越复杂，能够实现的功能也就越强大。

4.3.1 单层神经网络

如果神经元之间只有并联结构而没有串联结构，就构成了单层神经网络，实现了多输入多输出的功能，如图 4-21 所示。1969 年，Marvin Minsky 和 Seymour Papert 出版了《感知：计算几何导论》(Perceptions：an introduction to computational geometry)一书，从数学的角度证明了单层神经网络的功能十分有限，甚至无法解决简单的异或逻辑问题。由此可见，单层神经网络，对于复杂功能的实现是无能为力的。

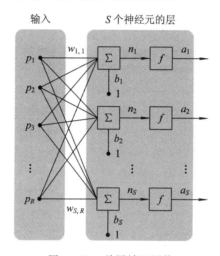

图 4-21 单层神经网络

4.3.2 多层神经网络

多层神经网络的原始模型如图 4-22 所示，其简化模型如图 4-23 所示。

图 4-22 多层神经网络原始模型

$$a^3=f^3(W^3f^2(W^2f^1(W^1p+b^1)+b^2)+b^3)$$

图 4-23 多层神经网络简化模型

多层神经网络不仅包含并行结构，还包含串行结构，整个网络更加复杂，能够实现更复杂的功能。多层神经网络可以分为输入层、隐含层、输出层，其中隐含层的层数可以根据需要进行设计，实现的功能越强大，则对应的层数应设计得越多，以实现网络的复杂映射。1986 年，Rumelhart 和 McCelland 及其研究小组在多层神经网络模型的基础上，提出了多层神经网络权值修正的反向传播学习算法——BP 算法。利用这一算法，神经网络只需要知道输入和输出便可以训练网络参数，从而得到一个神经网络的"黑箱"。开发者不用关心"黑箱"中的内容，只需关注对应的输入和输出，这大大简化了神经网络的开发，证明了多层神经网络具有极强的学习能力。至今 BP 算法仍然是最常用的神经网络学习算法之一。

多层神经网络（指普通多层神经网络，不包括深度神经网络）拥有众多优势，但也有一定的不足，列举如下：

（1）多层神经网络在处理大数据时，需要人为提取大量原始数据的特征输入，在忽略个体之间差异的同时又要保留总体的相似特征。例如神经网络可能将哈士奇犬和狼归为同一种，却将草地上的哈士奇犬与雪地上的哈士奇犬分为不同种类。前者是神经网络对特征不够敏感，无法提取有效特征；后者是神经网络对无关项过于敏感，从而干扰最终结果。

（2）多层神经网络能表示的非线性关系的复杂度取决于其神经网络的层数，且层数越多越逼近真实函数，与之相矛盾的是层数越多网络越难训练。若使用链式法则进行参数训练，则会因为网络太深而很难将深层信息反馈到浅层。

（3）多层神经网络因为不含时间参数而无法处理时间序列问题，在进行自然语言处理时，这种多层神经网络就显得十分力不从心。

4.3.3 神经网络参数学习

多感知器神经网络是由多个单感知器组成的复杂网络。因此神经网络的权重不是一个向量而是一个矩阵，每一个输出的权值矩阵的第 i 行可以看作第 i 个感知器输出的权值向量。神经网络的参数学习可以分为离散多输出感知器的参数训练和连续多输出感知器的参数训练。

1. 离散多输出感知器模型

算法思想：将单输出感知器的处理逐个地用于多输出感知器输出层的每一个神经元的处理。

训练样本集为 $\{(\boldsymbol{X}, \boldsymbol{Y}) | \boldsymbol{Y}\}$，其中 $\boldsymbol{Y}$ 为输入向量 $\boldsymbol{X}$ 对应的输出。输入向量 $\boldsymbol{X} = (x_1, x_2, \cdots, x_n)$，其中 n 为输入向量的维数。理想输出向量 $\boldsymbol{Y} = (y_1, y_2, \cdots, y_m)$，其中 m 为输出向量的维数。权向量 $\boldsymbol{W} = (w_{ij})$，$i \in [1, n]$，$j \in [1, m]$，其中 n 为输入向量的维数，m 为输出向量的维数。激活函数为 f。

算法的具体流程如下：

(1) 初始化权矩阵 $\boldsymbol{W}$；

(2) 对每个样本 $\boldsymbol{X}$，计算 $\boldsymbol{O} = f(\boldsymbol{XW})$；

对 $j \in [1, m]$，$i \in [1, n]$，执行下式判断：

$$\boldsymbol{W}_{ij} = \begin{cases} w_{ij} + x_{ij}, & o_j > y_i \\ w_{ij} - x_{ij}, & o_j < y_i \end{cases}$$

(3) 重复第(2)项，直到训练完成。

2. 连续多输出感知器参数训练算法

连续多输出感知器即感知器的输出不是离散的值，而是多个连续的值。这样的好处是不仅使得算法的控制在结构上更容易理解，而且还使得它的适应面更宽。具体来说就是用公式 $W_{ij} = w_{ij} + \alpha(y_i + o_j)x_i$ 取代了上述离散多输出感知器参数训练算法中的 $w_{ij} = w_{ij} + x_i$ 和 $w_{ij} = w_{ij} - x_i$。这样 y_j 与 o_j 之间的差别对 w_{ij} 的影响由 $\alpha(y_i + o_j)x_i$ 表现出来，其中 α 为学习速率。算法的具体流程如下：

(1) 用适当的小伪随机数初始化权矩阵 $\boldsymbol{W}$；

(2) 初置精度控制参数 ε、学习速率 α 以及精度控制变量 $d = \varepsilon + 1$；

(3) 若 $d \geqslant \varepsilon$ 则执行下式：

求每个样本的输出结果 $\boldsymbol{O} = f(\boldsymbol{XW})$；

对 $j \in [1, m]$，$i \in [1, n]$，执行 $W_{ij} = w_{ij} + \alpha(y_i + o_j)x_i$；

对 $j \in [1, m]$，执行 $d = d + (y_i + o_j)^2$。

4.3.4 人工神经网络的信息处理能力

人工神经网络的信息处理能力包括两方面的内容。

1. 神经网络的计算能力

在众多的文献中，人们都一致认为：信息存储能力和计算能力是现代计算机科学中的两个基本问题，同样，它们也构成了人工神经网络研究中的基本问题。

在传统的冯·诺依曼型计算机中，其计算与存储是完全独立的两个部分。这两个独立部分（信息存储器与运算器）之间的通道，就成为提高计算机计算能力的瓶颈，并且只要这两个部分是独立存在的，这个问题就始终存在。对不同的计算机而言，只是这一问题的严重程度不同而已。而神经网络模型从本质上解决了传统计算机的这个问题，它将信息的存储与信息的处理完善地结合在一起。这是因为神经网络的运行是从输入到输出的值传递过程，在信息传递的同时也就完成了信息的存储与计算。

2. 神经网络的信息存储能力

在一个神经网络中有 N 个神经元，可存储多少信息？神经网络的存储能力因不同的网络而不同。这里我们给出 Hopfield 的一些结论。

定义 4.3.1 一个存储器的信息表达能力定义为其可分辨的信息类型的对数值。

在一个 $M \times 1$ 的随机存储器（RAM）中，有 M 位地址，每个地址存放该存储器一位数据，它可存储 M 位信息在该 RAM 中，可以读/写长度为 M 的信息串，而长度为 M 的信息串有 2^M 种，所以，可以分辨 2^M 种信息串。按照上述定义，$M \times 1$ 的 RAM 的存储能力为：$c = 2^M$（位）。

定理 4.3.2 N 个神经元的神经网络的信息表达能力上限为

$$c < \mathrm{lb}(2^{(N-1)^{2^N}})^N \text{（位）}$$

定理 4.3.3 N 个神经元的神经网络的信息表达能力下限为

$$c \geqslant \mathrm{lb}(2^{0.33[N/2]^2})^{[N/2]} \text{（位）}$$

其中，$[N/2]$ 指小于或等于 $N/2$ 的最大整数。

4.4 神经网络的学习方法

4.4.1 Hebb 规则

Hebb 规则是由加拿大著名生理心理学家 Hebb 于 1949 年提出来的，是最早、最著名的训练算法，至今仍在各种神经网络模型中起着重要的作用。在此基础上，人们提出了各种学习规则和算法，以适应不同网络模型的需要。有效的学习算法使得神经网络能够通过联结权重的调整，构造客观世界的内在表征。

Hebb 规则的提出受到巴浦洛夫条件反射实验的启发。巴浦洛夫条件反射实验是，在每次给狗投食之前就先响铃，长此以往，狗会将铃声响和投食联系起来，以后即使只是铃声响而没有投食，狗也会因为条件反射误以为要投食了而流口水。故 Hebb 也认为，如果神经元在同一时间被激发，那么它们之间的联系就会被强化；反之，两个神经元总是不同时激发，那么它们之间的联系就会被慢慢减弱，所以认为这两个神经元的相关性小。Hebb 认为神经网络的学习过程最终是发生在神经元之间的突触部位，突触的连接强度随着突触前后神经元的活动而变化，变化的量与两个神经元的活性之和成正比。

1. Hebb 假设

1949 年 Hebb 提出当细胞 A 的轴突到细胞 B 的距离近到足够刺激它，且反复地或持续地刺激 B，那么在这两个细胞或一个细胞中将会发生某种增长过程或代谢反应，增加细胞 A 对细胞 B 的刺激效果。

2. Hebb 规则

若一条突触两侧的两个神经元同时被激活，则突触的强度将会增大。

在人工神经网络中，Hebb 规则可被简单描述为：如果一个正的输入产生一个正的输出，那么应增加权重的值，其数学模型为

$$w_{ij}^{\text{new}} = w_{ij}^{\text{old}} + \alpha f_i(a_{iq}) g_j(p_{jq}) \tag{4.7}$$

其中，p_{jq} 为输入向量 $\boldsymbol{p}_q$ 的第 j 个元素；a_{iq} 为输出向量 $\boldsymbol{a}_q$ 的第 i 个元素；α 为一个正的常数，称为学习速度；w_{ij} 为输入向量的第 j 个元素与输出向量的第 i 个元素相连接的权值。式(4.8)可以简化为

$$w_{ij}^{\text{new}} = w_{ij}^{\text{old}} + \alpha a_{iq} p_{jq} \tag{4.8}$$

该式定义的 Hebb 规则是一种无监督的学习规则，它不需要目标输出的任何相关信息。对于有监督的 Hebb 规则而言，算法被告知的是网络应该做什么，而不是网络当前正在做什么。将目标输出代替为实际输出，得到的等式为

$$w_{ij}^{\text{new}} = w_{ij}^{\text{old}} + t_{iq} p_{jq} \tag{4.9}$$

其中，t_{iq} 是第 q 个目标输出向量 t_q 的第 i 个元素（为了简单起见，设 α 的值为 1）。

3. Hebb 学习规则性能分析

将有监督的 Hebb 规则写为向量形式有

$$\boldsymbol{W}^{\text{new}} = \boldsymbol{W}^{\text{old}} + \boldsymbol{t}_q \boldsymbol{p}_q^{\text{T}} \tag{4.10}$$

如果权值矩阵初始化为 0，则有

$$\boldsymbol{W} = \boldsymbol{t}_1 \boldsymbol{p}_1^{\text{T}} + \boldsymbol{t}_2 \boldsymbol{p}_2^{\text{T}} + \cdots + \boldsymbol{t}_Q \boldsymbol{p}_q^{\text{T}} = \sum_{q=1}^{Q} \boldsymbol{t}_q \boldsymbol{p}_q^{\text{T}} \tag{4.11}$$

用矩阵表示为

$$\boldsymbol{W} = [\boldsymbol{t}_1, \boldsymbol{t}_2, \cdots, \boldsymbol{t}_Q][\boldsymbol{p}_1, \boldsymbol{p}_2, \cdots, \boldsymbol{p}_Q]^{\text{T}} = \boldsymbol{T}\boldsymbol{P}^{\text{T}} \tag{4.12}$$

其中，$\boldsymbol{T} = [\boldsymbol{t}_1, \boldsymbol{t}_2, \cdots, \boldsymbol{t}_Q]$，$\boldsymbol{P} = [\boldsymbol{p}_1, \boldsymbol{p}_2, \cdots, \boldsymbol{p}_Q]$。

设输入向量 $\boldsymbol{P}_q$ 为标准正交向量，有

$$\boldsymbol{p}_q^{\text{T}} \boldsymbol{p}_k = \begin{cases} 1, & q = k \\ 0, & q \neq k \end{cases} \tag{4.13}$$

若将p_k输入到网络，则输出为

$$a = Wp_k = \Big[\sum_{q=1}^{Q} t_q p_q^{\mathrm{T}} \Big] p_k = \sum_{q=1}^{Q} t_q (p_q^{\mathrm{T}} p_k) \tag{4.14}$$

如果输入原型向量是标准正交向量，则网络的输出等于其相应的目标输出，即得到正确的结果：

$$a = Wp_k = t_k \tag{4.15}$$

如果输入原型向量不是标准正交向量，假设为单位矢量，则网络的输出与其相应的目标输出有误差，即

$$a = t_k + \sum_{q \neq k}^{Q} t_q (p_q^{\mathrm{T}} p_k) \tag{4.16}$$

误差的大小取决于原型输入向量之间的相关总和。

例 4.4.1 原型输入向量为标准正交向量。

假设原型输入向量为P_1和P_2，其对应的输出向量分别为t_1和t_2。

$$\begin{cases} P_1 = \begin{bmatrix} 0.5 & -0.5 & 0.5 & -0.5 \end{bmatrix}^{\mathrm{T}}, \, t_1 = \begin{bmatrix} 1 & -1 \end{bmatrix}^{\mathrm{T}} \\ P_2 = \begin{bmatrix} 0.5 & 0.5 & -0.5 & -0.5 \end{bmatrix}^{\mathrm{T}}, \, t_2 = \begin{bmatrix} 1 & 1 \end{bmatrix}^{\mathrm{T}} \end{cases}$$

权值矩阵初始化为 0，则

$$W = TP^{\mathrm{T}} = \begin{bmatrix} 1 & 1 \\ -1 & 1 \end{bmatrix} \begin{bmatrix} 0.5 & -0.5 & 0.5 & -0.5 \\ 0.5 & 0.5 & -0.5 & -0.5 \end{bmatrix} = \begin{bmatrix} 1 & 0 & 0 & -1 \\ 0 & 1 & -1 & 0 \end{bmatrix}$$

对于每一个输入向量，有：

$$WP_1 = \begin{bmatrix} 1 & 0 & 0 & -1 \\ 0 & 1 & -1 & 0 \end{bmatrix} \begin{bmatrix} 0.5 & -0.5 & 0.5 & -0.5 \end{bmatrix}^{\mathrm{T}} = \begin{bmatrix} 1 & -1 \end{bmatrix}^{\mathrm{T}}$$

$$WP_2 = \begin{bmatrix} 1 & 0 & 0 & -1 \\ 0 & 1 & -1 & 0 \end{bmatrix} \begin{bmatrix} 0.5 & 0.5 & -0.5 & -0.5 \end{bmatrix}^{\mathrm{T}} = \begin{bmatrix} 1 & 1 \end{bmatrix}^{\mathrm{T}}$$

网络的输出与目标输出相等。

例 4.4.2 原型输入向量不是标准正交向量。

假设原型输入向量为P_1和P_2，其对应的输出向量分别为t_1和t_2。

$$\begin{cases} P_1 = \begin{bmatrix} 1 & -1 & -1 \end{bmatrix}^{\mathrm{T}}, \, t_1 = \begin{bmatrix} -1 \end{bmatrix} \\ P_2 = \begin{bmatrix} 1 & 1 & -1 \end{bmatrix}^{\mathrm{T}}, \, t_2 = \begin{bmatrix} 1 \end{bmatrix} \end{cases}$$

将P_1和P_2归一化，有

$$\begin{cases} P_1 = \begin{bmatrix} \dfrac{1}{\sqrt{3}} & -\dfrac{1}{\sqrt{3}} & -\dfrac{1}{\sqrt{3}} \end{bmatrix}^{\mathrm{T}}, \, t_1 = \begin{bmatrix} -1 \end{bmatrix} \\ P_2 = \begin{bmatrix} \dfrac{1}{\sqrt{3}} & \dfrac{1}{\sqrt{3}} & -\dfrac{1}{\sqrt{3}} \end{bmatrix}^{\mathrm{T}}, \, t_2 = \begin{bmatrix} 1 \end{bmatrix} \end{cases}$$

权值矩阵初始化为 0，则

$$W = TP^{\mathrm{T}} = \begin{bmatrix} -1 & 1 \end{bmatrix} \begin{bmatrix} \dfrac{1}{\sqrt{3}} & -\dfrac{1}{\sqrt{3}} & -\dfrac{1}{\sqrt{3}} \\ \dfrac{1}{\sqrt{3}} & \dfrac{1}{\sqrt{3}} & -\dfrac{1}{\sqrt{3}} \end{bmatrix} = \begin{bmatrix} 0 & \dfrac{2}{\sqrt{3}} & 0 \end{bmatrix}$$

对于每一个输入向量,有

$$\begin{cases} WP_1 = \begin{bmatrix} 0 & \dfrac{2}{\sqrt{3}} & 0 \end{bmatrix} \begin{bmatrix} \dfrac{1}{\sqrt{3}} & -\dfrac{1}{\sqrt{3}} & -\dfrac{1}{\sqrt{3}} \end{bmatrix}^{\mathrm{T}} = -\dfrac{2}{3} \\ WP_2 = \begin{bmatrix} 0 & \dfrac{2}{\sqrt{3}} & 0 \end{bmatrix} \begin{bmatrix} \dfrac{1}{\sqrt{3}} & \dfrac{1}{\sqrt{3}} & -\dfrac{1}{\sqrt{3}} \end{bmatrix}^{\mathrm{T}} = \dfrac{2}{3} \end{cases}$$

输出接近目标输出,但与目标输出并不十分匹配。

4. 仿逆规则

仿逆规则是针对输入向量不是标准正交向量的情况,此时要选取一个权值矩阵,使得网络输出与目标输出足够接近,即对于输入的 P_q 产生输出 t_q:

$$WP_t = t_q, \quad q = 1, 2, \cdots, Q \tag{4.17}$$

选取一个权值矩阵,使下列性能参数最小:

$$F(W) = \sum_{q=1}^{Q} \| t_q - WP_q \|^2 \tag{4.18}$$

用矩阵形式表示:

$$WP = T, \quad T = [t_1, t_2, \cdots, t_Q], \quad P = [P_1, P_2, \cdots, P_Q] \tag{4.19}$$

若存在矩阵 P 的逆,则解为 $W = TP^{-1}$,通常矩阵 P 不是一个方阵,不存在确切的逆矩阵,根据仿逆规则,这种情况下的权值矩阵为

$$W = TP^+, \quad P^+ = (P^{\mathrm{T}}P)^{-1}P^{\mathrm{T}} \tag{4.20}$$

其中,P^+ 是矩阵 P 的 Moore-Penrose 仿逆。

对于上述例子中原型输入向量不是标准正交向量的情况,采用仿逆规则可以求得权值矩阵。

$$\begin{cases} P_1 = \begin{bmatrix} 1 & -1 & -1 \end{bmatrix}^{\mathrm{T}}, t_1 = -1 \\ P_2 = \begin{bmatrix} 1 & 1 & -1 \end{bmatrix}^{\mathrm{T}}, t_2 = 1 \end{cases}$$

矩阵 P 的 Moore-Penrose 仿逆为

$$P^+ = \begin{bmatrix} 3 & 1 \\ 1 & 3 \end{bmatrix}^{-1} \begin{bmatrix} 1 & -1 & -1 \\ 1 & 1 & -1 \end{bmatrix} = \begin{bmatrix} 0.25 & -0.5 & -0.25 \\ 0.25 & 0.5 & -0.25 \end{bmatrix}$$

权值矩阵为

$$W = TP^+ = \begin{bmatrix} -1 & 1 \end{bmatrix} \begin{bmatrix} 0.25 & -0.5 & -0.25 \\ 0.25 & 0.5 & -0.25 \end{bmatrix} = \begin{bmatrix} 0 & 1 & 0 \end{bmatrix}$$

将该权值矩阵作用于两个输入向量,则有

$$\begin{cases} \boldsymbol{WP}_1 = \begin{bmatrix} 0 & 1 & 0 \end{bmatrix} \begin{bmatrix} 1 & -1 & -1 \end{bmatrix}^{\mathrm{T}} = -1 \\ \boldsymbol{WP}_2 = \begin{bmatrix} 0 & 1 & 0 \end{bmatrix} \begin{bmatrix} 1 & 1 & -1 \end{bmatrix}^{\mathrm{T}} = -1 \end{cases}$$

结果为网络输出与期望输出精确匹配。

4.4.2 梯度下降方法

梯度下降方法是最常见的训练神经网络参数的方法之一。在介绍梯度下降方法之前需要先介绍几个概念：损失函数、经验风险、期望风险和结构风险。

1. 损失函数

在机器学习中每个算法都会有一个目标函数，而算法的运行求解过程通常也就是这个算法的优化求解过程。在一些算法求解问题中，常会使用损失函数作为目标函数。损失函数代表的是预测值和真实值之间的差异程度，那么只要找到一个解使得二者之间的差异最小，该解就可以理解为此时的一个最优解。通常损失函数越好，则模型的性能也越好。常见的损失函数有如下几种：

(1) 0-1 损失函数（0-1 Loss function）：

$$L(Y, f(x)) = \begin{cases} 1, & Y \neq f(x) \\ 0, & Y = f(x) \end{cases} \tag{4.21}$$

(2) 平方损失函数（Quadratic Loss Function）：

$$L(Y, f(x)) = (Y - f(x))^2 \tag{4.22}$$

(3) 绝对损失函数（Absolute Loss Function）：

$$L(Y, f(x)) = \parallel Y - f(x) \parallel \tag{4.23}$$

(4) 对数损失函数（Logarithmic Loss Function）或对数似然损失函数（Log-Likelihood Loss Function）：

$$L(Y, P(Y \mid X)) = - \lg P(Y \mid X) \tag{4.24}$$

2. 经验风险、期望风险、结构风险

损失函数可以衡量一个样本的预测值与实际值之间的差异，而在衡量整个集合的预测能力时可以采用叠加的方式：

$$R_{\mathrm{emp}}(f) = \frac{1}{N} \sum_{i=1}^{N} L(y_i, f(x_i)) \tag{4.25}$$

其中，N 是样本的数目；$R_{\mathrm{emp}}(f)$ 又可以称为代价函数或经验风险。经验风险即对数据集中的所有训练样本进行平均最小化。经验风险越小，则表明该模型对数据集训练样本的拟合程度越好，但对于未知测试样本的预测能力却不确定。故又引入了一个期望风险：

$$R_{\mathrm{exp}}(f) = E_p[L(Y, f(X))] = \int_{x \times y} L(y, f(x)) P(x, y) \mathrm{d}x \mathrm{d}y \tag{4.26}$$

其中 E_p 表示数学期望计算，$R_{\mathrm{exp}}(f)$ 表示期望风险。

经验风险是局部的，仅表示决策函数对训练样本的预测能力，期望风险表示的是全局，是对全部包括训练样本和测试样本的整体训练集的预测能力。从原理上显然直接让期望风险最小化就能得到我们想要的解，但恰恰问题在于期望风险函数难以获得。若只考虑经验风险，则容易出现过拟合现象，即尽管模型对于训练集有非常好的预测能力，但是对测试集的预测能力却非常差。其原因在于模型不仅学习了该集合的通用特征，还学习了训练集中样本的特有特征。为了解决这两种问题，引入了一种折中的方案，即在经验风险函数后再增加一个正则化（正则化也就是惩罚项），构成结构风险：

$$R_{str}(f) = \frac{1}{N}\sum_{i=1}^{N} L(y_i, f(x_i)) + \lambda J(f) \qquad (4.27)$$

其中，$J(f)$用于衡量模型的复杂程度；λ是大于 0 的系数，衡量 J 对整个公式的影响程度。

其解决思路是，由于使用经验风险容易出现过拟合，因而设法去防止过拟合的出现。通常过拟合是学习样本所特有的特征，在其函数上表现为拥有复杂模型，如图 4-24 所示。那么就可以将模型的复杂度作为惩罚项，从而避免过拟合现象。模型只学习样本集合中通用性较强的特征，而忽略掉个体之间区别性较强的特征。

图 4-24　过拟合示意图

3. 梯度的理解

在多元函数中对各个参数求偏导，最后把各个参数的偏导数用向量的方式表示出来即梯度。从二维及三维函数的图像中可知，梯度可以代表函数在这个参数上的变化速度快慢，梯度越大则变化越快。沿着梯度变换的方向直至梯度为 0，该处通常是一个局部的高点或者低点，即极大值或者极小值，在函数中这恰恰可以视为函数的最终解。

在人工神经网络的训练中，需要最小化损失函数时，可以通过梯度下降方法来进行多次迭代求得最优解。在函数图像上，最低点就是最小化的损失函数结果。同理，如果要求解梯度的极大值，则可以采用梯度上升的方式得到一个梯度极大值，其对应的是损失函数的极大值。两者之间也可以互相转化，例如原本是求损失函数的极大值，经过取反可以变为求解一个损失函数的极小值。另外，这种求解方式求得的解是局部极大或极小值，但不一定是全局最大或最小值。如图 4-25 所示，一个局部极值点不一定是全局极值点，但全局极值点一定是局部极值点。

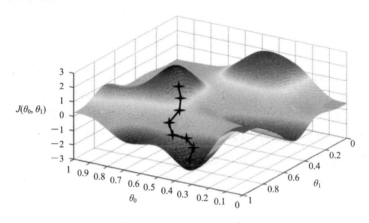

图 4-25 梯度变化示意图

地理中的"等高线"概念，即将地面上海拔高度相同的点连成闭合曲线，并垂直投影到一个水平面上，再按比例绘制在图纸上而获得的曲线，如图 4.26 所示。曲线越密集的地方，表示梯度越大，即越"陡"。从任意一个点出发，要找到一个最高点或者最低点，最快的方式就是沿着最"陡"的地方，最终到达斜率为 0 的地方无法再前进，同时也就找到了一个

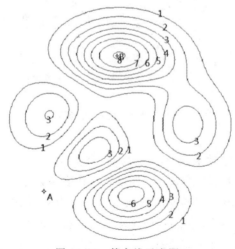

图 4-26 等高线示意图

局部极值点。

4. 梯度下降方法的实现

(1) 确定优化模型的假设函数和损失函数。以线性回归为例，假设函数如下：

$$h_\theta(x_1, x_2, \cdots, x_n) = \theta_0 + \theta_1 x_1 + \cdots + \theta_x x_n \qquad (4.28)$$

其中，$\theta_i(i=0,1,2,\cdots,n)$ 为模型参数，$x_i(i=0,1,2,\cdots,n)$ 为每个样本的 n 个特征值。θ_0 可以看作 $\theta_0 x_0(x_0=1)$，故

$$h_\theta(x_1, x_2, \cdots, x_n) = \sum_{i=0}^{n} \theta_i x_i \qquad (4.29)$$

对应的损失函数为

$$J(\theta_0, \theta_1, \cdots, \theta_n) = \frac{1}{2m} \sum_{j=0}^{m} (h_\theta(x_0^j, x_1^j, \cdots, x_n^j) - y_j)^2 \qquad (4.30)$$

(2) 初始化参数：$\theta_i(i=0,1,2,\cdots,n)$、算法终止误差为 ε、梯度下降步长为 α。θ 可以随机生成，步长初始化为 1；ε 根据需要的精确度来设置，ε 越小可能算法运行时间就越长。后续可以根据运行结果再调整参数。

(3) 算法过程如下：

① 求梯度：

$$\nabla_i = \alpha \frac{\partial}{\partial \theta} J(\theta_0, \theta_1, \cdots, \theta_n) \qquad (4.31)$$

② 若 $|\nabla_i| < \varepsilon$，则运行结束，输出 $\theta_i(i=0, 1, 2, \cdots, n)$；若 $|\nabla_i| \geqslant \varepsilon$，则运行下一步；

③ 更新所有的 θ：

$$\theta_i = \theta_i - \alpha \frac{\partial}{\partial \theta} J(\theta_0, \theta_1, \cdots, \theta_n) \qquad (4.32)$$

更新完，转步骤①。

(4) 加快收敛的方法：

① 特征缩放。在多特征问题中保证特征有相近的尺度将有利于梯度下降。

② 通过调整学习率来更改收敛速度。学习率过小会导致梯度下降方法收敛过慢，但过大也可能使得网络不能收敛。

(5) 多种梯度下降方法：

① 批量梯度下降方法(Batch Gradient Descent)。这是梯度下降方法中使用最多的形式之一，其具体操作是在更新参数时，使用所有的样本来进行更新。缺点在于由于训练的样本大，训练速度会很慢。

② 随机梯度下降方法(Stochastic Gradient Descent)。该方法和批量梯度下降方法原理类似，区别在于求梯度时没有采用所有的样本数据，而仅仅选取一个样本求解梯度。其优点在于只采用一个样本迭代，故训练速度极快；缺点在于迭代方向变化很大，不能很快收

敛到局部最优解。

③ 小批量梯度下降方法（Mini-batch Gradient Descent）。该方法综合了上述两种方式的优缺点，即对于 m 个样本，就采用 x 个样本来迭代，$1 < x < m$，可以根据样本数据调整 x 的值。

4.4.3 误差反向传播算法

误差反向传播算法即 BP 算法，是一种适合于多层神经网络的学习算法。其建立在梯度下降方法的基础之上，主要由激励传播和权重更新两个环节组成，经过反复迭代更新、修正权值从而输出预期的结果。

BP 算法整体上可以分成正向传播和反向传播，原理如下：在信息正向传播过程中，信息经过输入层到达隐含层，再经过多个隐含层的处理后到达输出层；比较输出结果和正确结果，将误差作为一个目标函数进行反向传播，对每一层依次求神经元权值的偏导数，构成目标函数对权值的梯度，网络权重再依次完成更新调整。依此往复，直到输出达到目标值完成训练。该算法可以总结为：利用输出误差推算前一层的误差，再用推算误差算出更前一层的误差，直到计算出所有层的误差估计。

1986 年，Hinton 在论文《Learning Representations by Back-propagating Errors》中首次系统地描述了如何利用 BP 算法来训练神经网络。从此，BP 算法开始占据有监督神经网络算法的核心地位。它是迄今最成功的神经网络学习算法之一，现实任务中使用神经网络时，大多是在使用 BP 算法进行训练。

1. 算法推导

给定数据集 $D = \{(x_1, y_1), (x_2, y_2), \ldots, (x_m, y_m)\}$，$x_i \in \mathbf{R}^d$，$y_i \in \mathbf{R}^l$，输入样本有 d 个属性描述，输出 l 维实向量。其他各个符号的表示含义如下：

L：神经网络的层数；

n^l：第 l 层神经元的个数；

$f(\cdot)$：l 层神经元的激活函数；

W^l：$l-1$ 层到第 l 层的权重矩阵；

b^l：$l-1$ 层到 l 层的偏置值；

z^l：第 l 层神经元的加权输入；

a^l：第 l 层神经元的输出。

1) 前向传播

前向传播简而言之就是从输入层开始，信号输入神经元，经过加权偏置激活函数的处理输出，成为下一级的输入参数，如此往复直到从输出层输出。

$$z^l = W^l a^{l-1} + b^l \tag{4.33}$$

$$a^l = f(z^l) \tag{4.34}$$

式(4-33)代入式(4-34)得

$$a^l = f(\boldsymbol{W}^l a^{l-1} + b^l) \tag{4.35}$$

式(4-34)代入式(4-35)得

$$z^l = \boldsymbol{W}^l f(z^{l-1}) + b^l \tag{4.36}$$

按照如下顺序依次进行输出：

$$a^0 \to z^1 \to a^1 \cdots \to a^{l-1} \to z^{l-1} \to a^l$$

2）反向传播

反向传播以前向传播为基础，从前向传播得到的参数前反向推导更新每一层的权重和偏置。

假定以误差平方作为损失函数，将该目标函数作为优化目标：

$$J(W, b) = \frac{1}{2} \sum_{j=1}^{l} (\hat{y}_i - y_i)^2 \tag{4.37}$$

其中，$\hat{y}_i$ 和 y_i 分别表示神经网络的输出结果和数据集给出的真实结果。

根据梯度下降方法的原理，可以按照如下方式更新参数：

$$W^l = W^l - \alpha \frac{\partial J(W, b)}{\partial W^l} \tag{4.38}$$

$$b^l = b^l - \alpha \frac{\partial J(W, b)}{\partial b^l} \tag{4.39}$$

但问题在于 $\dfrac{\partial J(W, b)}{\partial W^l}$、$\dfrac{\partial J(W, b)}{\partial b^l}$ 无法直接获得，这里就要用到链式法则

$$\frac{\partial J(W, b)}{\partial W^l} = \frac{\partial J(W, b)}{\partial z^l} \cdot \frac{\partial z^l}{\partial W^l} = \frac{\partial J(W, b)}{\partial z^l} \cdot \frac{\partial (W^l \cdot a^{l-1} + b^l)}{\partial W^l} \tag{4.40}$$

$$\frac{\partial J(W, b)}{\partial b^l} = \frac{\partial J(W, b)}{\partial z^l} \cdot \frac{\partial z^l}{\partial b^l} = \frac{\partial J(W, b)}{\partial z^l} \cdot \frac{\partial (W^l \cdot a^{l-1} + b^l)}{\partial b^l} \tag{4.41}$$

显然有

$$\frac{\partial (W^l \cdot a^{l-1} + b^l)}{\partial W^l} = a^{l-1} \tag{4.42}$$

$$\frac{\partial (W^l \cdot a^{l-1} + b^l)}{\partial b^l} = 1 \tag{4.43}$$

而 $\dfrac{\partial J(W, b)}{\partial \delta^l}$ 与激活函数有关，正好是对激活函数求导，故原式可以转化为

$$\frac{\partial J(W, b)}{\partial z^l} = \frac{\partial \frac{1}{2} \sum_{j=1}^{l} (\hat{y}_i - y_i)^2}{\partial z^l} = (\hat{y}_i - y_i) f'(z^l) \tag{4.44}$$

假设使用 Sigmoid 激活函数，则有如下性质：

$$f(x) = \frac{1}{1 + e^{-x}} \tag{4.45}$$

$$f'(x) = f(x)(1 - f(x)) \tag{4.46}$$

故

$$\frac{\partial J(W, b)}{\partial z^l} = (\hat{y}_i - y_i)f(z^l)(1 - f(z^l)) = (\hat{y}_i - y_i)a^l(1 - a^l) \tag{4.47}$$

综上所述：

$$\begin{cases} \Delta w^l = \dfrac{\partial J(W, b)}{\partial W^l} = (\hat{y}_i - y_i)a^l(1 - a^l)\ a^{l-1} \\ \Delta b^l = \dfrac{\partial J(W, b)}{\partial b^l} = (\hat{y}_i - y_i)a^l(1 - a^l) \end{cases} \tag{4.48}$$

同理，其他层可推导出：

$$W^l \leftarrow W^l - \Delta W^l$$
$$b^l \leftarrow b^l - \Delta b^l$$

每层如此往复即可完成权值更新，实现反向传播算法。

2. BP 算法的特点

（1）可以实现一个从输入到输出的映射功能，已有理论可以证明其有实现任何复杂非线性映射的能力，并且特别适合于内部机制复杂的问题。

（2）能够通过学习数据集特征和最终结果，自动提取求解规则，具有自学习能力，并有极强的推广和概括能力。

3. BP 算法存在的问题

（1）容易找到局部极小值而得不到全局最优解；

（2）隐含节点的选取没有理论指导；

（3）训练次数多会使得学习效率低，收敛速度慢；

（4）训练时学习新样本有逐渐遗忘旧样本的趋势。

4.4.4 其他学习方法

1. Delta 规则

1986 年，心理学家 McClelland 和 Rumellhart 在神经网络训练中引入了 Delta 规则，该规则也叫连续感知器学习规则。Delta 规则可以解决感知器法则不能解决的非线性问题。当训练样本线性可分时，感知器规则可以成功找到一个权向量，但是训练样本非线性可分时将不能收敛。Delta 规则即解决了这个问题。核心思想为根据神经元的实际输出与期望输出间的差别来调整连接权值。其数学表示如下：

$$W_{ij}(t+1) = W_{ij}(t) + a(d_i - y_i)x_j(t) \qquad (4.49)$$

其中，W_{ij} 表示神经元 j 到神经元 i 的连接权重，d_i 表示神经元 i 的期望输出，a 表示学习速率常数，y_i 表示神经元的实际输出，x_j 表示神经元 j 状态。

$$x_j = \begin{cases} 1, & 神经激活 \\ 0, & 神经抑制 \end{cases} \qquad (4.50)$$

Delta 规则简单来讲就是：若神经元实际输出比期望输出大，则减少输入为正的连接的权重，增大所有输入为负的连接的权重；反之，则增大所有输入为正的连接权的权重，减少所有输入为负的连接权的权重。

2. Dropout 规则

通常神经网络在训练时采用先将神经网络进行正向传播，后再将误差进行反向传播从而更新网络权值的方法。然而，随着神经网络的层数增多，神经网络进行误差反向传播时会出现梯度消失的现象，导致神经网络训练缓慢，且神经网络的深度难以进一步提升。随着训练迭代次数的增加，神经网络容易出现过拟合现象。为了解决神经网络中的这两个问题，Hinton 等人于 2012 年提出了 Dropout 规则。其核心思想是随机删除隐藏层的部分单元。无 Dropout 的网络结构与有 Dropout 的网络结构对比如图 4 - 27 所示。

图 4 - 27　普通神经网络结构和 Dropout 网络结构对比

Dropout 步骤如下：

（1）随机让部分隐藏神经元不工作，即输出 0，输入和输出神经元保持不变；

（2）将修改后的神经网络进行前向传播，将误差进行反向传播；

（3）对新的训练样本重复步骤（1）。

表 4 - 5 列出了一些常见的学习规则的基本信息。

表 4-5 常见的学习规则

学习规则	权值调整	权值初始化	学习方式	转移函数
Hebbian	$\Delta W_j = \eta f(W_j^{\mathrm{T}} X) X$	0	无监督	任意
Perceptron	$\Delta W_j = \eta [d_j - \mathrm{sgn}(W_j^{\mathrm{T}} X)] X$	任意	有监督	二进制
Delta	$\Delta W_j = \eta (d_j - o_j) f(\mathrm{net}_j) X$	任意	有监督	连续
Widrow-Hoff	$\Delta W_j = \eta (d_j - W_j^{\mathrm{T}} X) X$	任意	有监督	任意
Winner-take-all	$\Delta W_j = \eta (X - W_j)$	随机、归一化	无监督	连续
Outstar	$\Delta W_j = \eta (d - W_j)$	0	有监督	连续

4.5 径向基函数网络

4.5.1 径向基函数简介

1985 年，Power 提出了多变插值的径向基函数（Radical Basis Function，RBF）方法，同年，Moody 和 Darken 提出了一种神经网络结构，即径向基函数神经网络（RBFNN）。

RBF 是一个取值仅仅依赖于原点距离的实值函数，即 $\Phi(x) = \Phi(\|x\|)$；也可以是到任意一点 c 的距离，此时，c 点为中心点，也就是 $\Phi(x, c) = \Phi(\|x - c\|)$。任意一个满足 $\Phi(x) = \Phi(\|x\|)$ 特性的函数都叫径向基函数，所提到的距离一般就是欧式距离，也可以是其他的距离函数。

RBFNN 能够逼近任意非线性函数，可以处理系统内难以解析的规律性，具有良好的泛化能力，并有很快的学习收敛速度，已成功应用于非线性函数逼近、时间序列分析、数据分类、模式识别、信息处理、图像处理以及系统建模、控制和故障诊断等方面。

RBF 网络可以看作是一个高维空间的曲线拟合（逼近）问题，学习是为了在高维空间中寻找一个能够最佳匹配训练数据的曲面，输入一组新的数据，用刚才训练得到的曲面来处理问题（比如分类、回归）。RBFNN 的基函数（Basis Function）就是神经网络隐含单元中提供的一个函数集。该函数集在输入向量扩展至隐层空间时，为其构建了一个任意的"基"。

常用的径向基函数（RBF）有以下几种。

（1）高斯函数：

$$\Phi_j(x) = \exp\left(-\frac{\|x - c_j\|}{\delta_j^2}\right) \tag{4.51}$$

（2）多二次函数：

$$\Phi_j(x) = (x^2 + c_j^2)^\alpha, \ 0 < \alpha < 1 \tag{4.52}$$

(3) 反多二次函数：

$$\Phi_j(x) = (x^2 + c_j^2)^{-\alpha}, \; 0 < \alpha < 1 \tag{4.53}$$

4.5.2 径向基函数网络概念

1. Cover 定理

当用 RBFNN 解决一个复杂的模式分类任务时，首先用非线性的方法将待处理输入数据变换到高维空间，然后在输出层进行分类。模式可分性的 Cover 定理，说明了这样做的潜在合理性，该定理可以定性地表述如下：

假设空间不是稠密分布的，将复杂的模式分类问题非线性地投射到高维空间比投射到低维空间更可能是线性可分的。

由对单层结构的研究我们知道，一旦模式具有线性可分性，则分类问题相对而言就更容易解决。因此，通过研究模式的可分性可以深入了解 RBF 网络作为模式分类器是如何工作的。

2. K -均值聚类

顾名思义，聚类是根据某种相似度测量标准将相同类别的被测物聚集在一起，是一种无监督的方法。在设计 RBF 网络时，需要解决的一个关键问题就是如何利用无监督的方法得到隐层单元的参数，即使用无标签的数据来计算构成隐层高斯单元的参数。本节中，我们把要计算的这个参数根植于聚类的一个解。

聚类的方法有很多种，不同的聚类方法有不同的使用场合，其实现的难易程度以及性能也不同，考虑到上述两个方面的特征，选用 K -均值（K - Means）聚类算法计算隐含层单元的参数。K -均值聚类算法的具体实现步骤在 4.5.5 节中详细介绍。

4.5.3 径向基函数网络的模型

RBF 网络属于多层前向网络，共三层，分别为输入层、隐含层和输出层，其网络结构图如图 4 - 28 所示。

输入层：与外界环境连接。

隐层：从输入空间到隐空间之间进行非线性变换。

输出层：线性的，为输入层的输入模式提供响应。

给定 n 维空间中的输入向量 $X \in \mathbf{R}^n$ 可以得到输出：

$$y_i = \sum_{j=1}^{n} w_{ij}\Phi_j(\| X - C \|), \; i = 1, 2, \cdots, m \tag{4.54}$$

输入层无加权，直接作用于 Φ_j。C 为中心，$C \in \mathbf{R}^n$，Φ_j 为径向基函数。

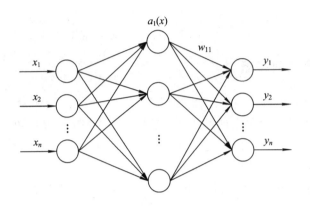

图 4 - 28　径向基函数网络结构图

两种常见的网络模型为正则化网络（Regularization Network，RN）和广义网络（General Network，GN）。

（1）正则化网络（RN）：一般用于通用逼近器。

基本思想：通过加入一个含有解的先验知识的约束控制映射函数的光滑性，若输入-输出映射函数是光滑的，则重建问题的解是连续的，意味着相似的输入对应着相似的输出。

（2）广义网络（GN）：一般用于模式分类。

基本思想：用 RBF 作为隐单元的"基"，构成隐含层空间，隐含层对输入向量进行变换，将其变换到高维空间，使得在低维空间内的线性不可分问题在高维空间内线性可分。

4.5.4　径向基函数网络的工作原理及特点

1. 径向基函数网络原理

1）函数逼近

函数逼近即以任意精度逼近任一连续函数。一般函数都可以表示成一组基函数的线性组合，RBF 网络相当于用隐含层单元的输出构成一组基函数，然后用输出层来进行线性组合，从而完成逼近的功能。

2）分类

分类可解决非线性可分问题。基于非线性变换的基本理论，即

（1）一个模式分类问题如果映射到一个高维空间将会比映射到一个低维空间更可能实现线性可分。

（2）隐空间的维数越高，逼近就越准确。RBF 网络用隐含层单元先将非线性可分的输入空间设法变换到线性可分的特征空间，然后用输出层来进行线性划分，从而完成分类的目的。

2. 径向基函数网络特点

（1）只有一个隐层，且隐层神经元与输出神经元模型相同。

（2）隐层节点激活函数为径向基函数，输出层节点激活函数为线性函数。

（3）隐层节点激活函数的净输入是输入向量与节点中心的距离（范数）而非向量内积，且节点中心不可调。

（4）隐层节点参数确定后，输出权值可通过解线性方程组得到。

（5）隐层节点的非线性变换把线性不可分问题转化为线性可分的问题。

（6）具有唯一的最佳逼近的特性，无局部最小。

（7）合适的隐层节点数、节点中心和宽度不易确定。

4.5.5 径向基函数网络的学习算法

RBF 网络学习的三个参数包括：基函数的中心、方差以及隐层与输出层间的权值。当采用广义 RBF 网络结构时，RBF 网络的学习算法应该解决的问题包括：如何确定网络隐层节点数，如何确定各径向基函数的数据中心及方差，如何修正输出权值。

1. 确定数据中心

数据中心的选取有两种方法，即

（1）中心从样本输入中选取：数据中心从样本中直接得到，一般来说，样本密集的地方中心点可以适当多些，样本稀疏的地方中心点可以少些；若数据本身是均匀分布的，中心点也可以均匀分布。总之，选出的数据中心应具有代表性，径向基函数的方差是根据数据中心的散布而确定的。

（2）中心自组织选取：常采用各种动态聚类算法对数据中心进行自组织选择，在学习过程中需对数据中心的位置进行动态调节。常用的方法是 K-均值聚类，其优点是根据各聚类中心之间的距离确定各隐节点的方差。由于 RBF 网络的隐节点数对其泛化能力有极大的影响，所以寻找能确定聚类数目的合理方法，是聚类方法设计 RBF 网络时需要首先解决的问题。下面说明采用 K-均值聚类算法学习 RBF 中心 c_j，$j=1,2,\cdots,l$。

K-均值聚类算法步骤如下：

（1）初始化聚类中心 $t_i(i=1,2,\cdots,l)$，一般随机从样本 $X_j(j=1,2,\cdots n)$中选择 1 个。

（2）输入样本按最邻近规则分组，即样本 $X_j(j=1,2,\cdots,n)$分给聚类中心 $t_i(i=1,2,\cdots,l)$的聚类集合 $\theta_i(i=1,2,\cdots l)$，$X_j \in \theta$ 满足条件：X_j 到 t_i 的距离最小。

（3）更新 $\theta_i(i=1,2,\cdots,l)$的样本均值（即聚类中心 t_i）：

$$t_i = \frac{1}{l_i}\sum_{X_j \in \theta_i} X_j \qquad (4.55)$$

其中，l_i 为 θ_i 的样本数。

（4）重复（2）、（3）步，直到满足设定条件。

2. 确定方差

聚类中心确定后，可根据各中心之间的距离确定对应 RBF 的方差：

$$d_i = \min_{p \neq i} \| t_i - t_p \| \tag{4.56}$$

方差可取为 $\sigma_i = \lambda d_i$，λ 为重叠系数。

3. 学习权值

权值的学习可以采用最小均方（Least Mean Square，LMS）算法，但需要注意以下两点：

（1）LMS 算法的输入为 RBF 网络隐层的输出；

（2）RBF 输出层的神经元只是对隐层神经元的输出加权和。

4. RBF 网络的 MATLAB 实现

MATLAB 中已有 RBF 网络工具包，使用时可以直接调用相应的函数。RBF 网络的 MATLAB 函数及功能如表 4-6 所示。

表 4-6　RBF 网络的 MATLAB 函数及功能

函 数 名	功　　能
newrb()	新建一个径向基神经网络
newrbe()	新建一个严格的径向基神经网络
newgrnn()	新建一个广义回归径向基神经网络
newpnn()	新建一个概率径向基神经网络

下面简要介绍 newrb() 和 newrbe() 这两个函数的使用方法，其他函数的使用方法类似。

1）newrb() 函数

功能：建立一个 RBF 神经网络。

格式：net = newrb(P，T，GOAL，SPREAD，MN，DF)

说明：P 为输入向量，T 为目标函数，GOAL 为均方误差，默认值为 0，SPREAD 为 RBF 的分布密度（默认值为 1），MN 为神经元的最大数目，DF 为两次显示之间所添加的神经元数目。

2）newrbe() 函数

功能：建立一个严格的径向基函数（RBF）神经网络。严格是指径向基函数（RBF）神经网络的神经元个数与输入值个数相等。

格式：net = netrbe(P，T，GOAL，SPREAD)

说明：各参数的含义与 newrb()函数参数含义一致。

4.6　深度神经网络

4.6.1　有监督学习与无监督学习

根据不同的分类标准，人工神经网络学习的方式有不同的划分，其中最常用的划分方式为监督学习（Supervised Learning）和无监督学习（Unsupervised Learning）。监督和无监督根据训练样本有无标签进行区分，其中，训练样本有标签的学习方式为监督学习，训练样本无标签的学习方式为无监督学习。下面对监督和无监督学习方式进行详细的阐述。

监督学习是使用已标注数据集训练已有的模型，得到该模型的最优解，即从有类标的样本学习到对应的特征，然后通过这些特征去识别其他的物体。例如，我们小时候被其他人教授见到的不同类动物、植物、建筑物以及各种不同的其他物体的名字，教的多我们记住的也越多，随着年龄的增长我们对各种物体的了解也越多，然后我们就能根据已有的知识（不同类物体的特征）区分不同的物体类别。在机器学习中，监督学习包含聚类和回归两个方面，其最典型的算法为 KNN 和 SVM；在深度学习中，监督学习最典型的算法是卷积神经网络（CNN）和循环神经网络（RNN）及其各种改进，虽然这种方法在某些方面取得了与人类相当甚至超越人类的性能，但需要大量的训练数据和非常高的计算力才能实现，也限制了其进一步的发展和应用，所以亟待一种需要少量的训练样本甚至无训练样本的模型来推动人工智能进一步发展，无监督学习就是这样一种方法。

无监督学习是指输入数据并没有准确的类标信息提供给模型，因此模型必须能够从输入数据中发现规律（如统计特征、相关性或类别等），并将所发现的这种规律在输出中编码。这要求无监督学习网络中的单元和连接具有某种程度的自组织性，且输入数据中具有一定的冗余性（Redundancy）时，无监督学习才有意义，否则，无监督学习不能发现输入数据中的任何模式或特征，即冗余性提供了知识。无监督学习网络可以从输入数据中检测到的模式类型取决于模型的结构。比如我们参加一个画展，我们可能对绘画没什么了解，但通过大量的观察可以粗略地将这些展览的画像分为不同的类别（写实、抽象等），即实现聚类。无监督学习最重要的一个方面就是聚类。无监督学习在深度神经网络中的应用推动了强人工智能的进一步发展。

4.6.2　卷积神经网络

卷积神经网络是一种深度前馈神经网络，其根据人类视觉系统分级处理信息的原理设计实现，较低层的神经网络提取浅层的特征，比如边缘信息等，接着提取更深层次的特征，比如图像的某个像素块，最后得到图像的整体特征。信息处理有两个过程：其一是特征提取，每个神经元与前一层的局部感知域相连，并提取该局部的特征；其二是特征映射，每个网络层由大量的特征映射组成，每个特征映射是一个平面，平面上的所有神经元共享权值，从而大大降低了自由参数的数量，特征映射使用的激活函数通常为 Sigmoid、Tanh、ReLU 等。特征提取通过相同值的卷积核移动实现，从而保证了特征的平移不变性。卷积神经网络通过对低层特征的降维，最终抽象出高维特征。

1. 卷积流描述

卷积神经网络的基础模块为卷积流，包括卷积、非线性、池化和批归一化等四种操作，下面以图像处理为例详解这四种操作。

1）卷积

数学中，卷积是一种重要的线性运算。在卷积神经网络中卷积操作用于提取输入信息的特征，通过不同的卷积核与原始输入信息的局部感受域卷积提取出信息中的不同的特征。神经网络中常用的卷积类型包括三种，即 Full 卷积、Same 卷积和 Valid 卷积。举例说明如下：假设输入信号为一维信号，即 $x \in \mathbf{R}^n$，且滤波器为一维的，即 $w \in \mathbf{R}^n$，则有

（1）Full 卷积：

$$\begin{cases} y = \mathrm{conv}(x, w, 'full') = (y(1), \cdots, y(t), \cdots, y(n+m-1)) \in \mathbf{R}^{n+m-1} \\ y(t) = \sum_{i=1}^{m} x(t-i+1) \cdot w(i) \end{cases} \tag{4.57}$$

其中，$t = 1, 2, n+m-1$。

（2）Same 卷积：

$$y = \mathrm{conv}(x, w, 'same') = \mathrm{center}(\mathrm{conv}(x, w, 'full'), n) \in \mathbf{R}^n \tag{4.58}$$

其返回的结果为 Full 卷积中与输入信号 $x \in \mathbf{R}^n$ 尺寸相同的中心部分。

（3）Valid 卷积：

$$\begin{cases} y = \mathrm{conv}(x, w, 'valid') = (y(1), \cdots, y(t), \cdots y(n-m+1)) \in \mathbf{R}^{n-m+1} \\ y(t) = \sum_{i=1}^{m} x(t+i-1) \cdot w(i) \end{cases} \tag{4.59}$$

其中，$t = 1, 2, \cdots, n-m+1$，需要注意 $n > m$。

除了特别声明外，卷积流中常用的是 Valid 卷积。为了更为直观地说明 Valid 卷积，图 4-29 展示了二维 Valid 卷积操作。

另外，需要注意的是，深度学习平台 tensorflow 中常用的卷积操作，包含两个参数即 stride 和 padding，其中 stride 是指卷积核从当前位置到下一个位置跳过的像素个数。例如，二维图像卷积过程中，卷积核每次移动一个像素，那么，stride 为 1。通俗地讲，padding 为对卷积输入补 0 的圈数。通常在计算过程中，若输入信号为 $x \in \mathbf{R}^{n \times m}$，卷积核（即滤波器）尺寸大小为 $w \in \mathbf{R}^{s \times k}$，则由 stride 和 zero padding 的 valid 卷积得到的输出信号的大小为

$$
\begin{cases}
y = x * w \in \mathbf{R}^{u \times v} \\
u = \left\lfloor \dfrac{n - s + 2 \cdot \text{zero padding}}{\text{stride}} \right\rfloor + 1 \\
v = \left\lfloor \dfrac{m - k + 2 \cdot \text{zero padding}}{\text{stride}} \right\rfloor + 1
\end{cases}
\tag{4.60}
$$

其中,"$\lfloor \cdot \rfloor$"操作为向下取整。

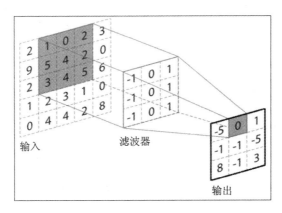

图 4 - 29　二维 Valid 卷积操作

卷积操作是卷积核与前一层局部感受域的卷积,这种局部连接策略,可以约减不必要的权值连接,达到稀疏的作用,使用相同的卷积核对不同的区域进行卷积操作,实现权值共享极大地减少参数量,从而有效避免过拟合现象的出现。另外,由于卷积操作具有平移不变性,使得学到的特征具有拓扑对应性、泛化性等特性。不同连接类型网络参数量如图 4 - 30 所示,分别为全连接、局部连接和权值共享神经网络所对应的参数量,其中权值共享是指相邻神经元的活性相似,从而共享相同的权值参数。

图 4 - 30　不同连接类型网络参数量

由图 4 - 30 可以看出全连接(权值连接,不含偏置)的参数为 15,局部连接的参数为 7,权值共享的参数为 3。权值共享大大降低了自由参数的个数,从而降低了模型过拟合的概率。

2）激活函数

卷积神经网络中的激活函数是非线性函数，激活函数一般是对卷积操作结果进行非线性操作，通过弯曲和扭曲实现表征能力的提升。激活函数通过层级非线性映射使得整个网络的非线性刻画能力得到提升，在激活函数应用在卷积神经网络之前，仅使用线性的方式去逼近表征数据中高层语义特征的能力有限。在应用中，常用的激活函数有：修正线性单元 ReLU（加速收敛，内蕴稀疏性）、Softmax（用于最后一层，为计算概率响应，一般实现分类）、Softplus 函数（ReLU 的光滑逼近）、Sigmoid 系（传统神经网络的核心所在，包括 Logistic-Sigmoid 函数和 Tanh-Sigmoid 函数）。激活函数的详细介绍见 4.2.3 节。

3）池化

池化操作的本质是降采样，根据池化半径的大小和池化的方式进行空间上的降维，结果是用一个值代替池化半径范围内的值。其主要意义是：减少计算量，刻画平移不变特性，约减下一层的输入维度（核心是参数量有效的降低），从而有效控制过拟合风险。池化操作有多种形式，如最大池化、平均池化、范数池化和对数概率池化等。卷积神经网络中常用的池化方式为最大池化（一种非线性下采样的方式）和平均池化，其中最大池化对池化半径邻域内的特征点取最大值，能更好地保留纹理信息；平均池化对池化半径邻域内的特征点求平均，能更好地保留背景信息。图 4-31 展示了一个 4×4 的像素块进行池化半径为 2 的最大池化和平均池化后的结果。

图 4-31　池化操作

在深度学习平台上，除了池化半径以外，还有 stride 参数，与卷积中的 stride 意义相同。在使用反向传播（BP）算法训练模型时，需要进行池化的反向操作，最大池化和平均池化进行反池化的操作不同。对最大池化，在进行池化操作时不仅要保留池化区域中的最大值，还要保留最大值所对应的位置，这样，反池化结果中的最大值赋值到原来的位置，其他位置填充零。平均池化是对池化半径内的所有元素求平均值，反池化操作将池化后的值除以池化半径的平方赋到每个像素。最大池化和平均池化的反向操作如图 4-32 所示。

图 4 – 32　反池化操作

4) 批归一化

批归一化是训练过程中对输入数据处理的方式，目的是避免随着层级的加深而导致信息的传递呈现逐层衰减的趋势，因为数据范围大的输入在模式分类中的作用可能偏大，而数据范围小的输入作用可能偏小，总之数据范围偏大或偏小，可能导致深度神经网络收敛慢、训练时间长。常用的归一化操作有：范数归一化、Sigmoid 函数归一化（越往两边，区分度越小）等。

2. 深度卷积神经网络的改进

随着深度卷积神经网络在计算机视觉、自然语言处理、语音处理以及自动驾驶等方面的广泛应用，在各种应用场合也有各种不同的变形，下面对深度卷积神经网络中几种常见的网络进行简单的介绍。

1) LeNet

LeNet 是 Yann LeCun 在 1994 年提出的，该网络共有 7 层（不含输入层），其中包含两个卷积层、两个池化层、三个全连接层。LeNet 模型如图 4 – 33 所示。

图 4 – 33　LeNet 模型

该网络由输入层部分、卷积层部分和全连接层部分组成，其中输入层部分实现将$32\times$32的图像输入网络中。卷积层部分包含卷积核大小为 5 * 5、步长为 1 且激活函数为 Sigmoid 的两次卷积过程，以及池化半径为 2×2 的两个最大池化过程。第一次卷积操作产生 6 个特征图，在卷积之后紧跟着池化操作，使特征的维度降低，保证特征的多样性，提高模型的泛化能力；第二次卷积操作产生 16 个特征，之后将特征映射成一个向量输入到全连接层部分。全连接层部分包含两个输出大小分别为 120 和 84 的全连接层以及一个输出大小为 10 的输出层，从而实现将输入的图像（共 10 类）进行相应的分类。

2）AlexNet

在 LeNet 网络提出之后的很长一段时间，限于当时的数据量较少，参数初始化以及非凸优化并没有深入的研究，当时的硬件计算能力远远不能满足深度神经网络训练的需求，LeNet 网络虽然在 mnist 数据集上取得了较好的结果，但在其他的数据集上并没有太好的性能。这也是 LeNet 之后深度神经网络没有被很快重视的原因。这种情况一直持续到 2012 年一个新的网络模型——AlexNet 的提出及其在 ImageNet 的比赛中获得冠军。AlexNet 模型如图 4 - 34 所示。

图 4 - 34   AlexNet 模型

AlexNet 网络是在 LeNet 网络上的进一步发展，但和 LeNet 网络也有很多不同之处，具体体现在以下几个方面：

（1）网络模型。限于当时的计算能力，AlexNet 网络为上下两个部分，每个部分有 8 层，其中卷积层部分有 5 层，全连接层部分有 3 层。第一卷积层卷积核的大小为 11 * 11，第二卷积层卷积核的大小为 5 * 5，后三层卷积层卷积核的大小为 3 * 3，且在第一、第二以及第五卷积层之后分别有一个池化半径为 3、步长为 2 的最大池化。全连接层部分包含两个输出为 4096（上下两个部分输出数量之和）的全连接层，以及一个输出为 1000 的输出层。由图 4 - 34 可以看出第三卷积层的结果为第二卷积层最大池化后上下两部分共同卷积的结果，两个全连接层的结果也是前一层上下两部分共同卷积的结果。

（2）激活函数。与 LeNet 网络中使用的激活函数 Sigmoid 不同，AlexNet 网络中使用的是修正线性单元（ReLU）。ReLU 不会受输入的影响，输入大于 0 时，梯度一直为 1，使网络的收敛速度大大增加。

（3）减少过拟合。在 AlexNet 网络中使用多种减少过拟合的方法，其中一种为 Dropout，在该网络中的两个全连接层之后均含有一个 Dropout，用于提高网络中模型的复杂性，从而减少过拟合；另一种减少过拟合的方法是数据增强，通过对输入数据进行裁剪、旋转以及改变颜色等方法来增加训练样本的数量，从而提高网络的泛化能力，减少过拟合。

3）GoogLeNet

随着深度学习和深度神经网络的发展，在原有研究的基础上，为了改善原有模型的缺点，提高模型的正确率，很自然的一个想法就是增加网络的深度（增加网络的层数），但网络深度的增加会带来参数量的上升，一方面增加计算量，另一方面导致模型过拟合。而由于稀疏连接的不对称，所以很难对其加速，模型的训练较困难。当使用大而稀疏的神经网络对输入数据表达时，网络结构可通过逐层分析与输出高相关的上一层的激活值以及聚类神经元的相关统计特性来进行优化，但在使用时有非常多的限制条件。Hebbin 原理的应用使限制条件大大减少，所以使用一系列稠密子结构的叠加和覆盖来近似表示局部稀疏连接也能够解决这个问题。Inception 就是就是基于此提出的。

Inception 是 GoogLeNet 中用于构建深层网络的基本模块，其模型如图 4-35 所示。该模型中包含 3 部分卷积和一个池化，通过使用卷积核大小为 1、3 和 5 的卷积，不仅能提取出不同的特征，特征融合时还能提高模型的表达能力，并且实现了 patch 对齐，从而提高了训练速率。由于使用卷积核为 5 的卷积操作计算量极大，所以参考了网络中网络（NiN）的方法，在卷积核为 3 和 5 的卷积之前加入卷积核为 1 的卷积操作来实现对输入数据的稀疏，从而减少计算量。由于池化对分类的结果有影响，所以在 Inception 模型中加入了最大池化操作。随着网络层数的加深，对特征进行抽象的能力也逐渐增强，所以网络中卷积核为 3

图 4-35　Inception 模型

和 5 的卷积的比例也随着层数的增加而逐渐升高。

GoogLeNet 使用模块化结构，从网络的深度和宽度两个方面进行拓展。网络层数加深到 22 层，网络中加入了两个 Softmax 用于辅助前向传导，避免了梯度消失的问题。在后续的发展中，为了适应不同的需求，Inception 也有不同版本的更新，到目前为止，Inception 包含 V1、V2、V3 和 V4 等四个版本，其他版本不做详细的阐述。

4）VGG

VGG 在 2014 年 ImageNet 大赛中获得第二名，该模型主要研究网络的深度对结果的影响。不同深度 VGG 网络模型的配置如表 4-7 所示。

表 4-7　不同深度 VGG 网络模型的配置

ConvNet 网络配置					
A	A-LRN	B	C	D	E
11 层	11 层	13 层	16 层	16 层	19 层
输入（224×224 RGB 图）					
conv3 - 64	conv3 - 64 **LRN**	conv3 - 64 **conv3 - 64**	conv3 - 64 conv3 - 64	conv3 - 64 conv3 - 64	conv3 - 64 conv3 - 64
最大池化					
conv3 - 128	conv3 - 128	conv3 - 128 **conv3 - 128**	conv3 - 128 conv3 - 128	conv3 - 128 conv3 - 128	conv3 - 128 conv3 - 128
最大池化					
conv3 - 256 conv3 - 256	conv3 - 256 conv3 - 256	conv3 - 256 conv3 - 256	conv3 - 256 conv3 - 256 **conv1 - 256**	conv3 - 256 conv3 - 256 **conv3 - 256**	conv3 - 256 conv3 - 256 conv3 - 256 **conv3 - 256**
最大池化					
conv3 - 512 conv3 - 512	conv3 - 512 conv3 - 512	conv3 - 512 conv3 - 512	conv3 - 512 conv3 - 512 **conv1 - 512**	conv3 - 512 conv3 - 512 **conv3 - 512**	conv3 - 512 conv3 - 512 conv3 - 512 **conv3 - 512**

最大池化					
conv3 – 512 conv3 – 512	conv3 – 512 conv3 – 512	conv3 – 512 conv3 – 512	conv3 – 512 conv3 – 512 **conv1 – 512**	conv3 – 512 conv3 – 512 **conv3 – 512**	conv3 – 512 conv3 – 512 conv3 – 512 **conv3 – 512**
最大池化					
FC – 4096					
FC – 4096					
FC – 1000					
softmax					

与 AlexNet 网络结构相似，VGG 也由卷积层部分和全连接层部分构成，且卷积包含 5 部分，不同层数的网络模型，主要为卷积层数的不同，在每部分卷积之后有一个最大池化层；全连接部分包含两层输出为 4096 的全连接层以及一层输出为 1000 的输出层。下面以 VGG16 为例对网络的配置进行详细的说明。和 AlexNet 不同，VGG16 中卷积核的大小均为 3，这也是中心像素各方向相关的最小卷积核。表 4 – 7 中 conv3 – 64 表示卷积核大小为 3、输出为 64 的卷积操作。在 VGG 网络中，卷积的步长为 1，为保证卷积前后特征的尺寸不发生变化，对卷积核为 3 的卷积操作采用 1 填充，卷积层和全连接层的激活函数均为线性修正函数（ReLU）；池化层中池化半径和步长均为 2。虽然 VGG 网络模型参数量较大，训练速度较慢，但相较于其他同规模的网络，VGG 具有更强的泛化能力。

5）ResNet

实验表明，传统的深度卷积神经网络随着网络层数的增加，模型在训练集上的准确率下降，针对这一问题，提出了一种深度残差网络。深度残差网络采用了具有恒等映射和残差映射的结构，保证了网络能够加深层数且准确率也随之增加。

深度残差网络的特点：① 网络层级较深，但每一隐层较神经元数量较少，可以控制参数的数量；② 存在层级，特征图个数逐层递进，保证输出特征的表达能力；③ 使用了较少的池化层，大量使用下采样，提高传播效率；④ 没有使用 Dropout，利用批归一化和全局平均池化进行正则化，加快了训练速度；⑤ 层数较高时减少了 3 * 3 卷积个数，并用 1 * 1 卷积控制了 3 * 3 卷积的输入、输出特征图数量，这种结构称为"瓶颈"；⑥ 深度网络受梯度弥散问题的困扰，批归一化、ReLU 等手段对梯度弥散的缓解能力有限，而深度残差网络中的单位映射的残差结构可以从本源上杜绝该问题。值得指出的是，深度卷积神经网络在深度学习的历史中发挥了重要的作用，将脑科学最新研究获得的深刻机理成功用于模式识别领域并大获成功,成为影响深刻的深度学习模型之一。

3. 卷积神经网络的应用

近年来,随着深度学习的发展,深度神经网络在图像的分类任务上(以 ImageNet 比赛为例)取得比人类更高的准确率。其他的网络模型如 R - CNN、Fast R - CNN、Faster R - CNN 以及 YOLO 和 SSD 等在目标检测上也取得了较好的效果。深度卷积神经网络在语音识别以及自动驾驶领域投入商用,在自然语言处理等方面也在迅速发展。但网络需要较多的训练数据,且网络层数的增加导致模型较大,很难在使用率较高的移动终端上应用,这也是限制深度神经网络全面普及应用的一个重要原因。

4.6.3 循环神经网络

传统的深度前馈神经网络在图像的分类、分割、变化检测和目标识别等任务上取得出色的表现。这种网络是单向传播的网络,其输出仅和输入有关,网络结构为各层之间的神经元连接,层中的神经元之间无连接,导致这种网络模型对时序相关信息的处理能力较差。而生物体中神经元之间的连接要复杂得多,其输出不仅受到输入的影响,与前一时刻的输出也有关,这样生物体中的神经网络就能更好地学习时序相关的特征。为了能实现和生物体中神经网络相似的功能,循环神经网络(RNN)通过引入层中的定向循环,从而具有更好的表征高维信息的整体特征的能力。

1. 简单循环神经网络

如图 4 - 36 所示是一个简单的循环神经网络的结构图。

图 4 - 36 循环神经网络结构图

从图 4 - 36 中可以看出,RNN 是一个具有记忆能力的网络,其当前时刻 t 的状态 s_t 不仅和当前时刻的输入 x_t 有关,还和上一时刻的状态 s_{t-1} 有关,循环神经网络类似一个动态系统(即系统的状态按照一定的规律随时间变化)。

1）训练数据

RNN 中训练数据可表示为如下的形式：

$$\{\boldsymbol{x}_t \in \mathbf{R}^n, \boldsymbol{y}_t \in \mathbf{R}^m\}_{t=1}^{\mathrm{T}} \tag{4.61}$$

其中，$\boldsymbol{x}_t$ 表示 t 时刻的输入，该时间序列的长度为 T。输出 $\boldsymbol{y}_t$ 是一个与 t 时刻之前（包括 t 时刻）的输入以及隐层状态 $\boldsymbol{s}_t$ 有关系的量，即

$$\{\boldsymbol{x}_1, \boldsymbol{x}_2, \cdots, \boldsymbol{x}_t, \boldsymbol{s}_1, \boldsymbol{s}_2, \cdots, \boldsymbol{s}_t\} \xrightarrow{\text{关系}} \boldsymbol{y}_t \tag{4.62}$$

2）模型

RNN 模型可表示为如下的形式：

$$\begin{cases} \boldsymbol{s}_t = \sigma(\boldsymbol{U} \cdot \boldsymbol{x}_t + \boldsymbol{W} \cdot \boldsymbol{s}_{t-1} + \boldsymbol{b}) \\ \boldsymbol{o}_t = \boldsymbol{V} \cdot \boldsymbol{s}_t + \boldsymbol{c} \in \mathbf{R}^m \\ \boldsymbol{y}_t = \mathrm{softmax}(\boldsymbol{o}_t) \in \mathbf{R}^m \end{cases} \tag{4.63}$$

式中，$\boldsymbol{U}$、$\boldsymbol{W}$、$\boldsymbol{V}$ 分别为输入与状态之间、状态（前一时刻）与状态（当前时刻）之间以及状态与输出之间的权重矩阵；$\boldsymbol{b}$、$\boldsymbol{c}$ 为偏置项；softmax 不是分类器，而是作为激活函数，即将一个 m 维向量压缩成另一个 m 维的实数向量，其中向量中的每个元素取值范围为 $(0, 1)$，即

$$\begin{cases} \mathrm{softmax}(\boldsymbol{o}_t) = \dfrac{1}{Z} \cdot \left[\mathrm{e}^{(o_t(1))}, \cdots, \mathrm{e}^{(o_t(m))} \right]^{\mathrm{T}} \\ Z = \displaystyle\sum_{j=1}^{m} \mathrm{e}^{(o_t(j))} \end{cases} \tag{4.64}$$

其中，Z 为归一化因子，而 $\sigma(\cdot)$ 为隐含层上的激活函数。训练中需要学习的参数为权重矩阵和偏置。

3）优化目标函数

基于输出与输入之间的关系式（4.62）以及模型（4.63），利用负对数似然（即交互熵）建构损失函数，得到的优化目标函数为

$$\begin{aligned} \min_{\theta} J(\theta) &= \sum_{t=1}^{T} \mathrm{loss}(\hat{\boldsymbol{y}}_t, \boldsymbol{y}_t) \\ &= \sum_{t=1}^{T} \left(- \left[\sum_{j=1}^{m} y_t(j) \cdot \lg(\hat{y}_t(j)) + (1 - y_t(j)) \cdot \lg(1 - \hat{y}_t(j)) \right] \right) \end{aligned} \tag{4.65}$$

其中，$y_t(j)$ 为真实输出 $\boldsymbol{y}_t$ 的第 j 个元素，$\hat{y}_t(j)$ 为预测输出 $\hat{\boldsymbol{y}}_t$ 的第 j 个元素参数，θ 为待学习的参数，$\theta = [\boldsymbol{U}, \boldsymbol{V}, \boldsymbol{W}; \boldsymbol{b}, \boldsymbol{c}]$。

4）求解

由于循环神经网络在每一个 $t(t=1, 2, \cdots, T)$ 时刻对应着一个监督信息 $\boldsymbol{y}_t$，相应的损失项简记为

$$J_t(\theta) = \mathrm{loss}(\hat{\boldsymbol{y}}_t, \boldsymbol{y}_t) \tag{4.66}$$

优化目标函数(式(4.65)的求解)和前馈神经网络采用的反向传播算法(BP)不同，RNN中通过时间反向传播算法(BPTT)实现。其计算过程和反向传播算法类似，也是通过参数更新优化目标网络，待优化的参数 $\theta = [U, V, W; b, c]$，其核心是如下五个偏导数的求解：

$$\left[\frac{\partial J(\theta)}{\partial V}, \frac{\partial J(\theta)}{\partial c}, \frac{\partial J(\theta)}{\partial W}, \frac{\partial J(\theta)}{\partial U}, \frac{\partial J(\theta)}{\partial b} \right] \tag{4.67}$$

其中前两个偏导数的求解，依据如下误差传播项的求解：

$$\boldsymbol{\delta}_{o_t} = \frac{\partial J_t(\theta)}{\partial \boldsymbol{o}_t} \tag{4.68}$$

注意：$\boldsymbol{\delta}_{o_t}$ 是 t 时刻的目标函数(式(4.66)即损失项)关于 t 时刻的输出 $\boldsymbol{o}_t$ 的偏导数。另外三个偏导数则根据误差传播项

$$\boldsymbol{\delta}_{s_t} = \frac{\partial \mathrm{J}_t(\theta)}{\partial \boldsymbol{s}_t} \tag{4.69}$$

来求解，这里仅给出目标函数关于权重 W 的偏导数，即

$$\frac{\partial J(\theta)}{\partial W} = \sum_{t=1}^{T} \sum_{k=1}^{t} \frac{\partial \boldsymbol{s}_k}{\partial W} \cdot \frac{\partial \boldsymbol{s}_t}{\partial \boldsymbol{s}_k} \cdot \frac{\partial J_t(\theta)}{\partial \boldsymbol{s}_t} = \sum_{t=1}^{T} \sum_{k=1}^{t} \frac{\partial \boldsymbol{s}_k}{\partial W} \cdot \frac{\partial \boldsymbol{s}_t}{\partial \boldsymbol{s}_k} \cdot \delta_{s_t} \tag{4.70}$$

注意：由于隐层的 t 时刻输出 $\boldsymbol{s}_t$ 与之前的输出 $\boldsymbol{s}_k(k=1, 2, \cdots, t-1)$ 有关系，即模型公式(4.63)，而参数 W 恰好是这种关系的内蕴。其中依据链式法则有

$$\frac{\partial \boldsymbol{s}_t}{\partial \boldsymbol{s}_k} = \prod_{j=k+1}^{t} \frac{\partial \boldsymbol{s}_j}{\partial \boldsymbol{s}_{j-1}} = \prod_{j=k+1}^{t} (W^{\mathrm{T}} \cdot \mathrm{diag}(\sigma'(\boldsymbol{s}_{j-1}))) \tag{4.71}$$

其中，$\sigma'(\cdot)$ 为激活函数 $\sigma(\cdot)$ 的导数，函数 $\mathrm{diag}(\cdot)$ 用于取对角元素。

实验中，公式(4.63)中隐层输出的激活函数 $\sigma(\cdot)$ 常取双曲正切 $\mathrm{Tanh}(\cdot)$ 函数，在训练后期，公式(4.69)和(4.71)所对应的梯度变得比较小，进一步，连乘后的梯度值使得公式(4.70)将变得更小，容易出现梯度弥散现象。若 $\sigma(\cdot)$ 取 $\mathrm{Sigmoid}(\cdot)$ 函数也会发生同样的情形。为了避免梯度弥散的现象出现而导致模型训练速度慢或过拟合，常用参数初始化策略，以及使用 ReLU 函数作为激活函数等进行调整。

虽然循环神经网络从理论上可以建立长时间间隔的状态之间的依赖关系，但由于梯度弥散或梯度爆炸(即连乘后的梯度值趋于无穷大，造成系统不稳定)问题，实际应用中，只能学习到短周期(或使用马尔科夫链)的依赖关系，这便是所谓的长期依赖问题。后面将针对此问题描述长短时记忆网络。

2. 长短时记忆神经网络

已知(简单的)循环神经网络的核心问题是随着时间间隔的增加(即 Long Term Dependencies)容易出现梯度爆炸或梯度弥散，为了有效地解决这一问题通常引入门限机制来控制信息的累积速度，并可以选择遗忘之前的累积信息。而这种门限机制下的循环神经网络包括长短时记忆(LSTM)神经网络和门限循环单元(GRU)神经网络，这两种网络都是

循环神经网络的变体，其中门限循环单元神经网络(GRU)是长短时记忆神经网络的进一步改进，使得网络参数大大减少。本节将重点给出长短时记忆神经网络的数学分析。

1）改进动机分析

在简单的循环神经网络中，从式(4.70)和式(4.71)中知，若定义：

$$\zeta = \boldsymbol{W}^{\mathrm{T}} \cdot \mathrm{diag}(\sigma'(\boldsymbol{s}_{j-1})) \tag{4.72}$$

将式(4.72)代入(4.71)中有

$$\prod_{j=k+1}^{t} (\boldsymbol{W}^{\mathrm{T}} \cdot \mathrm{diag}(\sigma'(\boldsymbol{s}_{j-1}))) \rightarrow \zeta^{t-k} \tag{4.73}$$

如果 ζ 的谱半径 $\|\zeta\| > 1$，当时差$(t-k)$趋于无穷大时，则式(4.73)的值将会趋于无穷大并且导致系统出现所谓的梯度爆炸问题；相反，若 $\|\zeta\| < 1$，则会随着时差的无限扩大，式(4.73)的值趋于 0 而导致梯度弥散问题。

避免梯度爆炸或梯度弥散问题的核心是将 ζ 的谱半径设为 $\|\zeta\| = 1$，不失一般性地，若将 $\boldsymbol{W}$ 设为单位矩阵，同时 $\sigma'(\boldsymbol{s}_{j-1})$ 的谱范数也为 1，即式(4.63)的隐含层关系退化为

$$\boldsymbol{s}_t = \sigma(\boldsymbol{U} \cdot \boldsymbol{x}_t + \boldsymbol{W} \cdot \boldsymbol{s}_{t-1} + \boldsymbol{b}) \xrightarrow{\text{退化}} \boldsymbol{s}_t = \boldsymbol{U} \cdot \boldsymbol{x}_t + \boldsymbol{s}_{t-1} + \boldsymbol{b} \tag{4.74}$$

但这样的形式，没有了非线性激活函数，使网络对训练样本信息的提取大幅度降低。为保证对训练样本特征的有效表示，改进后的方式是引入细胞状态 $\boldsymbol{c}_t$ 来进行信息的非线性传递，如式(4.75)所示。改进后的循环神经网路(RNN)结构如图 4-38 所示。

$$\begin{cases} \boldsymbol{c}_t = \boldsymbol{c}_{t-1} + \boldsymbol{U} \cdot \boldsymbol{x}_t \\ \boldsymbol{s}_t = \mathrm{Tanh}(\boldsymbol{c}_t) \end{cases} \tag{4.75}$$

这里的非线性激活函数为 $\mathrm{Tanh}(\cdot)$。

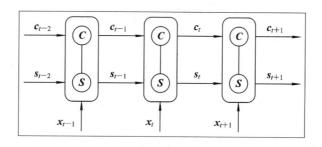

图 4-37　增加新状态后的循环神经网络

如图 4-37 所示，随着时间 t 的增加，细胞状态 $\boldsymbol{c}_t$ 的累积量将会变得越来越大，从而导致导数趋于无限大而出现梯度爆炸。为了解决这个问题，引入了门限机制。通过门限控制输入的信息以及状态的更新从而控制信息的累积速度，还可以选择遗忘部分之前累积的信息，减少细胞状态 $\boldsymbol{c}_t$ 的累积量。这便是长短时记忆神经网络相较于传统循环神经网络更稳定的原因。下面将详细介绍长短时记忆神经网络的门控原理。

2）长短时记忆神经网络的数学分析

基于图 4-37，长短时记忆神经网络的核心是设计细胞状态 C，用以控制信息的变化。注意，图 4-37 中 t 时刻的输入包括当前时刻的输入 x_t、前一时刻的细胞状态 c_{t-1} 以及前一时刻的隐层状态 s_{t-1} 三个量，输出包括当前时刻的细胞状态 c_t 以及当前时刻的隐层状态 s_t。长短时记忆神经网络的结构包括以下两点：

（1）关于细胞状态 C，通过遗忘门确定 c_{t-1} 有多少成分保留在 c_t 中，以及通过输入门确定 x_t 中有多少成分保留在 c_t 中。

（2）关于隐含层状态 S，输出门通过控制 c_t 来确定输出 o_t 中有多少成分输出到 s_t。

注意：网络的核心设计包括三个门，即输入门、遗忘门和输出门。具体每一个门的输入、门限与输出的数学分析和网络结构如图 4-38 所示。

图 4-38　长短时记忆神经网路的标准模块

（1）遗忘门。

该门的目的是确定 t 时刻输入中的 c_{t-1} 有多少成分保留在 c_t 中，实现公式为

$$f_t = \sigma(U_f \cdot x_t + W_f \cdot s_{t-1}) \tag{4.76}$$

这里的 f 代表"forget"。这个公式是遗忘门的门限，式中的 U_f 和 W_f 为 t 时刻输入 x_t 的权重矩阵和 $t-1$ 时刻隐含层状态 s_{t-1} 的权重矩阵，σ 为 Sigmoid 激活函数。通过遗忘门，保留在 c_t 中的输入成分为 $f_t \odot c_{t-1}$，符号"$\odot$"表示对应向量中对应元素相乘。

（2）输入门。

该门的主要目的是确定输入 x_t 中有多少成分保留在 c_t 中，实现公式为

$$\begin{cases} \boldsymbol{i}_t = \sigma(\boldsymbol{U}_{\mathrm{i}} \cdot \boldsymbol{x}_t + \boldsymbol{W}_{\mathrm{i}} \cdot \boldsymbol{s}_{t-1}) \\ \tilde{\boldsymbol{c}}_t = \mathrm{Tanh}(\boldsymbol{U}_{\mathrm{c}} \cdot \boldsymbol{x}_t + \boldsymbol{W}_{\mathrm{c}} \cdot \boldsymbol{s}_{t-1}) \end{cases} \tag{4.77}$$

这里的 i 代表"input"。式中 $\boldsymbol{i}_t$ 为 t 时刻输入门的输入,通过输入门,将输入中对应的 $\tilde{\boldsymbol{c}}_t$ 倍保留下来,即输入门过后,保留在 $\boldsymbol{c}_t$ 中的成分为 $\boldsymbol{i}_t \odot \tilde{\boldsymbol{c}}_t$。

(3) 输出门。

该门的目的是利用控制单元 $\boldsymbol{c}_t$ 确定输出 $\boldsymbol{o}_t$ 中有多少成分输出到隐层 $\boldsymbol{s}_t$ 中。首先,经过遗忘门和输入门之后的状态 C,即 $\boldsymbol{c}_t$ 的实现公式为

$$\boldsymbol{c}_t = \boldsymbol{i}_t \odot \tilde{\boldsymbol{c}}_t + \boldsymbol{f}_t \odot \boldsymbol{c}_{t-1} \tag{4.78}$$

其中,前一部分是输入门后保留在 $\boldsymbol{c}_t$ 中的成分,后一部分是遗忘门后保留在 $\boldsymbol{c}_t$ 中的成分。

其次,为了确定 $\boldsymbol{c}_t$ 有多少成分保留在 $\boldsymbol{s}_t$ 中,给出输出的实现公式

$$\boldsymbol{o}_t = \sigma(\boldsymbol{U}_{\mathrm{o}} \cdot \boldsymbol{x}_t + \boldsymbol{W}_{\mathrm{o}} \cdot \boldsymbol{s}_{t-1}) \tag{4.79}$$

这里的 $\boldsymbol{o}_t$ 为 t 时刻输出层的状态。

最后,经过输出门,保留在隐层上的成分为

$$\boldsymbol{s}_t = \boldsymbol{o}_t \odot \mathrm{Tanh}(\boldsymbol{c}_t) \tag{4.80}$$

长短时记忆神经网络存在很多种改进算法,其中改进后与其效果相当且模型较简单的算法是门限循环单元神经网络。该网络的一个改进是将长短时记忆神经网络中的遗忘门和输入门结合成更新门。更新门用于控制前一时刻的状态信息被带入到当前状态中的程度。更新门的值越大,说明前一时刻状态信息被代入得越多,门数量的减少使网络中参数的数量减少,从而加快了模型收敛速度。门限循环单元神经网络的另一个改进是将细胞状态和隐层状态融合,将输出门适当更改为重置门。重置门用于控制忽略前一时刻状态信息的程度,重置门的值越小,忽略信息越多。

4.6.4 生成对抗网络

对不同的作用空间,深度生成网络可以大致分为两种类型:一种为作用在数据空间中的生成对抗网络,另一种为作用在特征空间中的变分自编码网络。作用在数据空间是指该网络多用于数据的生成及处理;作用在特征空间是指该网络多用于提取数据的特征。本节主要讨论生成对抗网络模型。

数据、深度学习模型和计算机的计算能力被称为深度学习的"三驾马车",随着各种深度学习框架的普及以及 GPU、TPU 在深度学习中的广泛应用,深度学习模型以及计算机的计算能力对深度学习发展的影响越来越小,而现阶段可用于直接训练的数据还不能满足深度学习在各种场景的应用,大多数可用的训练样本也较少,训练出的模型的泛化能力较弱,要得到泛化能力更强的模型不仅仅要有更优的算法,大量数据也是不可或缺的一部分。数据扩充除了使用数据增强的技术,即通过对数据进行裁剪、旋转角度、加入服从不同分

第 4 章 人工神经网络

布下的随机噪声等，还可以使用无监督的生成对抗网络模型学习的方式，如图4-39所示。

图4-39 生成对抗网络的数据扩充

由图4-39可知，生成模型通过从训练数据中学习数据的特征后生成和自然数据特征相似的数据送到判别模型，判别模型用于判断该数据是生成的还是自然数据，两者不断的"对抗"进行交替优化学习，最终达到纳什均衡。生成模型的性能(生成和自然数据特性相似的伪数据的能力)取决于训练数据的数量。当训练数据的量远远大于生成模型的参数时，生成模型能够更好地学习训练数据的特征，从而生成和自然数据更接近的数据。网络中的模型的设计和网络的优化对数据生成的影响也较大，生成对抗网络的主要目的是优化生成模型，判别模型通过和生成模型"对抗"对生成模型进行优化，从而使其生成的数据与自然数据的近似程度更高。

1. 生成对抗网络简介

生成对抗网络(Generative Adversarial Network，GAN)是2014年6月由Ian Goodfellow等学者提出的一种生成模型，其核心思想是通过训练学习数据的概率分布，然后根据概率分布来生成新的数据从而实现数据的扩张。它由两个网络模块组成，一个生成模型，一个判别模型。生成模型用于生成新的数据，而判别模型用于判定其输入的样本是真实样本还是生成的数据，两者在训练的过程中不断地"对抗"，从而生成模型生成与真实样本相似的数据。

2. 网络模型的数学描述

下面基于图4-40给出生成对抗网络的数学描述。首先，介绍一下在下面的描述中将要使用的数学符号，随机噪声表示为$z \in \mathbf{R}^m$，自然数据表示为$x \in \mathbf{R}^n$，生成数据表示为$\tilde{x} \in \mathbf{R}^n$，判别模型为鉴定真伪的二分类器，所以判别模型的输出$y \in [0,1]^2$。接下来将从以下四个方面对生成对抗网络的数学模型进行详细的阐述。

1) 数据

$$\{(x^{(t)}, z^{(t)}), y^{(t)}\}_{t=1}^{T} \tag{4.81}$$

该式表示的是生成对抗网络中的第t个输入自然数据及随机噪声数据对$(x^{(t)}, z^{(t)})$及其在判别模型上对应的输出 $\boldsymbol{y}^{(t)}$。在 TensorFlow 深度学习平台中，$\boldsymbol{y}^{(t)}$ 的取值为 $[0，1]$，表示将自然数据判断为真的概率为 1，将生成数据判断为真的概率为 0。在实际的应用中，随机噪声的数量和自然数据的数量并不一定相同，此处为表示方便。

2）模型

生成模型和判别模型的数学表示如下：

$$\begin{cases} \mathrm{G}: \tilde{\boldsymbol{x}} = g(\boldsymbol{z}, \boldsymbol{\theta}^G) \in \mathbf{R}^n \\ \mathrm{D}: \begin{cases} \text{特征学习}(\text{Feature Learning}): \begin{cases} \boldsymbol{X} = D^F(\boldsymbol{x}, \boldsymbol{\theta}^F) \\ \tilde{\boldsymbol{X}} = D^F(\tilde{\boldsymbol{x}}, \boldsymbol{\theta}^F) \end{cases} \\ \text{分类器设计}(\text{Classifier Design}): \boldsymbol{y} = \begin{pmatrix} P(L(\boldsymbol{x}) = \mathrm{real} \mid \boldsymbol{X}, \boldsymbol{\theta}^C) \\ P(L(\tilde{\boldsymbol{x}}) = \mathrm{real} \mid \tilde{\boldsymbol{X}}, \boldsymbol{\theta}^C) \end{pmatrix} \in \mathbf{R}^2 \end{cases} \end{cases} \tag{4.82}$$

其中，G 即 Generator，表示生成模型，也称为生成器。生成模型采用随机噪声 $\boldsymbol{z}$（一般服从高斯分布或均匀分布）作为输入，通过生成模型神经网络得到一个生成数据 $\tilde{\boldsymbol{x}}$（伪样本），其中的 $\boldsymbol{\theta}^G$ 为训练参数，$g(\cdot)$ 为非线性映射函数。D 即 Discriminator，表示判别模型。从式（4.82）可看出，判别器分为两个阶段：第一阶段为特征学习，该阶段的输入为自然数据 $\boldsymbol{x}$ 以及生成数据 $\tilde{\boldsymbol{x}}$，为二分类过程，即鉴定输入是自然数据还是生成器生成的数据。$\boldsymbol{\theta}^F$ 为训练参数，$D^F(\cdot)$ 为量化映射的过程。第二阶段为分类器设计，其中 $\boldsymbol{\theta}^C$ 为训练参数，$L(\boldsymbol{x})$ 为输入 $\boldsymbol{x}$ 所对应的真伪性，$P(\cdot)$ 为量化映射过程。

3）优化目标函数

通常情况下可将式（4.82）中的判别模型部分用如下的数学表达式表示：

$$\boldsymbol{y} = \begin{pmatrix} D(\boldsymbol{x}) \\ D(\tilde{\boldsymbol{x}}) \end{pmatrix} = \begin{pmatrix} D(\boldsymbol{x}) \\ D(G(\boldsymbol{z})) \end{pmatrix} \in \mathbf{R}^2 \tag{4.83}$$

其中，$D(\boldsymbol{x}) \in [0，1]$ 表示将 $\boldsymbol{x}$ 判别为自然数据的概率。在生成模型确定的条件下，判别模型的损失函数可表示为

$$\begin{cases} \min_{\boldsymbol{\theta}^D} \left\{ - \left[\sum_{x \sim P(\boldsymbol{x})} \lg(D(\boldsymbol{x}, \boldsymbol{\theta}^D)) + \sum_{\tilde{x} \sim P(\tilde{\boldsymbol{x}})} \lg(1 - D(\tilde{\boldsymbol{x}}, \boldsymbol{\theta}^D)) \right] \right\} \\ \boldsymbol{\theta}^D = (\boldsymbol{\theta}^F, \boldsymbol{\theta}^C) \end{cases} \tag{4.84}$$

式中，$x \sim P(\boldsymbol{x})$ 为服从自然数据分布 $P(\boldsymbol{x})$ 下的采样，即式（4.81）中的自然数据集；$\tilde{x} \sim P(\tilde{\boldsymbol{x}})$ 为服从生成分布 $P(\tilde{\boldsymbol{x}})$ 下的采样，即式（4.81）中的生成数据集。公式（4.84）中 $-\lg(D(\boldsymbol{x}))$ 的物理解释为将 $\boldsymbol{x}$ 判断为自然数据的不确定性的值，负对数表示该值越小确定性越高，判别的效果越好，其最佳状态为 0，即 $D(\boldsymbol{x}) = 1$。另外 $\lg(1 - D(\tilde{\boldsymbol{x}}))$ 的物理解释为将 $\tilde{\boldsymbol{x}}$ 判断为生成数据的不确定性的值，对数值表示将 $\tilde{\boldsymbol{x}}$ 判断为生成数据的概率要越大越好，即 $1 - D(\tilde{\boldsymbol{x}})$ 的值越大越好。因此 $D(\tilde{\boldsymbol{x}})$ 的值越小越好，即将 $\tilde{\boldsymbol{x}}$ 判断为真的概率越小越好。将所有采样样本的不确定性（也称信息量）进行求和，便得到熵的概念。简言之，判别模型的设计要求为：将自然数据判断为真的概率要高，将生成数据判断为伪的概率要高。

对生成模型的要求是：在判别模型确定的条件下，生成数据的分布特性应最大可能与自然数据的分布特性一致，从而能够在"对抗"学习中不断优化，即在 $P(\tilde{x})$ 尽可能与 $P(x)$ 一致的情形下，最大化如下目标函数：

$$\max_{\boldsymbol{\theta}^G} \sum_{\tilde{x} \sim P(\tilde{x})} \lg(D(\tilde{x})) = \sum_{\tilde{x} \sim P(\tilde{x})} \lg(D(\tilde{x})) \tag{4.85}$$

将 $x = G(z)$ 代入式(4.85)有以下公式成立：

$$\max_{\boldsymbol{\theta}^G} \sum_{z \sim P(z)} \lg(D(G(z, \boldsymbol{\theta}^G))) \xrightarrow{\text{衡量}} d(P(\tilde{x}), P(x)) \tag{4.86}$$

在随机噪声 $z \sim P(z)$ 的条件下，所有关于 z 的 $\lg(D(G(z)))$ 的和越大，意味着：

$$(D(G(z)) \sim P(\tilde{x})) \longrightarrow d(G(z), x) \longrightarrow (D(G(z)) \sim P(x)) \tag{4.87}$$

生成数据与自然数据之间的差距 $d(G(z), x)$ 越小，即最为理想的状态是，关于所有的 z，若都有 $\lg(D(G(z))) = 0$，则意味着 $D(G(z)) = 1$，即将生成数据判别为自然数据（注意这是在生成模型阶段的要求），$D(G(z))$ 服从于自然数据的分布概型 $P(\tilde{x})$，最终达到这两个分布概型 $d(P(\tilde{x}), P(x))$ 尽可能接近。

最后，依据公式(4.81)中的数据，结合公式(4.84)的损失函数，得到基于判别模型的优化目标函数为

$$\min_{\boldsymbol{\theta}^D} J(\boldsymbol{\theta}^D) = \left\{ -\frac{1}{T} \left[\begin{array}{c} \sum_{t=1}^{T} \delta(y^{(t)}(1) = \text{real}) \cdot \lg(D(\boldsymbol{x}^{(t)})) + \\ \sum_{t=1}^{T} \delta(y^{(t)}(2) = \text{fake}) \lg(1 - D(\tilde{\boldsymbol{x}}^{(t)})) \end{array} \right] \right\} \tag{4.88}$$

通常情况下，自然数据与生成数据分别对应着真伪类标，所以式中蕴含：

$$\begin{cases} \delta(y^{(t)}(1) = \text{real}) = 1 \\ \delta(y^{(t)}(2) = \text{fake}) = 1 \end{cases} \tag{4.89}$$

其中，$\delta(\cdot)$ 为狄利克雷函数。

在优化目标公式(4.88)的基础上，然后融入生成模型的要求，得到最后优化目标函数：

$$\min_{\boldsymbol{\theta}^D} \min_{\boldsymbol{\theta}^G} J(\boldsymbol{\theta}^D, \boldsymbol{\theta}^G) = \left\{ -\frac{1}{T} \left[\begin{array}{c} \sum_{t=1}^{T} \lg(D(\boldsymbol{x}^{(t)}, \boldsymbol{\theta}^D)) + \\ \sum_{t=1}^{T} \lg(1 - D(G(\boldsymbol{z}^{(t)}, \boldsymbol{\theta}^G), \boldsymbol{\theta}^D)) \end{array} \right] \right\} \tag{4.90}$$

其中，$D(G(\boldsymbol{z}^{(t)}, \boldsymbol{\theta}^G))$ 满足如下公式：

$$\max_{\boldsymbol{\theta}^G} \sum_{z \sim P(z)} \lg(D(G(z, \boldsymbol{\theta}^G))) \leftrightharpoons \min_{\boldsymbol{\theta}^G} \sum_{z \sim P(z)} \lg(1 - D(G(z, \boldsymbol{\theta}^G))) \tag{4.91}$$

4）求解

生成对抗网络的求解方法和大多数神经网络的求解方法类似，利用梯度下降方法对 $(\boldsymbol{\theta}^G, \boldsymbol{\theta}^D)$ 进行交替优化，在"对抗"的过程中使参数达到最优。

3. 生成对抗网络改进

1）深度卷积生成对抗网络（DCGAN）

与传统的深度神经网络采用端到端的模式、用反向传播算法进行参数更新的方式不同，深度卷积生成对抗网络由两个类似对偶的网络组成，一个是生成模型，一个是判别模型，如图 4-40 所示。下面对 DCGAN 中的两个模型分别介绍。

图 4-40　深度卷积生成对抗网络模型

由图 4-40 可知，深度卷积生成对抗网络中生成模型采用的转置卷积神经网络，首先从一个服从某分布的随机噪声中随机抽样，将该样本输入到生成模型中生成一个和自然图像大小相同的图像。转置卷积神经网络中的卷积操作采用的是转置卷积，和传统的卷积操作不同的是其可以看作是卷积的"反向"过程，转置卷积受到正向卷积参数步长 stride 和填充 padding 的约束。通常情况下，转置卷积最直接的表现就是在卷积操作后图像的大小增大。

判别模型是一个真伪二分类器，其输入为自然图像和生成模型生成的图像，通过判别模型鉴别是自然图像和生成图像，由于其是二分类器，通常该网络使用传统的卷积神经网络实现，例如 LeNet、GoogLeNet、VGG、ResNet 等经典的神经网络模型，其中的二分类可以用 Softmax 分类器实现，也可以使用非线性分类器（双曲正切函数 Tanh、Sigmoid 函数）等实现。判别模型中的池化操作全部采用有步长的卷积操作代替，其他的操作基本不变；激活函数全部使用的是修正线性单元（ReLU）的改进版本 Leaky ReLU。

2）条件生成对抗网络（CGAN）

和其他的生成网络不同的是，生成对抗网络不需要一个假设的数据分布，而是直接从一个确定的分布中采样然后生成数据，理论上这种方式虽然能生成和自然图像相近的样本，但不需要预先建模使得生成的结果不可控，虽然能生成和自然图像近似度极高的样本，但也生成太多其他无关的样本，导致模型收敛速度较慢，甚至有可能不收敛。而 CGAN 的出现正好可以改善这一状况，CGAN 通过对生成模型（G）和判别模型（D）引入条件变量 y，使得数据的生成过程受到条件的变量的控制，从而使训练朝着越来越好的方向进行。条件变量可以基于多种信息，如类别标签、用于图像修复的部分数据、来自不同模态的数据等。

GAN 通过交替优化生成模型和判别模型，从而达到零和博弈即纳什均衡，通过其优化的目标函数公式(4.90)也可以看出此过程。而条件生成对抗网络通过对生成模型和判别模型加入条件变量，即在目标函数中加入先验信息，从而使优化的过程变为条件二元极大极小博弈，即最小化其参数 $\boldsymbol{\theta}^G$ 和 $\boldsymbol{\theta}^D$。通过对 GAN 的损失函数加入条件信息得到 CGAN 的目标函数：

$$\min_{\boldsymbol{\theta}^D} \min_{\boldsymbol{\theta}^G} J(\boldsymbol{\theta}^D, \boldsymbol{\theta}^G) = \left\{ -\frac{1}{T} \left[\begin{array}{l} \sum_{t=1}^{T} \lg(D(\boldsymbol{x}^{(t)} \mid \boldsymbol{y}^{(t)}, \boldsymbol{\theta}^D)) + \\ \sum_{t=1}^{T} \lg(1 - D(G(\boldsymbol{z}^{(t)} \mid \boldsymbol{y}^{(t)}, \boldsymbol{\theta}^G), \boldsymbol{\theta}^D)) \end{array} \right] \right\} \quad (4.92)$$

3）InfoGAN

通常情况下网络学习到的特征是混杂在一起的，这些特征在数据空间中以一种复杂无序的方式进行编码，很难对其进行分析和理解，所以需要一种方法对特征进行分解，提高特征的可解释性，从而更容易对这些特征进行编码。而在 GAN 中，生成模型的输入信号随机噪声 z 就是这样一种没有任何限制高度复杂的信号，z 的任何一个维度和特征都没有明显的映射，所以我们很难清楚什么样的噪声信号 z 可以生成希望的输出值。

基于此，一种改进的生成对抗网络 InfoGAN 被提出，该网络通过对生成模型的输入随机噪声 z 加入了一个隐含编码 c，去得到一个可解释的表达，其中的 Info 代表互信息，表示生成模型生成的数据 $\tilde{\boldsymbol{x}}$ 与隐含编码 c 之间的关联程度。为使生成数据 $\tilde{\boldsymbol{x}}$ 与隐含编码 c 之间的关联更为密切，需要最大化互信息量，所以需要在 GAN 的损失函数中加入互信息。修改后的损失函数如下：

$$\min_{G} \max_{D} \{V_{\text{GAN}}(G, D) - \lambda I(c; \tilde{\boldsymbol{x}})\} \quad (4.93)$$

其中，$V_{\text{GAN}}(G, D)$ 表示 GAN 的损失函数，其中的生成数据 $\tilde{\boldsymbol{x}}$ 是由一个随机噪声 z 加入一个隐含编码 c 得到的，所以 $\tilde{\boldsymbol{x}} = G(z, c)$，代入式(4.93)中有

$$\min_{G} \max_{D} \{V_{\text{GAN}}(G, D) - \lambda I(c; G(z, c))\} \quad (4.94)$$

其中互信息是一个先验分布的熵与一个后验分布熵的差值。然而，在具体的计算中，后验分布的值很难求出，因此在具体的优化过程中，采用了变分分布的思想，通过变分分布 $Q(c|\tilde{\boldsymbol{x}})$ 来逼近 $P(c|\tilde{\boldsymbol{x}})$，通过对 G、D 优化来最大化 $L_1(G, Q)$，所以 InfoGAN 中损失函数的互信息正则项变为 $L_1(G, Q)$，其损失函数为

$$\min_{G, Q} \max_{D} \{V_{\text{GAN}}(G, D) - \lambda L_1(G, Q)\} \quad (4.95)$$

4. 生成对抗网络的应用

生成对抗网络及其变形在图像分类、分割、检测以及图像生成等方面均取得突破性的成果。其在不同的应用场景下都有不同的调整，例如在图像分类上首先使用无标签的数据学习特征，然后使用有标签的数据精调，得到了较好的实现效果。与传统的机器学习及深

度学习方法相似，GAN 在训练模型时假设训练数据和测试数据服从同样的分布，而在实际中这两者存在偏差，导致在训练数据上的预测准确率比测试数据上的高，出现了过拟合的问题，且训练过程基于无监督或者半监督的方式实现，从实现结果方面分析较差。所以 GAN 的出现及应用推动了深度学习进一步发展，但也存在很多的问题需要去解决。

4.6.5 增强学习

从卷积神经网络强大的特征提取能力和循环神经网络对时序特征的敏感性，我们不难看出，深度学习特别是深度神经网络在感知方面带来重大的突破。然而，这种学习模式需要大量的标记数据进行训练，和人类思维方式的人工智能有着明显得不同，为了能够设计出仅需要较少的训练数据，且能够与环境交互学习的应用，出现了一种新的学习方式——增强学习。增强学习是通过不断地与环境交互进行学习，以试错的方式得到最优的策略，并且使得决策能力具有持续收益的学习方式。众所周知，在人工智能领域，感知、认知和决策都是人工智能评价的指标，不同于深度神经网络的感知能力，增强学习在决策方面具有重大的突破。

增强学习受到生物适应环境的启发，通过试错的机制与环境进行交互，根据最大化奖赏作为学习的最优策略。简单描述就是，在训练的过程中，主体不断地进行尝试，当做出了一个正确的动作时环境给予一个奖励，做出一个错的动作环境给予惩罚，也可以选择一个随机的动作，但每次都朝着使奖励最大化的方向更新参数。在更新的过程中当前时刻环境的状态与前一时刻的状态及前一时刻主体的动作有关，所以以增强学习对长期序列依赖的问题比短期序列依赖的问题具有更好的性能。

1. 增强学习的发展历程

谷歌的 DeepMind 团队在《Nature》杂志上发表的两篇文章《基于视频游戏的增强学习算法》和《AlphaGo 围棋程序》使得增强学习成为高级人工智能的热点。在此之前，已出现了一些类似的研究工作，它们的主要思路是利用神经网络将复杂高维的数据降维，转化到低维特征空间便于强化学习处理，例如 Shibata 等将浅层神经网络和强化学习结合起来处理视觉信号的输入，控制机器人完成推箱子等游戏；又如 Lange 等人提出将深度自编码器应用到视觉的学习控制中，提出了视觉动作学习，使智能体具有感知和决策能力；随后，Abtahi 等将深度置信网络引入到强化学习中，将传统的值函数利用深度置信网络来替代，并将其成功地应用在车牌图像的字符分割任务上；还有，Lange 进一步将视觉输入的强化学习应用到车辆控制中，该框架被称为深度拟合 Q 学习（所谓 Q 学习是指状态-动作值函数学习）。

增强学习发展历程列举如下：

(1) 1956 年 Bellman 提出了动态规划方法；

(2) 1977 年 Werbos 提出了自适应动态规划方法；

（3）1988 年 Sutton 提出了 TD 算法；

（4）1992 年 Watkins 提出了 Q（状态-动作值函数）学习算法；

（5）1999 年 Thrun 提出了部分可观测马尔科夫决策过程中的蒙特卡洛方法；

（6）2006 年 Kocsis 提出了置信上限树算法；

（7）2014 年 Silver 等人提出了确定性策略梯度算法；

增强学习已在理论和应用方面取得了显著的成果，特别是谷歌的 DeepMind 团队研发的围棋程序 AlphaGo 及其升级版 Master，在 2016 年战胜九段围棋选手李世乭，成为人工智能历史上又一个新的里程碑。另外增强学习在博弈均衡求解中的应用也是令人兴奋的方向之一，随着这些技术的细化和深入，进一步将理论计算和更为实用的机器学习等技术之间的鸿沟缩小。随着理解的不断深入，将会发现增强学习考量各个应用领域感兴趣的问题并放置在同一个框架内进行思考和处理，逐步探索这些感兴趣的问题，最终能够取得满意的结果，从而实现框架和模型可以将抽象的概念和理论转化为触手可及的经验。

增强学习是近两年来深度学习领域发展迅速的分支之一，其目标是发展从感知到决策控制的端到端的深度学习框架，从而实现通用的人工智能。所谓的通用人工智能是指无需太多的编程，智能体通过自学习即可完成大多数人类可以完成的任务。其中的智能体指的是不仅能够进行独立的思考而且还能与环境进行交互的实体。到目前为止，大多数的增强学习网络都可以包括在行动-评判模型下。行动-评判模型如图 4 - 41 所示。

图 4 - 41　行动-评判模型

若将增强学习中的智能体比喻为人类的大脑，那么该大脑包含行动和评判两个模块，其中的行动模块接收到外部的信号状态 s 时做出对应的动作 a，而判断模块则是根据历史的信息（比如历史动作 a 和前一时期的信号状态 s 等）以及回馈 r 等做出更新，从而影响行动模块，评判模块可以比喻为人类的价值观。这同人类的学习方式相似，人类的行动也受到大脑发出的指令以及自身价值观的影响，而且在人类进化及个体成长的过程中，自身价值观也受到经验和外部信号的影响不断地做出改变，从而更好地适应环境。

谷歌 DeepMind 在 2013 年提出的深度 Q 网络（Deep Q Network，DQN）、2015 年提出的 A^3C（Asynchronous Advantage Actor Critic）以及 2016 年提出的 UNREAL（Unsupervised Reinforcement and Auxiliary Learning）等几种增强学习的深度网络也是在

行动-评判模型下的产物。下面以深度 Q 学习为例介绍增强学习的网络框架及数学模型分析。

2. 深度 Q 网络(DQN)

Q 学习是 Watkins 于 1989 年提出的最早应用的在线增强学习算法之一，同时也是增强学习最重要的算法之一。符号"Q"表示在某一状态下执行某一操作时所获取的分数或质量。深度 Q 学习是谷歌的 DeepMind 在 2013 年提出的第一个深度强化学习算法且在 2015 年进一步地改善。DeepMind 将深度 Q 网络应用在计算机玩 Atari 游戏上，和以往的处理方式不同的是其仅使用视频信息作为输入。

1) 深度 Q 网络模型

如图 4-42 所示，同一般的增强学习行动-决策模型不同的是，深度 Q 学习的网络模型仅含有一个值网络(Value Network)，值网络在此相当于行动-决策模型中的决策模块，没有行动模块是因为决策模块即可完成最优决策从而做出最优的动作。其基本思想是遍历某个状态下所有动作的价值，从而选出最大价值的动作作为决策的结果。

图 4-42 深度 Q 学习网络模型

深度 Q 网络是深度增强学习的第一个网络模型，由于其仅有一个值网络作为决策模块，网络模型较简单，但其训练效率低且只能面向低维控制问题。深度 Q 网络是深度学习与增强学习的第一次结合，解决了高维数据输入的问题，且其在 Atari 游戏上良好的表现，对深度增强学习的进一步发展具有划时代的意义。

2) Q 网络的数学分析

通常一个游戏(例如象棋、围棋等)都可以拆分成一系列的步骤，最后一步决定本局游戏的结果即输或赢。游戏选手(决策者)需要做的是观测从一开始到目前所有动作及其带来的收益，进而决定本步的动作达到累计收益最大化，从而使本步的决策优于对手，为最终的获胜增加筹码。为了更好地进行数学分析，需要对决策的过程进行假设：首先，本步之前的步骤是有限的，决策者在决策的过程中不仅要对当前的局势进行观测，还要根据前面的观测和行动；其次每一步可能的行动是有限的。

为了更好地进行下面的描述，首先对以下几个名词进行解释：

(1) 符号 $x_t \in \mathbf{R}^{m \times n}$ 为游戏进行到第 $t(t=1,2,\cdots,T)$ 步时所对应的观测；

(2) 符号 $a_t \in \Lambda$ 为观测 x_t 下所执行的动作，其中 Λ 为游戏规则下的合理行动集合；

(3) 符号 $\boldsymbol{r}_t$ 为观测 $\boldsymbol{x}_t$ 下执行动作 a_t 后，所获得的奖惩，另外：

$$R_t = \sum_{t'=t}^{T} \gamma^{(t'-t)} \cdot \boldsymbol{r}_{t'} \tag{4.96}$$

其中，$\gamma \in (0, 1)$ 为折扣因子，这里的 R_t 为第 t 步到终止时刻 T 所获取的累积奖赏。

(4) 符号 $Q(s, a)$ 为状态动作值函数，其中 t 时刻的状态 s 为：

$$s_t = (\boldsymbol{x}_1, \boldsymbol{a}_1, \cdots, \boldsymbol{x}_{t-1}, \boldsymbol{a}_{t-1}, \boldsymbol{x}_t) \tag{4.97}$$

接下来，是 Q 学习的数学分析，即根据如下公式迭代的更新状态动作值函数的参数进行优化：

$$\begin{cases} Q_{k+1}(s_t, a_t) = Q_k(s_t, a_t) + \alpha_k \cdot \boldsymbol{\delta}_k \\ \boldsymbol{\delta}_k = \boldsymbol{r}_{t+1} + \gamma \cdot \max_{a' \in \Lambda} Q_k(s_{t+1}, a') - Q_k(s_t, a_t) \end{cases} \tag{4.98}$$

其中，Q_{k+1} 为 $k+1$ 次迭代下的状态动作值函数，s_t 和 a_t 为 t 时刻对应的状态和动作，α_k 为第 k 次迭代的学习率，$\boldsymbol{\delta}_m$ 为第 k 次迭代的时间差分，γ 为折扣因子，a' 为游戏规则下合理的行动集合 Λ 中使得在 k 次迭代下状态动作值函数在 $t+1$ 时刻的状态 s_{t+1} 下可执行的动作。已经证明当上式满足以下两个条件时，一是

$$\sum_k \alpha_k^2 < +\infty, \qquad \sum_k \alpha_k = +\infty \tag{4.99}$$

二是所有的状态动作都能被无限次地遍历，则有

$$\lim_{k \to \infty} Q_k = Q^* \tag{4.100}$$

即随着迭代次数趋于无穷时得到最优控制策略下的状态动作值函数。

根据上面的描述可知，某一状态下选择最优的动作即最优化某一时刻下的状态动作值函数评价指标可用最优化下面的期望函数来表示：

$$Q^*(s, a) = E_{s' \sim \xi}(\boldsymbol{r} + \gamma \cdot \min_{a'} Q^*(s', a') | s, a) \tag{4.101}$$

式中，ξ 表示包含所有状态的环境，s' 为状态 s 在动作 a 执行之后的状态，a' 为游戏规则下合理的行动集合 Λ 在状态 s' 下可执行的动作。

式 (4.101) 中采用期望来分析状态动作值函数，但在实际的应用中，常采用函数逼近的策略实现状态动作值函数的估计，公式如下：

$$Q(s, a, \boldsymbol{\theta}) \approx Q^*(s, a) \tag{4.102}$$

式中，$\boldsymbol{\theta}$ 为待优化的权值参数。在增强学习中，常用的函数逼近方式有线性的和非线性的，其中神经网络为目前常用的非线性函数逼近的一种方式。假设对于每一次迭代 k，Q 网络通过最小化下式的目标函数来实现参数更新：

$$L_k(\boldsymbol{\theta}_k) = E_{s, a \sim \rho(\cdot)} [(y_k - Q(s, a; \boldsymbol{\theta}_k))^2] \tag{4.103}$$

式中，$\rho(\cdot)$ 为行为分布，即 $\rho(s, a)$ 为状态 s 和行为 a 的概率分布；y_k 为第 k 次迭代所对应的目标（输出），且有

$$y_k = E_{s' \sim \xi} \left[r + \gamma \cdot \max_{a'} Q(s', a'; \boldsymbol{\theta}_{k-1}) | s, a \right] \tag{4.104}$$

依据式(4.103)和式(4.104)有

$$\boldsymbol{\theta}_0 \xrightarrow{\min_{\theta} L_1(\boldsymbol{\theta}_1)} \boldsymbol{\theta}_1 \xrightarrow{\min_{\theta} L_2(\boldsymbol{\theta}_2)} \cdots \xrightarrow{\min_{\theta} L_k(\boldsymbol{\theta}_k)} \boldsymbol{\theta}_k \to \cdots \tag{4.105}$$

即依据式(4.104)，在参数 $\boldsymbol{\theta}_0$ 已知的前提下，可以得到目标输出 y_1，再通过优化目标函数式(4.103)更新参数，得到 $\boldsymbol{\theta}_1$，依此类推，最终实现参数的收敛，即

$$\lim_{k \to \infty} \boldsymbol{\theta}_k = \boldsymbol{\theta}_* \tag{4.106}$$

对式(4.103)采用梯度下降方法对参数进行更新求解，其中偏导数为

$$\nabla_{\boldsymbol{\theta}_k} L_k(\boldsymbol{\theta}_k) = \mathop{E}_{s, a \sim \rho(\cdot); s' \sim \xi} \left[(r + \gamma \cdot \max_{a'} Q(s', a'; \boldsymbol{\theta}_{k-1}) - Q(s, a; \boldsymbol{\theta}_k)) \cdot \nabla_{\boldsymbol{\theta}_k} Q(s, a; \boldsymbol{\theta}_k) \right] \tag{4.107}$$

式中，参数 $\boldsymbol{\theta}_{k-1}$ 是固定的。

3. 增强学习的应用

一直以来，计算机围棋被认为是人工智能领域的一大挑战，本质上是因为大约要搜索 b^d 个落子情况序列，其中 b 为搜索的宽度(即当前局面是在哪里落子)，d 为搜索的深度(即当前局面是在接下来若干步之后的对弈局面)，以期望利用状态动作值函数来评估当前棋局和落子的最佳位置。与象棋等具有有限且可执行的搜索空间不同，围棋的计算复杂度约为 250^{150}，如果按照现有的计算能力采用暴力的搜索方式是不能解决问题的。早期的计算机围棋通过专家系统和模糊匹配缩小搜索空间，减轻计算强度，但由于计算能力有限，取得的实际效果并不理想。近些年，随着深度学习的不断发展和完善，基于深度强化学习和蒙特卡罗树搜索策略的计算机围棋程序 AlphaGo 已达到人类顶尖棋手的水准，其核心思路是通过卷积神经网络来构建的价值网络和策略网络分别对搜索的深度和宽度进行约减，使得搜索效率大幅度提升，胜率估算也更加精确。如图 4-43 所示为价值网络和策略网络从宽度和深度约减解空间示意图。

图 4-43　策略网络价值网络——从宽度和深度约减解空间

图 4-43 中的策略网络将当前棋盘状态 s 作为输入，经过多层的深度卷积神经网络输出不同落子位置的概率 $P(a|s)$，网络的优化训练可通过监督学习方式下的深度强化学习实现；价值网络同样使用深度卷积神经网络，输出一个标量值 $V_\theta(s')$ 来预测选择落子位置 s' 时的累积奖赏。注意 s' 表示当前状态 s 在执行动作 a 之后的状态，另外 θ 为价值网络的参数。

继 AlphaGo 之后，AlphaGo Zero(阿尔法元)在围棋方面表现出了更惊人的战力，训练 3 天战胜了初代 AlphaGo(战胜李世乭的版本)，训练 21 天战胜 AlphaGo 的改进版本 AlphaGo Master，训练 40 天超越了所有旧的版本。在实现方面和 AlphaGo 相比改变的地方主要在以下几个方面：首先是将深度卷积神经网络改为深度残差网络；其次是将决策网络和价值网络合二为一；然后是将深度增强学习中的学习方式由梯度决策改为迭代决策；最后一点是没有使用人类知识和人工特征。关于阿尔法元的文献指出，虽然在使用人类棋谱进行有监督学习(AlphaGo)效率会高，而且在开始学习阶段会占据优势，但训练到一定的阶段会出现上升的瓶颈。而在没有人工特征的条件下进行学习，可以克服这个瓶颈，能够通过训练不断提高获胜的概率。

深度增强学习通过深度学习与增强学习结合的方式从而实现通用的人工智能。需要指出的是增强学习的本质是马尔科夫决策过程，增强学习不是根据给定的标签作为输入，而是根据在某个决策下做出动作的奖惩值作为评价的指标。虽然深度学习算法层出不穷，且随 GPU 在深度学习模型训练上的应用，计算机的算力也得到了较大的提升，但离通用的人工智能的实现还有一定的差距。而增强学习在围棋比赛中的卓越的表现，不仅对狭义的人工智能具有强有力冲击，同时也是对通用人工智能发展方向的一个指引。

习　题

1. 下列哪一项在神经网络中引入了非线性？

A. 随机梯度下降　　　　　　　B. 修正线性单元(ReLU)

C. 卷积函数　　　　　　　　　D. 以上都不正确

2. 梯度下降算法的正确步骤是什么？

A. 计算预测值和真实值之间的误差

B. 重复迭代，直至得到网络权重的最佳值

C. 把输入传入网络，得到输出值

D. 用随机值初始化权重和偏差

E. 对每一个产生误差的神经元，调整相应的(权重)值以减小误差

A. ABCDE　　　B. EDCBA　　　C. CBAED　　　D. DCAEB

3. 人工神经网络的特点有哪些？

4. 人工神经网络是模拟生物神经网络的产物，除相同点外，它们还存在哪些主要差别？

5. 对于单个神经元的离散模型，Hebb 学习假设是什么？基本学习方程是什么？

6. 前馈型神经网络与反馈型神经网络有什么异同点？

7. 假设有二进制原型向量如下，定义一个 Hopfield 网络（指定连接权重）来识别这些模式，使用 Hebb 规则。

$$\boldsymbol{P}_1 = \begin{bmatrix} 1 \\ 1 \\ -1 \\ -1 \end{bmatrix}, \quad \boldsymbol{P}_2 = \begin{bmatrix} 1 \\ -1 \\ 1 \\ -1 \end{bmatrix}$$

8. 设计一个感知器，将二维的四组输入矢量分成两类。

$$\text{输入的矢量 } \boldsymbol{P} = \begin{bmatrix} -0.5 & -0.5 \\ 0.3 & 0 \\ -0.5 & 0.5 \\ -0.5 & 1 \end{bmatrix}, \quad \text{目标矢量 } \boldsymbol{Y} = \begin{bmatrix} 1 \\ 1 \\ 0 \\ 0 \end{bmatrix}$$

9. 简述径向基函数及径向基函数神经网络的训练方法。

10. 简述监督学习和无监督学习的区别。

11. 典型卷积神经网络有哪些层？

12. 输入图像尺寸为 $32 \times 32 \times 3$，采用卷积核尺寸为 $3 * 3$、步长为 1 的 Valid 卷积，卷积核个数为 5。试求：

(1) 输出图像尺寸；

(2) 每个卷积核的参数个数。

13. 减少过拟合的方法有哪些？

14. 为什么 LSTM（长短时记忆网络）能够缓解梯度爆炸和梯度弥散的问题？

15. 简述 GAN（生成对抗网路）的基本思想。

16. 简述增强学习的含义。

参 考 文 献

[1] Bengio Y, Goodfellow I J, Courville A. Deep learning. Nature, 2015, 521(7553): 436 - 444.

[2] 吴岸城. 神经网络与深度学习. 北京: 电子工业出版社, 2016.

[3] 雷静江, 李朝义. 猫视皮层神经元时间特性与空间特性的关系. 科学通报, 1996, (10): 931 - 934.

[4] 余凯, 贾磊, 陈雨强, 等. 深度学习的昨天、今天和明天. 计算机研究与发展, 2013, 50(9): 1799 - 1804.

[5] 李彦冬, 郝宗波, 雷航. 卷积神经网络研究综述. 计算机应用, 2016, 36(9): 2508 - 2515.

[6] 周飞燕，金林鹏，董军. 卷积神经网络研究综述. 计算机学报，2017，40(6)：1229 – 1251.

[7] 张代远. 神经网络新理论与方法. 北京：清华大学出版社，2006.

[8] 常亮，邓小明，周明全，等. 图像理解中的卷积神经网络. 自动化学报，2016，42(9)：1300 – 1312.

[9] 孙志军，薛磊，许阳明，等. 深度学习研究综述. 计算机应用研究，2012，29(8)：2806 – 2810.

[10] 赵冬斌，邵坤，朱圆恒，等. 深度强化学习综述：兼论计算机围棋的发展. 控制理论与应用，2016，33(6)：701 – 717.

[11] Felleman D J，Van D C E. Distributed hierarchical processing in the primate cerebral cortex. Cerebral cortex (New York，NY：1991)，1991，1(1)：1 – 47.

[12] 焦李成，杨淑媛，刘芳，等. 神经网络七十年：回顾与展望. 计算机学报，2016，39(08)：1697 – 1716.

[13] 刘曙光，郑崇勋，刘明远. 前馈神经网络中的反向传播算法及其改进：进展与展望. 计算机科学，1996，23(1)：76 – 79.

[14] 王忠勇，陈恩庆，葛强，等. 误差反向传播算法与信噪分离. 河南科学，2002，20(1)：7 – 10.

[15] Goodfellow I，Bengio Y，Courville A，et al. Deep learning. Cambridge：MIT press，2016.

[16] 周志华. 机器学习. 北京：清华大学出版社，2016.

[17] Vallet F. The Hebb rule for learning linearly separable Boolean functions：learning and generalization. EPL (Europhysics Letters)，1989，8(8)：747.

[18] Rumelhart D E，Hinton G E，Williams R J. Learning representations by back-propagating errors. nature，1986，323(6088)：533.

[19] ChangE S，Yang H，Bos S. Adaptive orthogonal least squares learning algorithm for the radial basis function network. Neural Networks for Signal Processing VI. Proceedings of the 1996 IEEE Signal Processing Society Workshop，IEEE，1996：3 – 12.

[20] Chen S. Regularized orthogonal least squares algorithm for constructing radial basis function networks. IEEE Trans Neural Netw，1991，2(2)：302.

[21] Shi D，Gao J，Yeung D S，et al. Radial Basis Function Network Pruning by Sensitivity Analysis. Conference of the Canadian Society for Computational Studies of Intelligence，Berlin Heidelberg：Springer，2004：380 – 390.

[22] Wu Y，Wang H，Zhang B，et al. Using Radial Basis Function Networks for Function Approximation and Classification. Isrn Applied Mathematics，2015，2012(2012)：1089 – 1122.

[23] HartiganJ A，Wong M A. Algorithm AS 136：A K-Means Clustering Algorithm. Journal of the Royal Statistical Society，1979，28(1)：100 – 108.

[24] Kanungo T，Mount D M，Netanyahu N S，et al. An Efficient k-Means Clustering Algorithm：Analysis and Implementation. IEEE Transactions on Pattern Analysis & Machine Intelligence，2002，24(7)：881 – 892.

[25] Laszlo M，Mukherjee S. A genetic algorithm using hyper-quadtrees for low-dimensional K-means clustering. IEEE Transactions on Pattern Analysis & Machine Intelligence，2006，28(4)：533.

[26] Lecun Y，Bottou L，Bengio Y，et al. Gradient-based learning applied to document recognition.

计算智能导论

316

Proceedings of the IEEE, 1998, 86(11): 2278 – 2324.

[27] LeCun Y, Bengio Y. Convolutional networks for images, speech, and time series. The handbook of brain theory and neural networks, 1995, 3361(10): 1995.

[28] Krizhevsky A, Sutskever I, Hinton G E. Imagenet classification with deep convolutional neural networks. Advances in neural information processing systems, 2012: 1097 – 1105.

[29] Arora S, Bhaskara A, Ge R, et al. Provable bounds for learning some deep representations. International Conference on Machine Learning, 2014: 584 – 592.

[30] Szegedy C, Liu W, Jia Y, et al. Going deeper with convolutions. Proceedings of the IEEE conference on computer vision and pattern recognition, 2015: 1 – 9.

[31] He K, Zhang X, Ren S, et al. Deep residual learning for image recognition. Proceedings of the IEEE conference on computer vision and pattern recognition, 2016: 770 – 778.

[32] Donahue J, Hendricks L A, Guadarrama S, et al. Long-term recurrent convolutional networks for visual recognition and description. Computer Vision and Pattern Recognition, IEEE, 2015: 2625 – 2634.

[33] Maggiori E, Tarabalka Y, Charpiat G, et al. Convolutional neural networks for large-scale remote-sensing image classification. IEEE Transactions on Geoscience and Remote Sensing, 2017, 55(2): 645 – 657.

[34] Liwicki, Fernandez, Bertolami, et al. A Novel Connectionist System for Improved Unconstrained Handwriting Recognition. Physics Letters B, 2008, 450(4): 332 – 338.

[35] Cruse H. Neural Networks as Cybernetic Systems. Thieme Medical Publishers, 1996.

[36] Zen H, Sak H. Unidirectional long short-term memory recurrent neural network with recurrent output layer for low-latency speech synthesis. IEEE International Conference on Acoustics, Speech and Signal Processing, IEEE, 2015: 4470 – 4474.

[37] Graves A, Jaitly N. Towards end-to-end speech recognition with recurrent neural networks. International Conference on Machine Learning, 2014: 1764 – 1772.

[38] Ji S, Vishwanathan S V N, Satish N, et al. BlackOut: Speeding up Recurrent Neural Network Language Models With Very Large Vocabularies. Computer Science, 2015, 115(8): 2159 – 2168.

[39] Auli M, Galley M, Quirk C, et al. Joint language and translation modeling with recurrent neural networks. American Journal of Psychoanalysis, 2013, 74(2): 212 – 213.

[40] Schmidhuber J. Learning Complex, Extended Sequences Using the Principle of History Compression. Neural Computation, 1992, 4(2): 234 – 242.

[41] LeCun Y, Bengio Y, Hinton G. Deep learning. Nature, 2015, 521(7553): 436 – 444.

[42] Han S, Mao H, Dally W J. Deep Compression: Compressing Deep Neural Networks with Pruning, Trained Quantization and Huffman Coding. Fiber, 2016, 56(4): 3 – 7.

[43] Peng X B, Berseth G, Michiel V D P. Terrain-adaptive locomotion skills using deep reinforcement learning. Acm Transactions on Graphics, 2016, 35(4): 81.

[44] Wu J, Zhang C, Xue T, et al. Learning a probabilistic latent space of object shapes via 3d generative-

adversarial modeling. Advances in neural information processing systems, 2016: 82 – 90.

[45] Goodfellow I J, Pougetabadie J, Mirza M, et al. Generative Adversarial Networks. Advances in Neural Information Processing Systems, 2014, 3: 2672 – 2680.

[46] Liu M Y, Tuzel O. Coupled generative adversarial networks. Advances in neural information processing systems, 2016: 469 – 477.

[47] Chen M, Denoyer L. Multi-view generative adversarial networks. Joint European Conference on Machine Learning and Knowledge Discovery in Databases, Cham: Springer, 2017: 175 – 188.

[48] Schuster M, Paliwal K K. Bidirectional recurrent neural networks. IEEE Transactions on Signal Processing, 1997, 45(11): 2673 – 2681.

[49] Littman M L. Reinforcement learning improves behaviour from evaluative feedback. Nature, 2015, 521(7553): 445 – 451.

[50] Mnih V, Kavukcuoglu K, Silver D, et al. Human-level control through deep reinforcement learning. Nature, 2015, 518(7540): 529 – 533.

[51] Koutnik J, Schmidhuber J, Gomez F. Online evolution of deep convolutional network for vision-based reinforcement learning. International Conference on Simulation of Adaptive Behavior, Cham: Springer, 2014: 260 – 269.

[52] Lewis F L, Vrabie D. Reinforcement learning and adaptive dynamic programming for feedback control. IEEE Circuits & Systems Magazine, 2009, 9(3): 32 – 50.

[53] Osband I, Blundell C, Pritzel A, et al. Deep exploration via bootstrapped DQN. Advances in neural information processing systems, 2016: 4026 – 4034.

[54] Mnih V, Badia A P, Mirza M, et al. Asynchronous methods for deep reinforcement learning. International conference on machine learning, 2016: 1928 – 1937.

[55] Cuccu G, Luciw M, Schmidhuber J, et al. Intrinsically motivated neuroevolution for vision-based reinforcement learning. IEEE International Conference on Development and Learning, IEEE Xplore, 2011: 1 – 7.

[56] Lange S, Riedmiller M. Deep auto-encoder neural networks in reinforcement learning. The 2010 International Joint Conference on Neural Networks (IJCNN), IEEE, 2010: 1 – 8.